普通高等教育"十二五"规划教材

固体废物处置与处理

王 黎 主编

U0315645

北 京

冶金工业出版社

2014

内 容 提 要

本书主要介绍了固体废物处理、处置与可持续利用的资源化技术，其中包括固体废物资源化的静脉产业链、二次资源涉及的物理单元操作技术，物理、化学与生物技术等分离技术内容。根据我国国情，重点介绍了固体废物如金属、非金属、核废物以及生物质废弃物的分质协同处理的资源化利用方法与应用实践及最终处置方法。通过学习，学生可以了解和掌握固废处理与处置和资源化利用技术的原理与应用方法，提高资源利用效率，达到资源可持续利用的目的。

本书可作为高等院校环境工程专业本科生和研究生的教材，也可供从事相关专业的工程研究和技术人员参考。

图书在版编目（CIP）数据

固体废物处置与处理/王黎主编. —北京：冶金工业出版社，2014.1

普通高等教育"十二五"规划教材

ISBN 978-7-5024-6442-4

Ⅰ.①固… Ⅱ.①王… Ⅲ.①固体废物处理—高等学校—教材 Ⅳ.①X705

中国版本图书馆 CIP 数据核字（2013）第 313448 号

出 版 人　谭学余
地　　址　北京北河沿大街嵩祝院北巷 39 号，邮编 100009
电　　话　(010)64027926　电子信箱　yjcbs@cnmip.com.cn
责任编辑　陈慰萍　马文欢　美术编辑　吕欣童　版式设计　孙跃红
责任校对　李 娜 责任印制　李玉山
ISBN 978-7-5024-6442-4
冶金工业出版社出版发行；各地新华书店经销；北京印刷一厂印刷
2014 年 1 月第 1 版，2014 年 1 月第 1 次印刷
787mm×1092mm　1/16；15.5 印张；377 千字；237 页
34.00 元

冶金工业出版社投稿电话：(010)64027932　投稿信箱：tougao@cnmip.com.cn
冶金工业出版社发行部　电话：(010)64044283　传真：(010)64027893
冶金书店　地址：北京东四西大街 46 号(100010)　电话：(010)65289081(兼传真)
（本书如有印装质量问题，本社发行部负责退换）

前　言

本书是环境工程专业必修核心课程的专业教材。随着固体废物利用理论与技术的发展，现有的教材需要进一步更新，以满足环境工程专业固体废物处置与处理教学的需求。本书结合国内外现有教材的特点，强调在固体废物处置与处理过程中的资源可持续利用，使学生通过学习，深化固体废物处置与处理过程中的绿色资源化理念，掌握其理论与技术。

本书涵盖了固体废物处置与处理以及资源可持续利用理论与技术的主要内容，编写中注意先易后难，内容结构合理、系统、完整，注重学生在固废资源可持续利用理论与技术领域的实际应用能力的培养。

本书主要介绍现代固废资源可持续利用的一些分离技术理论和主要工程应用方法与装备，以提高学生在实际过程中利用环境工程、矿冶工程和系统工程等方面的知识，解决资源利用过程中的环境和资源利用问题。本书可以使学生熟悉固废资源可持续利用技术与一些不可再生与可再生资源的有效利用方法，提高资源利用效率，达到资源可持续利用的目的。

本书由王黎任主编，陶虎春、袁志涛、于峰、冯涛、王捷、李丽匣任副主编。参加本书编写工作的还有于洪海、刘广、张惠灵、张洪杰、张淑琴、于峰、雷国元、胡宁、周芸、丛馨、徐子娇、刘海娜、全玮、冯小娜、林乔、张捷、任大军等。

由于编者水平有限，书中疏漏之处，恳请同行专家、学者和广大读者指正。

王　黎

2013 年 8 月

目　　录

1 绪 论

学习目标

    掌握资源、可持续性的概念及二者间的关系，进而掌握资源可持续利用的定义。了解资源可持续利用的由来与作用，以便深入了解可持续利用的两重性、社会经济系统中物质的流动与再资源化利用等内容。了解一般环境法规的确定、废弃物的产生和处理、处置及其可持续利用技术的研究方向。

1.1 固体废物处置、处理与可持续利用相关知识

    固体废物处置、处理与可持续利用，是人类社会发展面临的新的挑战。人类社会发展需要新的资源利用方式，需要新的资源保障，需要创造新的生态化资源利用途径，也需要对人类所享有现代物质文明产生的废弃物进行处理与处置，解决人类在发展过程中产生的资源枯竭与破坏、环境质量恶化等环境与资源问题，使人类社会与经济能健康地发展。因此，通过现代科学技术为固体废物处置、处理与资源可持续利用提供技术支撑，将生态经济与绿色环境认识付诸行动，对推动固体废物处置、处理快速发展和资源可持续利用有重要意义。

1.1.1 固体废物处置、处理与资源可持续利用的定义

    随着全球资源、环境与发展问题的广泛讨论，人们提出了固体废物处置、处理与资源可持续利用和发展的概念。为了阐明固体废物处置、处理与资源可持续利用定义，下面从资源、固体废物处置、处理与可持续性的概念及其相互关系加以阐述。

1.1.1.1 资源

    资源即自然资源，是指在一定的技术条件下，自然界中对人类有用的一切物质的和非物质的要素，如土壤、草地、水、森林、野生动植物、矿产、阳光、空气等。在现代生产发展水平下，为满足人类的生活和生产需要而被利用的自然要素，称为"资源"。由于经济条件和技术水平的限制，暂时难以利用的自然要素，称为"潜在资源"。资源大致可以分为可再生资源和不可再生资源两类。从开发利用的角度观察，两者之间的绝对界限很难划分。在一般情况下，可再生资源主要是指能够不断繁衍生长的生物资源和可循环利用的自然资源。这类资源固然可以通过大自然的作用生殖繁衍，进行新陈代谢，不断循环地得到开发利用，但是如果在一定时期内耗用无度，就可能打断资源再生循环的"链条"，使其枯竭。例如，我国的森林砍伐和近海捕捞都有向大自然攫取过度的倾向，土地也存在滥用的现象。不同的可再生资源，其再生恢复的速度是不同的。如自然形成 1cm 厚的土壤

腐殖层需要几百年，砍伐森林的恢复一般需要数十年到百余年。因此，对可再生资源的消耗速度应小于其再生恢复速度，同时，要不断增加社会投入来加快其恢复和再生，以满足社会经济发展对资源不断增加的需求。

不可再生资源是指储量有限，形成速度极其缓慢，一般需要几万年甚至上亿年时间才能形成的自然资源。相对于人类历史而言，这类资源可以视为不可再生的，如矿产资源。但大多数矿产品可以回收再利用形成资源利用的闭合循环系统，而且随着科技的发展和进步，可利用矿产资源的储量不断扩大。例如在 1860 年时，铜的开采边界品位是 6%，由于科技的进步，采、选、冶技术水平的提高，铜的现今开采边界品位已下降到 0.25%，这就极大地扩展了可用铜矿资源的储量。

同时，人们尝试利用可再生资源替代不可再生资源，如石油资源是不可再生的，按现在的耗用规模计算，世界现有石油储量只能保证 30 年持续生产的需要。因此目前已有一些国家，正在试验用酒精代替汽油或利用生物发酵技术制取燃油，以缓和石油资源的供需矛盾。

资源的客观属性具体表现为：

（1）稀缺性：资源之所以称为资源，是针对人类的需要而言的。资源与人类社会系统的关系是不可逆的，即资源的"单流向"特征。资源只能是供体，社会系统是受体。而作为供体的资源总是被消耗的，只要是被消耗的，也就总是稀缺的。即使是可再生资源，当社会需求的增长速度超过资源再生增殖能力时，同样也会表现出稀缺的特征。

（2）竞争性：竞争性来源于稀缺性。资源的竞争性表现在两个方面：其一，在众多资源构成中，人类社会努力选择在其应用上最为合适、在经济上最为合算、在时间上最为适宜的那一类资源。这种以经济为目的的选择本身就体现出了竞争性的内涵；其二，在众多的需求者中，均不同程度地需要同一类资源。因此，资源供给体的优劣差异和稀缺特征，必然在资源受体之间引起对于资源供给体的选择及占用等一系列复杂的竞争现象。

（3）非均衡性：资源的质和量往往不可能均匀地出现在任一空间范围，它们总是相对集中于某些区域。在这些资源聚集的区域里，资源的密度大、数量多，或者是质量好、易于开发利用，因此资源也表现出其自然丰度上的差异性和地理分布上的非一致性。

（4）循环性：自然界中，各类自然资源之间是相互联系的，并按照各自所固有的规律运动，保持相对平衡关系。例如自然界中的水，在太阳辐射的影响下，不断地进行循环。海洋和大陆上的水，经蒸发成为水蒸气进入大气圈，随着空气的运动，在适当的气候条件下，以降雨、降雪、冰雹的形式回到地面，汇入海洋，并部分地渗入地下，这就构成了自然界中水的循环。所以只要保持水体循环系统及其平衡不受破坏，水是不会枯竭的。但是，如果水体循环受到破坏，失去平衡，就会引起某些地区水源枯竭，出现水荒。如对地下水的抽取超过其补给量，就会造成地下水水位下降，甚至引起地面沉降。

1.1.1.2 固体废物

固体废物是指人类在生产和生活活动中丢弃的固体和泥状的物质。它包括从废水、废气分离出来的固体颗粒；也包括人类一切活动过程产生的，且对所有者已不再具有使用价值而被废弃的固态或半固态物质；还包括各类生产活动中产生的固体废物或废渣，以及生活活动中产生的固体废物——垃圾。

对原所有者而言，这些固体或半固体物质是废弃物。原所有者在生产或生活过程中，对原料、商品或消费品，仅利用了其中对他们有效的成分。而对于原所有者不再具有使用价值的大多数固体废物中仍含有其他生产行业中需要的成分，通常经过一定的处理，可以转变为其他行业中的生产原料，甚至可以直接使用。可见，固体废物的概念随时、空的变迁而具有相对性。固体废物资源化利用就是充分利用资源，减少废物处置的数量，增加社会与经济效益，促进绿色生态社会建设。

固体废物的分类方法很多：按其组成可分为有机废物和无机废物；按其形态可分为固态废物、半固态废物；按其污染特性可分为危险废物和一般废物；按其来源可分为矿业的、工业的、城市生活的、农业的和放射性的废物。此外，固体废物还可分为有毒和无毒的两大类。有毒有害固体废物是指具有毒性、易燃性、腐蚀性、反应性、放射性和传染性的固体、半固态废物。

固体废物危害是污染环境和浪费资源。固体废物经常通过水、大气和土壤等环境媒介进行污染。如果固体废物在收运、堆放过程中未作密封处理，有的经日晒、风吹、雨淋、焚化等作用，挥发大量废气、粉尘；有的发酵分解后产生有毒气体，向大气中飘散，造成大气污染。许多国家把大量的固体废物直接向江河湖海倾倒，这不仅减少了水域面积，淤塞航道，而且污染水体，使水质下降。固体废物对水体的污染，有的是直接污染地表水，有的是下渗后污染地下水。在城市里大量堆放固体废物而又不处理，不仅妨碍市容，而且有害城市卫生。城市堆放的生活垃圾，非常容易发酵腐化，产生恶臭，使蚊蝇、老鼠等滋生繁衍，容易引起疾病传染。在城市下水道的污泥中，还含有几百种病菌和病毒。长期堆放的工业固体废物有毒物质潜伏期较长，会造成长期威胁。

固体废物的迁移和扩散差，需要占有大量的土地。城市固体废物侵占土地的现象日趋严重，我国堆积的工业固体废物有 60 亿吨，生活垃圾有 5 亿吨，预计每年有 1000 万吨固体废物无法处理而堆积在城郊或公路两旁，几万公顷的土地被它们侵吞。严重污染植物赖以生存的土壤。未经处理的有害废物长期存在，使土壤渣化严重，通过中风化、淋溶后，污染物渗入土壤，杀死土壤微生物，破坏土壤的腐蚀分解能力，导致土壤质量下降。带有病菌、寄生虫卵的粪便施入农田，一些根茎类蔬菜、瓜果就把土壤中的病菌、寄生虫卵吸进或带入体内，人们食用后就会患病。因此，需要对固体废物进行妥善处理，以消除其不良影响。

固体废物处置与处理的方法是指最终处置或安全处置和资源化处理利用的方法。它涉及固体废物污染控制，解决固体废物有价物质的回收与再利用。同时，一些固体废物经过处理和利用，总还会有部分残渣存在，而且很难再加以利用，这些残渣可能又富集了大量有毒有害成分；还有些固体废物，目前尚无法利用。它们都将长期地保留在环境中，是一种潜在的污染源。为了控制其对环境的污染，必须进行最终处置，使之最大限度地与生物圈隔离。目前，固体废物处理方法很多，主要包括海洋处置和陆地处置两大类。陆地处置包括土地耕作、工程库或贮留池贮存、土地填埋以及深井灌注几种。其中土地填埋法是一种最常用的方法。海洋处置主要分海洋倾倒与远洋焚烧两种方法。近年来，随着人们对保护环境生态重要性认识的加深和总体环境意识的提高，海洋处置已受到越来越多的限制。

1.1.1.3 可持续性

可持续性的实质来源于人类原始的物种经济。工业化前人们的生活处于勉强维持生计的可持续性时代，对自然界存在着特有的认识，即人与赖以生存的动植物有着精神上的联系，人是自然界的一部分，而不是脱离自然界的主宰者。随着社会的工业化，这种"原始的可持续性"时代已经结束。近代，可持续性的概念起源于人们对森林、渔业类等可更新资源利用的认识，尤其对森林资源利用的认识在这一概念的形成中起了很大的作用。这一点可以从近代西方环境保护主义的起源中充分得到印证。随着人类对环境问题认识的不断加深，可更新资源的认识引申到了资源环境系统，于是产生了现代的可持续性概念，即：现存的资源环境状况需要在一定福利水平上维持现代人类与后代人的生活。因而许多人有用"资源可持续性"来代替"可持续性"的提法。也正因为这一原因，《世界保护策略》确定了三项原则，即：（1）基本生态过程和生命系统的维持；（2）遗传多样性的保护；（3）物种和资源的可持续利用。它实际上真正提出的是资源可持续利用问题，而不是"可持续发展"。现在人们通常把可持续性与经济、社会、环境、人口增长等组合起来使用，形成了"可持续的经济"、"可持续的社会"、"可持续的增长"、"可持续的环境"等概念，可见，人们对"可持续性"这一概念赋予了不同的内涵，但给出的解释却又是模糊不清的。因此有关可持续性的任何讨论必须回答持续什么、对象是谁和多长时间这三个问题。就资源、环境与发展领域来讲，可持续性这一概念的定义应该是：在对人类有意义的时间和空间上，支配这一生存空间的生物、物理、化学定律所规定的限度内，资源环境对人类福利需求的可承受力或可承载能力。到目前为止，除此之外对可持续性的定义或解释，用于资源、环境与发展似乎都很不恰当，只是这一概念与其他的概念组合用于其他场合时人们对它的理解或引申。

1.1.1.4　固体废物的资源可持续利用

固体废物的资源可持续利用包括可再生资源可持续利用和不可再生资源的可持续利用问题。可再生资源可持续利用主要是指利用现代技术使能够不断繁衍生长的生物资源和可循环利用的资源得到可持续性的利用。可再生生物资源是人类几百万年以来开发利用时间最长、种类最多的自然资源。它在天然状态下可形成诸生物间的平衡关系。可再生生物资源即是由植物、动物和微生物所组成的能依靠一定的环境系统（由太阳光、热、气、土壤、水及各种矿物元素等组成）而生生不息、持续为人类提供生物资源的生命系统的集合体。而维持这类生物资源的可再生性最根本的原因是生物与生物、生物与环境之间存在着营养物质的循环及能量的流动，如图1-1所示。可再生生物资源系统中流动的营养物质有着双重的作用，既有贮藏作用又是运输化学能量的载体，是维持整个生命系统进行生物化学活动的结构基础。这种物质循环和能量流动是沿着食物链进行的。也就是说，环境中大气、土壤、水中的各种无机营养元素，通过绿色植物的吸收进入食物链的第一个营养级，然后这些物质又转移给食草动物，进而转给食肉动物，最后由微生物分解并转回到环境系统。这些释放回系统的物质，又可再一次被生命系统利用，重新进入食物链，参加可再生资源系统物质的再循环。从分析中可以看出，各种可再生的生物资源在没有人类作用的自然状态下，由于物质和能量在其食物链（网）的各个环节上的输入和输出能保持大体相当的状态，因此在外界环境条件相对稳定的情况下，各种可再生生物资源之间能相互适应，促使整个生物资源系统不断演替，最终使系统进化到稳定的状态，使可再生资源系统能以复杂的网络保持联系，从而维持生物量和有机个体数目最大，控制与适应环境的能力最强。经过演替生物与环境相互协调，输入与输出大体平衡，结构和功能大体稳定，资源系统达到动态平衡状态，这种状态也可称为生态平衡。所以，各种可再生资源在天然状态下可以达到自然的生态平衡。

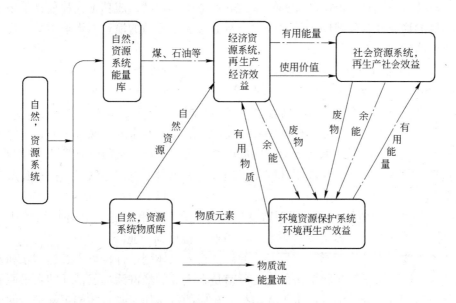

图 1-1　固体废物处置、处理与资源系统的物质循环和能量流动示意图

在一定的环境条件下，任何一种可再生资源的再生能力都不是无限度的。可再生生物资源再生能力具有一定的极限性，这种再生能力要受到土壤、气温、水分、营养物质、太阳光等环境条件及生物所处食物链（网）上的层次条件的直接影响。一般说来，其环境条件越适合该生物生长，而且该生物所处食物链（网）的上一层次的生物数量越少，则该生物资源的再生能力就越强；反之，其再生能力就小。由于某一区域内的某一种生物资源所处的环境条件及其所处的食物链（网）层次条件是大体不变的，这就决定了该种可再生资源再生能力有一个受外界条件综合制约的极限值。例如：中国的渤海海区由于常年有黄河、辽河、滦河、海河等百余条河流注入大量有机和无机物质，加上这里较好的光照和气候条件，使得浮游生物繁茂，成为几十种鱼虾产卵育成的良好场所。尽管如此，其鱼类资源的再生能力也还是有限的。据水产专家估算，渤海的浮游生物产量为 553 万吨，转换为各种鱼虾资源年可捕量为 30.5 万吨。

可再生生物资源也受到地域性规律的制约。例如，世界上的热带雨林资源只能分布在赤道两边、南北回归线以内地域中的多雨地区，是一种资源再生能力最强的森林资源系统，对保护全球的环境有着重要的意义。这种热带雨林现主要分布在南美洲的亚马逊河域、印度尼西亚群岛地区、东南亚地区和中非的扎伊尔河流域等地区，中国只有在西双版纳等少数地区保留着这种热带雨林。人类在开发利用可再生生物资源时，通过建立可再生生物资源的采掘、分类、加工、销售、资源再生和保护等一系列再生产体系而逐步形成新的可持续利用技术。可再生生物资源的增殖需要适宜条件，所以在人工增殖各种可再生生物资源的过程中，人类必须为其寻求和创造能实现精种高产的环境条件。

（1）要为所需的生物资源寻找和创造适宜的光、温度、pH 值等方面的生态环境条件。各种生物资源对光、温度、pH 值等环境条件往往都有特定的需求。满足了这些需求，可再生生物资源就能正常生长。这在一些急需生物资源的移植和移养方面具有重要意义。

例如，中国过去是一个橡胶树资源十分缺乏的国家，天然橡胶原料主要靠进口。新中国成立以后，科技人员选择了海南岛和西双版纳等热带雨林地区，成功地大片移种了主要生长在赤道两侧的橡胶林，使我国天然橡胶生产量通过人工增殖的途径而迅速增长，促进了我国橡胶工业的发展。

（2）要为所需增殖的生物资源创造良好的水土和营养条件，这对农田种植业和水产养殖业的发展具有重要意义。

（3）要为所需增殖的生物资源创造良好的小气候条件，这对农田种植业、经济林果业、水产养殖业、畜禽饲养业和微生物养殖业的发展都具有重要意义。例如，黄淮海平原地区过去经常受到旱涝风沙碱等自然灾害的危害，农田单产一直很低。自 20 世纪 60 年代以来，这里进行了桐粮间作和农田林网化工程，大大改善了农田小气候，使粮食单产大幅度提高。

（4）要为所需增殖的生物资源创造良好的环境质量条件。这对在环境污染比较严重地区发展可再生资源人工养殖业（如水产养殖业、畜禽饲养业等）具有重要意义。

可再生生物资源的合理增殖需要必要的经济投入和体制条件，世界发达国家和发展中国家的实践证明，可再生生物资源的人工增殖是在人类的经济活动已消耗的大量原始生物资源并继续增加其需求量的基础上，人类投入相应的资金作保障，才能正常进行的。如果这种经济投入的量过低，要想实现可再生生物资源的合理增殖是不可能的。这正是很多发展中国家难以实现资源生态经济综合平衡和可持续发展的根本原因。在发达国家，由于经历了"先破坏、后增殖"和"先污染、后治理"的过程，更加注重资源的可持续利用。目前这些国家通过国家投资、民间集资和企业投资并利用现代技术等途径，对本国的森林资源、草场资源和渔业资源的人工增殖都投入了较多的资金和技术，促进了资源环境与经济的协调发展。

可循环再利用资源的可持续利用与可再生生物资源可持续利用相对应。在资源中，存在着大量可循环再用或循环再生资源。在这类资源的开发利用中，也同样存在大量技术问题。人类只有在不断探索和掌握可循环资源利用方面的规律，才能不断地从必然王国走向自然王国。在资源中很多环境资源是可以循环再用或循环再生的。为了把这种资源同可再生的生物资源相区别，我们把它们称为可循环再用或循环再生资源。这类资源同可再生的生物资源及不可再生的矿产资源之间有一定的联系和区别。它们三者相互结合，就构成了总体的自然资源。可再生的生物资源包括植物、动物、微生物及已被人类开发的经济生物与未被开发的野生生物等复杂的分类及其组成。自然资源概括起来即为恒定性环境资源和可循环再用的环境资源。恒定性环境资源主要包括太阳能及潮汐能等。它们恒定性存在，但却周期性作用于一定地域或海域的资源。人类在利用这类资源时也呈现出以天、以季、以年或以潮期为时间单元的循环性。太阳能是在氢核聚变为氦核的过程中产生的。在这样的热核反应中，所产生的是氦核和能量，所消耗的是氢核。由于在组成太阳这个巨大的恒星的物质中，氢约占 7%，氦占 27%，所以，在相当长的时间内，在太阳内部尚不存在能源枯竭问题。正是从这个意义上来说，太阳能是人类的恒定性能源。环境资源是重要的可循环再利用资源。它主要是指一定地域的土地肥力资源，一个地区由光热、年降雨量、年光照时间、年积温、年无霜期等构成的气候资源，以主要由降雨量决定的区域水资源和水能资源，等等。如果能得到合理保持，它就能世世代代地被循环利用。

不可再生资源的可持续利用，是近年人们最为关注的热点问题，也是现代技术应用的核心。同自然界存在的可再生生物资源和可循环再用的环境资源一样，不可再生的资源也是资源的重要组成部分。对这类资源的大规模开发利用是现代工业文明和城市文明的产物，也是造成工矿城市出现各种资源、经济、人口和环境问题的根源。所谓不可再生资源，是相对于人类自身的再生产及人类的经济再生产的周期而言，不能再生的各种资源的总称。也就是说，"不可再生"资源只是一个相对的概念，并不是一个绝对概念。这是因为，这类资源是在漫长的地质年代中形成的。它本身是可以再生产出来的，只不过各种资源的富集程度、质量好坏、分布特点及诸资源之间的组合关系往往是受以地质年代为周期的漫长的自然再生产过程制约的。所以，我们通常说的这些资源是不可再生的，是指具有一定富集程度的某些资源相对人类生产和经济活动周期与时间而论的，但是不能把它绝对化。只要利用现代技术和可持续发展理论，就可能实现不可再生资源的综合开发和可持续利用，它将会对社会和经济的协调发展非常有利。

1.1.2　固体废物的资源可持续利用的由来

长期以来，在资源利用的过程中，人类往往注重需求，对淘汰的供给能力和可持续利用考虑较少，导致全球性环境问题日趋严重。资源可持续利用，一般指能生产非递减的人类惠益的资源利用，其核心问题是如何最合理、最有效地开发利用自然资源，满足人类发展的总体目标。

早在远古时期，我国就已经有了朴素的资源持续利用的思想。古书《逸周书·大聚篇》记载有大禹的话："春三月，山林不登斧，以成草木之长。夏三月，川泽不入网罟，以成鱼鳖之长。"春秋时期齐国首相管仲指出有的君主把山林砍光，造成水源干涸，这是缺乏头脑的表现。战国时期的荀况继承发扬了管仲的思想，把保护资源和环境作为治国安邦之策。自古以来，东方文明就是向自然有限索取，把人类维持生活和昌盛所必需的产品更多地留给子孙后代；东方思维的方式之一，就是"勤俭持家，非我者莫取"；等等。这些都是我国古代关于资源可持续利用的精华之所在。现代西方资源可持续利用思想的研究最早可溯源到马尔萨斯和达尔文。马尔萨斯在 1789 年发表的《人口原理》中，第一次强烈地提出人口和其他物质一样，具有一种迅速繁殖的倾向，这种倾向受到自然环境（主要是指土地和粮食）的限制。达尔文在 1859 年发表的著名进化论《物种起源》里，在论述生物和环境的关系上也与马尔萨斯保持一致，并发展了他的一些观点。但是，资源可持续利用这个概念的提出，则是在近 20 年人类面临严峻的人口、资源、环境生态的形势下产生的。必须改变过去的"增长型经济"为"储备型经济"。1972 年在斯德哥尔摩召开的第一次人类环境会议，把环境提到了国际议事日程。自此，全球开始关注资源环境与发展关系问题。

在工业化之前，尽管人类活动对资源环境也有一定的影响，但因为当时人口数量较少，科学技术水平较低，人类活动对资源环境的影响十分有限。虽然出现了人类活动导致资源环境的破坏，使古巴比伦、哈巴拉、玛雅等文明消失的实例，但影响只是局部的。从工业革命以来的近两个世纪，人类辛勤劳作，创造了巨大财富，积累了丰富的科学技术知识，社会生产力得到了极大的提高，人类的衣食住行、工作旅游及交流方式发生了很大改变，形成了灿烂的文化。特别是第二次世界大战以后，出于战后重建家园的强烈热望，世界一味追求经济的快速发展，出现了一股从未有过的"增长热"。在这个时期，烟囱成为工业象征，而此时的发展主要以经济的增长来定义，即以国民生产总值（GNP）或国民收入的增长为重要目标，以工业化为主要内容。这种单纯追求经济增长的结果是，在最近一个世纪，矿物燃料的使用量增加了约 30 倍，4/5 以上的工业生产能力是 20 世纪 50 年代以后具备的。经济发展在短短的几十年内，把一个受战争创伤的世界推向了一个崭新的高度和前所未有的工业化时代。这一时期婴儿死亡率下降，人均寿命提高，入学儿童比例提高，有文化成年人的比例上升，全球粮食增长的速度超过了人口增长速度等。但是同时由于工业化、城市化的过程，耕地、淡水、森林和矿产的消耗大大加剧，人类赖以生存和发展的环境被破坏得十分严重。这种危机使地球和人类面临着难以长期忍受的痛苦：人口膨胀、能源危机、环境污染、生态破坏及资源枯竭等新的问题加重了资源、环境与发展的矛盾。

1995 年，世界人口已达 57 亿，中国人口已达到了 13 亿，而且每年还以 8600 万人的速度增长。预计至 2030 年，世界人口将达 100 亿。世界人口的庞大压力，尤其是在发展中国家，已对人类赖以生存的资源与环境造成了现实的威胁。在工业化国家，增加一个人口所消耗的自然资源的数量，远比第三世界增加一个人口所耗费的多，而且资源消耗所产生的压力前者更高。科学技术的发展带来工业和农业的深刻革命的同时，也带来了新的问题，这就是环境污染和维持高速发展的资源高消耗。

由于城市化进程的加快，城市中挤满了人、汽车和工厂。为提高农产品供给量，人们广泛使用农药和化肥。人类活动向空气中排放的大量的挥发性有机化合物、烟尘和无机小分子有毒有害物质，造成了城市空气污染。1990 年，全世界的人类活动向大气中排放了 9900 万吨硫氧化物、6800 万吨悬浮颗粒物及 17700 万吨一氧化碳。生活污水、工业废水的排放造成了水体的污染，每年从城市排出的废水的总量约几千亿吨。目前发展中国家 95% 以上的城市排出的废水未经任何处理就被排入地表水，水污染加剧了淡水资源的危机，目前全世界 100 多个国家缺水，其中严重的有 40 多个。工业固体废物、农药和化肥造成了土壤的污染，每年从城市排出的固体废物有 100 亿吨。各种污染物损坏了树木、湖泊、建筑物和文化古迹，特别是影响了人类的身体健康。据估计，全世界每天有 3.5 万儿童死于由环境引起的疾病。20 世纪 50 年代初发生了"伦敦烟雾事件"。到了 20 世纪 80 年代随着经济的高速发展，中国也发生了许多严重污染事件，如本溪的大气污染，使本溪已成为"卫星上看不到的城市"，至今仍让人记忆犹新。1984 年 10 月到 1987 年 4 月期间由于饮用水不安全和营养不良，全球大约有 6000 万人死于腹泻，其中大部分是儿童。印度博帕尔一农药厂发生泄漏，造成 200 人死亡，数千人失明和残废；墨西哥城液化气罐爆炸，1000 人死亡，数千人无家可归；切尔诺贝利核反应堆爆炸，核尘埃遍布欧洲，增加了人们将来患癌症的危险性。在瑞士一仓库火灾中，农用化学品、溶剂和汞流到了莱茵河中，数百万条鱼被毒死，德国和荷兰的饮用水也受到了威胁。凡此种种的环境污染现象，危害已遍布全球，虽然这些问题在发达国家有的得到了解决，但在一些新兴工业化国家里已逐步变得更加突出。

如果说最初的环境问题仅仅表现为在不同区域的环境污染和生态破坏的话，进入 20 世纪 80 年代中期以来，从世界范围来看，这些问题不仅没有得到解决，而且仍在不断恶化，打破了区域和国家的疆界，并演变为全球性问题。暂时性的问题相互贯通、相互影响就演变成了长远问题；潜在性的问题进一步恶化蔓延变成公开性问题。能源需求的增加，矿物燃料的消耗，产生二氧化碳等温室气体，加重了植被的破坏。森林的过度采伐，森林面积的急剧减少，引起了全球气候的变化。据统计，如果气候变暖，造成海平面上升，沿海低洼地区的城市和耕地将被淹没，许多国家的经济、社会和政治结构都会受到严重影响。因此，应该建立能重复使用各种物质资源的循环式经济，以替代传统的单程式经济。

20 世纪 70 年代初，以资源、环境为主要内容以讨论人类前途为中心议题的"罗马俱乐部"成立，随后发表了震动西方世界的著作《增长的极限》。它的主要论点是：人类社会的增长由五种相互影响、相互制约的发展趋势构成。这五种趋势是加速工业化的发展、人口剧增、粮食问题、不可再生资源枯竭及生态环境日益恶化，它们的变化都是以指数形式进行，由于地球的有限性，这种变化的增长都会趋于极限。其后果可能是：人类社会突然地、不可控制地瓦解。科学技术只能推迟危机点的到来。人类社会经济的无限增长是不现实的，而等待自然极限来迫使增长停止又是社会难以接受的。出路是人类自我限制增长，或者说是协调发展。20 世纪 70 年代以来一大批以持续发展为内容的理论著作不断涌现。进入 20 世纪 80 年代以后，"持续发展"这一观点得到了有关国际组织、政府首脑、科研机构以及企事业单位等的广泛关注。1987 年秋季的联合国 42 届大会，确认了《我们共同的未来》的观点——世界经济的可持续发展，使全球的关注更加明朗化。围绕可持续发展的新思想，国际政界、商界与学术界就"可持续发展"与"资源的持续性"的概念、衡量的标准与方法以及实现"可持续发展"与持续性目标所应采取的政策与手段各抒己见。近年来，有关这类问题的国际研讨会很多，1992 年 6 月 1 日至 12 日在巴西里约热内卢召开的第二次人类环境会议，即联合国"环境与发展"全球高级会晤，把可持续能力推向经济政策和决策的中心，自此以后，资源可持续利用得到了广泛的重视。由于资源可持续利用与环境问题密切相关，同时资源可持续利用直接影响环境质量，因此可再生资源、不可再生资源恢复和合理利用或资源可持续利用技术的开发研究就显得十分必要了。

1.1.3 固体废物资源化的含义、形式与作用

固体废物资源化是社会经济发展的必然产物。固体废物的资源化作用，就是要适应社会经济发展的资源需求目标，把提高固体废物作为资源的循环效率。同时，建立相应的技术与经济支持系统以及目标效果的质量监测体系，达到其资源化的目的。如前所述，固体废物资源化利用主要是可再生生物资源、可循环利用资源和不可再生资源的利用。其中不可再生资源，即本书需要着重阐述的内容，是一些当它被采空耗尽时，它的寿命就终止的资源。因此，需要对其进行可持续利用。

不可再生的资源有着十分丰富的内涵。以矿产资源为例：截至 20 世纪 80 年代，全世界已探明储量的矿产有 160 多种，我国已发现矿产 162 种，发现矿产点与矿产地约 20 万处，探明有储量的矿产 148 种，有探明储量的矿区 1.4 万处。我国是世界上矿产种类比较齐全、储量规模可观的少数国家之一，矿产资源总量居世界第三位。概括起来，这些不可再生的资源有黑色金属类、有色金属类、能源矿物类、化工原料类、建筑材料类和其他工业用资源。但由于我国人口众多，矿产资源的人均占有量很少，不足世界平均水平的一半，加上某些不利于开发的因素，我国成为目前世界上矿产品供应较为紧张的国家之一。同时，我国矿产资源中还存在贫矿多、难选矿多、综合矿多、中小型矿多，且地域分布不

均衡的特点，对矿产资源的开发极为不利。在 35 种主要矿产中，50%～80% 的探明储量集中分布于 5 个省中，有一些重要矿产如稀土、钒、钛、汞、钾等在一个省就占有全国储量的 90% 以上，相当部分矿产分布于边远贫困地区或不易开发地区。这种分布的不均匀性影响了矿业的均衡发展，使得大量矿产资源难以得到充分开发利用。此外我国各类矿产资源丰度各不相同，储量多的矿产大多用量不大，大量使用的矿产多半又储量不足，有些不得不依赖进口以补需量缺口。

1.1.3.1　固体废物资源化的含义与形式

固体废物资源可持续利用是人类发展的需要。在资源利用的过程中，资源的可持续利用将逐渐进入生产与经营的各个环节，促使资源往复利用。众所周知，天然存在的矿产资源是极为有限的，人类消费的不断增长加速了资源的枯竭过程。如日本在经济开始高速增长的 1955 年，电解铜的产量为 12 万吨；到了第一次石油危机的 1973 年为 119 万吨，在 18 年中增长了 10 倍；而 1985 年为 143 万吨，12 年间增长了 1.2 倍。罗马俱乐部一份报告中指出，自然界中资源储量是有限的，它随着消费的增加而不断减少。考虑到今后国家的发展，资源消费可能增加的特性，因此永久地确保天然资源的供给确实困难重重。另外，工业废弃物和垃圾若继续堆放在地上，不仅会破坏我们的生活环境，还会造成资源的浪费。最大限度地利用二次资源是解决人类所面临的"延长资源寿命"、"保护环境"和"可持续发展"等问题的有效途径。

以金属生产为例，资源再利用的关系如图 1-2 所示。金属资源是通过以下工序得到的：由勘探查明其储量，由采矿从地壳中开采矿石，由选矿选出冶炼所需品位和粒度的矿物产品原料，由冶炼从原料中提炼出一定纯度的金属。金属进行加工后生产出来的金属制品，经过消费阶段之后就变成城市垃圾。在产品的制造过程中也同样产生工业废弃物。固体废物资源再利用过程指的就是把城市垃圾和工业废弃物中所含的二次资源，如金属，返回到利用工序进行利用的过程。

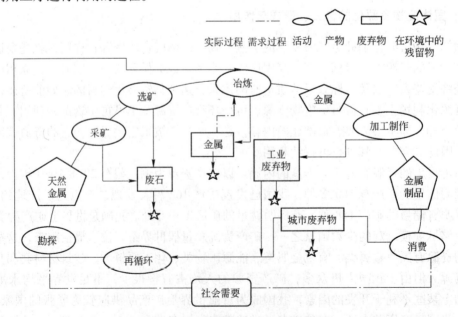

图 1-2　固体废物资源化需求与循环利用

如果从生产、排放到消费过程来看，广义上资源再利用过程的内容如图1-3所示。其中企业内部的处理相当于生产过程中的资源再利用，也就是一种根据生产过程中产生的废弃物的性状而将其直接返回处理，如家用电器、废旧设备、废汽车等物质经过更换零件或修理后再使用，而啤酒瓶、饮料瓶等可多次往复使用。

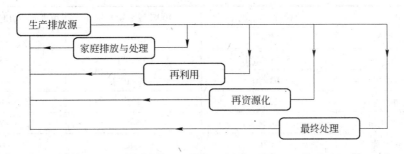

图1-3　再循环过程的内容

可利用的废弃物的再资源化方法分为以下三种形式：其一，是指物质回收方式，废弃物经过处理，回收特定的二次物质（如废钢铁、纸类、金属铝等）；其二，是指物质转换形式，从废弃物中以新的形式回收能成为副产品的物质（如将碎玻璃、炉渣用于铺路材料和建材，利用有机物的合成堆肥等）；其三，是指能量转换形式，即从废弃物中回收能量或者能源（如甲烷、固体燃料、利用温水的发电等）。

应当注意，技术经济不合理的资源化再利用物质，需要对其进行最终清理。最终清理通常指填充填埋清理，也就是将来自自然界的物质，废弃后又重新返回到自然界的过程。从这个意义上讲，最终清理是利用自然界中的物质循环系统，利用自然净化系统，达到资源恢复的目的。从废弃物收集、运输和处理技术等方面考虑，图1-3中资源利用处理方式很容易实施，并且在经济上也十分有利。因此开发资源再利用技术时，重要的是尽可能采用短程环路利用技术。

以废旧不锈钢为例，其再资源化利用方式有：（1）再生不锈钢的制造；（2）不锈钢的制造；（3）铁合金的制造；（4）金属镍的制造。在以往的加工阶段除产生的新的金属屑外，废不锈钢都用作工程（1）的主要原料，而现在大部分的废旧不锈钢都用作工程（2）的原料。由于经济技术条件的限制，将废旧不锈钢返回到工程（3）（4）的工序中回收金属镍就不可行了。也就是说，将废旧的不锈钢返回到前面的工序时，若组成相近则很容易把它作为二次资源加以利用，即返回到短程环路工程中，容易实现资源的再利用。

1.1.3.2　固体废物资源化再利用的作用

资源再利用的一个重要意义，是资源再利用所带来的新的经济价值。美国利用废金属生产出附加价值达60亿~80亿美元的金、银、铜、锆、铅等金属。美国从废旧金属中再生的各种金属占该金属（每吨）比例为铁0.5t、铝0.3t、铜0.7t。由于铁、铜废旧金属的回收市场比较成熟，因此与在生产阶段新生成的金属屑相比它的使用量更大。利用废金属在投资和生产成本上都优于使用新的原料，尤其是铝和铜的再回收，受益很大。不过目前还没有处理废旧金属最适宜的技术。从废旧金属中除去附着物的混合物的成本较高，因此必须开发新的选别技术。另外，资源再利用有利于保护环境，以钢铁生产对环境的影响为例，分别从原矿石和废旧金属中生产1000t棒钢时，若用废金属则能耗下降74%、水耗下降41%、大气污染物减少86%、矿山废弃物减少97%，见表1-1。由表可见，废弃物的再资源化对防止环境污染起着很大作用。

表1-1　生产1000t钢铁对环境的影响

环境影响	原始物质利用	100%废弃物利用	由再循环引起的变化①/%
原始物质消费量	2278t	250t	-90
用水量	75.46×10^6L	45×10^6L	-40
能耗	23463×10^9J	6119×10^9L	-74
大气污染物产生量	121t	17t	-86
水污染物产生量	67.5t	16.5t	-76
一般废弃物量	967t	60t	-105
采矿废弃物量	2828t	63t	-97

①负数表示由再利用引起的减小量。

　　如上所述，实施资源再回收，既能保持原有资源，又可从无价物质中生产出新的有价物质，另外还能延长最终处理场地的寿命，减少环境污染，进而改善人类的生活环境。此外，如彻底地进行资源再回收，则可节约地下资源。因此资源再利用可以看作是矿物资源的地下储备。目前世界各国为保障本国的安全而推行的资源储备政策，其意义在于维护和确保人类持续活动所需的地下资源。因此今后在全球范围内的资源储备和资源可持续利用就显得更为重要了。由此可见，二次资源再利用技术的开发和应用，是资源可持续利用的重要手段之一，也是各国特别是工业发达国家解决资源问题的有效途径。

1.2　固体废物处置、处理与可持续利用的内容

1.2.1　固体废物资源可持续利用的两重性

　　随着各国经济持续高速发展，发达国家产生了严重的资源与环境污染问题，针对这些问题出现了资源再利用的思想。进入20世纪90年代，人们对资源的认识逐步深化，提出了资源可持续利用概念，它是资源再利用思想的拓展。虽然资源可持续利用包括可再生生物资源，可循环利用资源和不可再生资源的可持续利用的内容，但是其重要的核心之一是不可再生资源的回用或废弃物的资源化利用问题。

　　通常将废弃物作为二次资源再利用，称为资源再利用。废弃物的资源化再利用可以从两个方面来考察：其一是将废弃物进行一定的加工后再次利用；其二是将废弃物作为资源直接有效利用。

1.2.1.1　固体废物的资源化利用

　　从资源角度看，在古代，铁、铜、锌、锡等天然资源主要用于农具、建筑、武器和其他许多生活性用具。随着工业革命的兴起和工业社会的发展，天然资源得到了综合性的利用。

　　18世纪后半叶，以瓦特发明蒸汽机为标志的工业革命，带来了工业的迅速发展，同

时也促进了经济的迅猛增长。由于大规模的社会经济变革，大量的天然资源得到利用。瓦特发明的蒸汽机作用十分重要，使人类获得了前所未有的动力资源。此后，人类经过大约两个世纪的时间，完成了规模性的工作革命。后来，由于石油危机等原因，人们提出了适度经济增长、节约资源和能源并进行资源再利用的新思维。

人们从技术进步的角度研究了工业发展的进程，把技术进步分为以下过程，即经营方式的革新、新资源的获得、新技术的引进与开发、新市场的获得以及新产品的开发，从而将技术进步与资源开发结合起来考虑，并通过这些技术进步重新利用新资源。

（1）天然资源的再利用。天然资源的再利用是指今天尚未被利用的资源，通过技术进步而找到了新用途和新市场。例如：以前由于经济不合理而不能利用的低品位铁矿的铜矿石，现通过技术开发，使之能在低成本的条件下从中提取金属，这些矿石可作为资源而被再次开发利用。最近引人注目的超导原材料中稀土元素的利用就是其中之例。

（2）制造过程中废弃物的再利用。目前，在制造过程中扔掉的废弃物正逐步找到新的用途和新的市场。石油炼制过程中产生的石油渣油的利用是一个典型的制造过程中废弃物再利用的例证。在美国新泽西州，从19世纪中叶就开始了工业化采油，当时开采的石油主要是代替琼油用作灯油，剩下的被抛弃。但当汽车问世以及把汽油作为主要燃料之后，也就开始了从石油废弃物中提取汽油，而且随着汽车工业的发展，石油在各行各业和各个领域得到了广泛应用。

这里所讲的废物的再利用和前面所讲的天然资源的再利用都指至今尚未被利用的资源，因此可以把两者合并归纳为尚未被利用的资源利用。另外，资源利用就是自然界存在的物质由于技术的进展而不断地在某些方面得到应用的过程。而废弃物的利用是人们将曾经过人手和制造工序后所产生的废弃物作为资源有效地利用。因此两者之间存在本质的区别。

（3）用后制品的再利用。还是以石油为例，当润滑油经使用后，其性能变差、质量恶化。以往从发动机中除去的润滑油可用作燃料，这是作为制品使用后再利用的例子，有关这方面的技术开发显得十分重要。

如前所述，在产品过程中产生废弃物和用后制品的利用，都是废弃物的资源化再利用。两者的不同之处在于前者是把人们一次也未曾用过的物质作为新的资源而加以利用，而后者是将一度被人们利用过的制品进行的资源化再利用。

以上举了资源再利用的三个方面的情况，资源化再利用也称为资源的再循环利用，是资源可持续利用的重要方面，也是利用过的制品的再利用。但是，通常我们把第二项的物质，即最终制品的制造过程中产生的废弃物的利用也叫做再利用。因此，把尚未被利用的资源利用和用后制品的利用叫做再资源化，而后者叫做资源化，换句话说，资源再利用或可持续利用包括资源化和再资源化的内容。

1.2.1.2 固体废物资源再利用的再资源化利用

废弃物再资源化利用，对环境的保护十分有利。废弃物即使经过某种处理后再排放到环境中，仍然增加了环境的负荷。这表现为一方面是填埋土地的减少，另一方面是填埋物质渗漏可能引起环境污染问题。如果未经过任何处理的物质排放到环境中，还可能对环境保护工作带来麻烦。相反，如果采取对废弃物的再资源化利用等措施，既可以消除污染又可以减轻环境的负荷。

在进行再资源化利用时，经济性问题也是十分重要的，必须对废弃物再资源化利用所需的费用、所得到的收益以及对有关废弃物进行处理和清理所需的费用进行比较研究。不考虑经济性问题，过分热衷于再资源化利用，归根结底不能长久维持。也就是说，在再资源化利用中，要追求一定的经济效益，如果没有经济效益，再资源化利用就不能长久坚持下去。

应该注意到，人类在以经济为目的进行经济活动时，只考虑了眼前的利益，而往往忽视了经济活动对环境的破坏作用。这是一种十分危险的轻视环境和资源价值而仅仅关注社会消费和经济价值的倾向。这两种价值在一般性的经济活动中，特别是在以收益为最大化目标的企业经济活动中，往往存在着不能充分补偿的情况。因此，公众参与就显得十分必要。同时可考虑利用优惠政策，以推动废弃物的再资源化利用。政府可以采取优惠的税制，向推进再资源化利用的处理者提供资金和补助金，或者让处理者具有优先利用再资源化制品的权利等。从观念上讲，可通过向再资源化处理者提供与再利用的社会性费用相称的补助，如津贴、奖金以及优惠税收政策，可以把废弃物利用的潜在价值变成现实价值。但是，也应当考虑到这种经济效益存在很多问题，因此顺利地进行废弃物资源化利用还潜伏着很大的困难。

1.2.2　社会经济系统中物质的流动与再资源化利用

在社会经济系统中物质是维系社会发展和进步的基础，物质或资源的流动对经济的发展十分重要。如经济较为发达的日本，以往用了大量的资源进行其生产、消费和出口。在这个过程中，产生了很多的废弃物，对如何有效地利用这些排放的废弃物，他们做了一些工作，比如从产品制造过程中排放的废弃物的资源化和曾经使用过制品的再资源化两个方面加以利用。

1.2.2.1　产品制造过程中排放的废弃物资源化再利用

以某国为例，2010 年度工业排放废弃物数量按行业和种类统计结果见表 1-2。

排放量最多的是矿业，为 21776 万吨，其中污泥 21512 万吨，排放量列于其后的产业依次是电气业和纸-纸浆业。电气业中粉煤灰较多，占 4328 万吨，纸-纸浆业污泥占 288 万吨，整个工业废弃物的排放量中污泥占 22280 万吨，矿业的污泥占总污泥量的 97%。各种工业排放的废弃物的总量合计 38599 万吨。

从表 1-3 所列的废弃物处理和再资源化情况来看，238599 万吨的废弃物被再资源化的占 20473 万吨，其中，直接再利用量为 8383 万吨，中间处理的再利用量为 12090 万吨。金属屑的总排放量为 725 万吨，其中直接再利用的量为 325 万吨，中间处理后的再利用量为 369 万吨。由表 1-4 可知，从加工过程中产生的金属屑，其资源化率达 96%，其次是动物粪便和废建材，而矿渣的利用率也相当高。

另外，无偿转移工业废弃物的再资源化利用物质占总排放量的 10% 以上。而动植物性残渣经过加工后仅用于肥料和饲料。

1.2.2.2　工业废弃物的资源化方法

工业废弃物的利用方法从大的方面来分有两类。其一是由于新的应用技术的开发，使

表 1-2　不同行业排放的各种废弃物量（2010 年）

(×1000) t

产业分类	燃烧灰渣	污泥	废油	废酸	废碱	废塑料	废纸	废木头	废纤维	动植物残渣	废橡胶	废金属	废玻璃、陶瓷	矿渣	废建材	煤粉尘	合计
矿业	0.53	215124.91	216.97	0.15		126.25		4.03			1.88	60.20	72.47	1588.3	572.65		217767.81
建筑业		126.15	1.44	0.07	0.20	18.25	4.70	93.92	1.01		0.01	15.50	37.50	1.41	1243.64		1544.32
食品	0.21	219.28	2.18	1.29	0.45	10.18		0.21		67.67		1.51	0.21		0.01	0.10	303.3
纤维工业	2.64	90.25	1.89	0.35	0.40	21.74		0.36	4.79			1.23	0.07		0.01	0.81	124.54
木制品	5.17	3.21	1.06	0.01	0.03	5.17		191.55				1.25	7.16		1.62	0.78	217.01
家具装备	0.71	8.06	1.32	0.08	0.38	10.24		57.46				2.01	0.91		0.08		81.25
纸-纸浆	22.94	2881.34	1.09	0.13	0.68	42.05	57.32	9.71				3.63	0.22	0.01	0.16	43.93	3063.21
出版	0.01	1.41	4.92	1.06	5.45	20.53	38.81	0.35				2.12	0.06		0.01	0.02	74.75
化学工业	3.95	312.08	30.36	10.18	27.07	8.10		0.53		0.87	0.01	1.35	1.23	0.19	0.82	7.16	403.89
石油-煤炭	0.16	27.72	3.87	1.92	1.59	0.92		0.05				0.49	0.34	0.03	4.78	2.08	43.96
橡胶制品	0.25	7.42	3.31	0.11	0.92	52.12		0.55			3.11	3.27	0.14	0.01	0.02	0.20	71.43
毛制品	0.02	0.82	0.76			13.08		0.27				0.07	0.03		0.02		15.07
陶瓷工业	4.47	471.10	2.21	0.45	2.96	7.82		1.86			0.01	3.26	308.38	5.88	51.13	4.31	863.84
钢铁业	1.43	75.11	8.22	5.08	5.32	3.63		1.06			0.01	55.19	11.89	329.26	8.07	203.23	707.50
金属制品	0.08	49.93	7.05	10.88	3.84	6.36		0.64			0.01	18.56	3.17	4.30	0.79	0.11	105.72
机械器具	0.02	8.97	7.03	0.31	0.64	2.77		0.67			0.01	14.30	0.90	3.66	0.27	0.03	39.58
精密器械	0.01	15.48	2.35	0.82	1.48	4.84		0.24				2.40	0.90	0.05	0.02	0.02	28.61
电子设备	0.01	42.26	3.99	11.16	9.82	5.60		0.11				2.09	0.56	0.05	0.02	0.00	75.67
运输设备	0.09	10.64	6.35	0.38	0.81	4.16		0.36				9.21	0.38	12.76	0.26	0.21	45.61
其他制造	0.26	11.03	7.39	4.12	5.42	15.35		0.99				4.33	4.66	0.41	0.22	1.06	55.24
电气业	5019.93	3314.12	20.69	2.00	8.49	27.68		1.71			0.02	39.42	83.96	2.40	520.84	43277.78	52319.04
瓦斯业	0.01	6.99	3.65	0.03	0.03	26.53		0.48			0.01	62.47	6.40		26.07		132.66

表 1-3　废弃物的处理和再资源化情况（2010 年）

（×1000）t

废弃物种类	排出量 (A)	直接再利用量 (B)	直接最终处理量 (C)	中间处理				再生利用量 合计 (B+F)	减量化量 (D-E)	最终处理量 合计 (C+G)
				中间处理量 (D)	处理残渣量 (E)	再生利用量 (F)	最终处理量 (G)			
燃烧灰渣	1835	74	421	1340	1201	1153	48	1227	139	469
污泥	169885	1745	1411	166729	17485	13879	3606	15624	149244	5017
废油	3251	138	5	3108	1150	1062	88	1200	1958	93
废酸	2483	16	2	2464	775	726	49	742	1689	51
废碱	2563	35	3	2526	591	547	44	582	1935	47
废塑料	6185	95	284	5807	4136	3252	884	3347	1671	1167
废纸	1153	86	4	1063	685	647	38	733	378	42
废木头	6121	118	34	5969	4967	4710	257	4828	1002	292
废纤维	79	1	2	76	53	47	6	48	23	8
动植物残渣	2902	222	10	2669	1567	1527	40	1749	1102	50
动物相关固体废物	126	1	2	122	91	87	5	88	31	7
废橡胶	32	1	2	29	23	18	5	19	6	7
废金属	7246	3248	37	3962	3812	3689	123	6937	149	160
废玻璃和废陶瓷	6031	209	471	5351	4837	4013	824	4222	514	1295
矿渣	16006	2964	722	12319	11803	11436	367	14400	516	1090
废建材	58264	807	950	56507	55990	54813	1178	55620	517	2128
动物粪便	84847	72139	0	12708	9249	9214	35	81353	3459	36
动物尸体	156	13	2	142	76	73	3	86	66	5
灰尘	16823	1919	1935	12969	10367	10010	357	11929	2602	2292
合计	385988	83831	6298	295859	128860	122902	7957	204733	167000	14255

表 1-4　某国工业废弃物的再资源化率（2010 年）

工业废弃物的种类	再资源化率/%	工业废弃物的种类	再资源化率/%
燃烧灰渣	67	动物粪便	96
污泥	9	动植物残渣	60
废油	37	废橡胶	58
废酸	30	废金属	96
废碱	23	废玻璃和废陶瓷	70
废塑料类	54	矿渣	90
废纸	64	废建材	95
废木头	79	粉尘	71
废纤维	61	动物尸体	55
动物相关固体废物	70	平均再资源化率	53

未被利用的废弃物得到利用。例如，钢铁废渣用于生产高炉水泥。在石油化学和以石油为唯一能源的火力发电厂等的脱硫过程中产生的硫的氧化物，可以用于生产石膏等。但由于我国石膏矿产丰富优质，因此脱硫过程产生的石膏应用尚有问题。这些方法与前面所讲的天然资源的利用方法有相似之处。这些节约资源和能源的方法，在第一次石油危机后较为盛行，并得到了很大的发展。其二是加工碎片的利用。加工碎片中含有与制品相同的材料，因此其再资源化率很高。金属屑的利用就是其中一例。

（1）废弃物直接资源化的利用。钢铁炉渣可作为高炉水泥原料的一部分加以使用。前面讲到从钢铁工业排放出的废钢渣可作为原料制造高炉水泥，其市场潜力很大，这是废弃物直接资源化的一个成功的实例。另一个直接资源化的成功实例是利用硫的氧化物生产石膏。某国由于石膏资源缺乏，1975 年前后进行了该技术的开发，利用石油火力发电厂捕集的 SO_2 来制造石膏板。采用该技术后，该国就不再从国外进口石膏资源了，对其资源利用做出一定的贡献。后来，由于石膏板的生产过剩，人们开始探讨 SO_2 新的应用途径的开发问题。由此可见，用废弃物制造产品时，由于时机不同，在产品供需平衡时产品价格就会下跌，从而阻碍资源化的进程。这是在大量废弃物资源化的过程中经常出现的问题。我国由于天然石膏资源十分丰富，质量又好，因此治理 SO_2 产生的石膏板就没有市场，从而阻碍了该技术在我国的应用。

另外，某国从石油火力发电或石油化学工业中产生的油灰中回收稀有金属也是一个很好的实例。某国每年从石油灰分中回收几百吨的钒，同时还回收镍及其他稀有金属元素。因此，可望今后从石油灰分中回收金属的技术开发有更大进展。

（2）加工过程中产生的碎片的利用。前面讲的废弃物直接利用的新用途技术开发的实例是把废弃物当作与制品构成材料不相同的物质使用，而加工过程中产生的碎片的利用技术开发与之不同，例如：用铁板制造最终产品像匙、叉、刀时，剩余铁板的有效利用情况。这里需要资源化的碎片包括铁屑、金属加工屑、塑料等，这些碎片很容易得到有效利用，前面提到金属屑的资源化率达 96%。

1.2.2.3　用后制品的流动

在日常生活中，消费者所丢弃的使用后的制品的再资源化利用，有直接利用和再资源化利用两种情况。另外，在生产活动过程中机器及其部件磨损后产生的废弃物和润滑油及其他消耗品或者按消耗品来看待的制品，如使用过的油或者催化剂等废弃物的重新利用，也属于再资源化利用的范畴。

A　城市垃圾的流动

随着我国社会经济的发展，人们生活水产的提高，垃圾的排放量和其中有机物含量日益提高。城市垃圾处理及清除的有关法律、法规日益健全。人们在日常生活中产生的垃圾，由原来的自由排放到现在逐步得到了处理。

由于我国城市东部沿海省份工业密集、人口集中，城市生活垃圾已经产生了严重的环境问题。这些垃圾常堆放或填埋于郊区，如广州，出现了"垃圾包围城市"的趋势。垃圾不合理堆放产生的"白色污染"问题成为许多城市的"新景观"。国家对这一问题十分重视，目前已经有许多城市出台了控制垃圾污染的法律、法规，这些措施对城市垃圾的处理与控制有着十分重要的意义。还有，我国政府一直十分重视城市废旧物质的资源化问题，有很好的废旧植物纤维和化学纤维、畜禽废料回收系统，为我国的资源化再利用做出了很大的贡献。但是，在城市资源利用方面，与发达国家相比还有一定差距。如某城市垃圾的排放量（见表1-5）为每人每天1000～1200g，经济高速发展时，城市垃圾的排放量状况一直保持这一水平。

表 1-5　某城市垃圾处理的变迁

项　目		2005	2006	2007	2008	2009	2010
	计划收集量	44.633	44155	40629	40946	39616	38827
	直接搬运量	5090	4810	5138	4234	3845	3803
	集中回收量	2996	3058	3049	2926	2792	2729
	合　计	52720	52024	50816	48106	46252	45359
垃圾总排放量/千吨	生活垃圾	36471	36220	35724	34104	32974	32385
	家庭排放垃圾	28465	28041	27781	26508	25580	25097
垃圾分类排放	事业单位垃圾	16249	15804	15092	14003	13278	12974
总家庭处理量/千吨		92	74	56	45	31	28
排放量（参考）/千吨		49.815	49040	47823	45225	43492	42658
总人口/人		127712	127781	127487	127530	127429	127302
计划处理区人口/人		127658	127727	127439	127490	127406	127279
自家处理人口/人		54	54	48	40	23	23
每人每天垃圾排放量/g·(人·天)$^{-1}$		1131	1115	1089	1033	994	976

续表 1-5

年　度 项　目		2005	2006	2007	2008	2009	2010
垃圾总处理量/千吨	直接焚烧量	38486	38067	37011	35742	34517	33799
	资源化的中间处理量　粗糙的垃圾处理	2588	2569	2462	2133	2134	2002
	垃圾堆肥化	99	115	129	136	152	165
	垃圾饲料化	0.02	0.02	0.27	4.43	8.49	5.36
	沼气化	21	24	25	23	21	22
	垃圾燃料化	755	726	712	693	690	676
	其他资源化	3618	3536	3417	3109	3025	3198
	其他设施	202	197	156	135	132	93
	小计	7283	7167	6901	6232	6162	6161
	直接资源化	2541	2569	2635	2341	2238	2170
	直接最终处理量	1444	1201	1177	821	717	662
	合　计	49754	49004	47725	45136	43634	42791
不同处理的处理率/%	减量处理率/%	97.1	97.5	97.5	98.2	98.4	98.5
	直接焚烧率	77.4	77.7	77.6	79.2	79.1	79.0
	中间处理率	19.7	19.9	20.0	19.0	19.3	19.5
	直接填埋率/%	2.9	2.5	2.5	1.8	1.6	1.5

城市垃圾的再利用或者处理和清理的流动表示如下：

在现行废弃物处理体系下，家庭淘汰的物品集中在收集场所后才成为垃圾（从治理者角度上来说称为收集场所的地方，以排放者角度来看则称为排放场所）。我国地域辽阔，发展很不平衡，因此经济发达地区家庭淘汰的大件东西，可以转移到不发达地区，但是要认识这种再利用时间不会很长，以后还须进行迟后处理。另外，在收集中所聚积的垃圾，通常由专门人员负责收集和运输，并送往焚烧等中间处理设施。为了使中间处理设施易于进行最终处理，可用焚烧、破碎等方法进行减量化处理，或者选出铁屑等有价物质后再进行出售和清理。

在这里应该注意的是由国家专门人员进行城市垃圾再资源化利用时，是指专人收集垃圾的再资源化利用。从家庭中排出的废弃物，如废纸等，它由废品收购者进行收集。收集的废纸、空罐和空瓶等一年数量数千万吨。家庭排出的废弃物的再资源化率某国为20%~25%，我国仅为12%~15%。此外，必须注意再资源化也有一定限度，当废纸的价格下跌时，废纸回收者就不愿回收，再资源化率下降。家庭排出的废弃物（不仅限于城市垃圾）中再资源化进展较好的有铝屑、铁屑、废玻璃、废纸、废纤维等。另外，从广义上讲，利用焚烧热能进行余热发电也可称为资源的可持续利用的实例。

（1）铝。回收的铝屑可作二次铝合金原料。从家庭中回收的铝制品有铝锅、铝制罐等。据统计日本整体铝制罐或易拉罐的回收率约40%。

（2）铁。由我国钢铁生产量的变化可知，我国钢铁产量虽然已居世界第一位，但是人均产量就微不足道了，目前有电炉钢稳步增长而转炉钢逐渐减少的趋势。我国废钢铁回收利用情况如表 1-6 所示。

表 1-6　2004~2007 年与 2008~2011 年我国钢铁相关数据比较

项　目		2004	2005	2006	2007	合计	平均	2008	2009	2010	2011	合计	增减量	增减率/%	平均	平均值增减率/%
粗钢产量/万吨		27279	35579	42102	48971	153931	38483	51234	57707	63874	68327	241142	87211	57	60286	56.66
炼钢废钢消耗/万吨		5430	6330	6720	6850	25330	6333	7380	8310	8670	9100	33460	8130	32	8365	32.10
自产废钢/万吨		1700	2220	2750	2780	9450	2363	2860	3040	3300	3560	12760	3310	35	3190	35.03
社会采购/万吨		3480	3675	3800	4310	15265	3816	4380	4580	5190	5080	19230	3965	26	4808	25.97
进口用于炼钢废钢/万吨		750	710	440	120	2020	505	300	1020	440	510	2270	250	12	568	12.38
废钢单耗（综合）/万吨		191	178	160	140	669	167.3	144	146	138	133	561	108	16	140.3	-16.14
转炉/万吨		89	91	99	82.1	361.1	90.3	88.8	71.7	79.35	79.8	319.65	41.45	11	79.9	-11.48
电炉/万吨		727	754	633	565.9	2679.9	670.0	590.2	682.3	644.86	623.2	2540.65	139.34	5	635.1	-5.20
电炉钢比/%		15.20	11.70	10.50	11.90	49.3	12.3	12.40	9.70	10.40	约9.8	42.3	7.0	14	10.8	-12.10
转炉单耗/kg·t⁻¹	宝钢	194.5	165.4	134.7	140.9	635.5	158.9	139.8	134.91	149.58	135.42	559.71	75.79	12	139.9	-11.93
	武钢	150.1	154.6	125.1	144	573.8	143.5	142.7	137.08	155.01	146.18	580.97	7.17	1	145.2	1.25
	鞍钢	103	87.7	106.2	77.2	374.1	93.5	87.5	88.03	85.29	96.76	357.58	16.52	4	89.4	-4.42
	沙钢	123.4	122.9	133.2	78.7	458.2	114.6	171.6	165.19	178.1	184.8	699.69	241.49	53	174.9	52.70
	宝钢	763.4	754.7	458.6	563.9	2540.6	635.2	578.5	507.12	561.93	521.51	2804.26	263.66	10	542.3	-14.62
电炉单耗/kg·t⁻¹	沙钢	817.8	745.7	536.5	373	2473	618.3	469.9	473.01	447.6	439.6	1830.11	四年中国粗钢产量占世界43.76%	30	457.5	-26.00
	天津无缝	492.9	560.5	614.1	539.4	2206.9	551.7	640.3	759.13	675.59	633.66	2708.68	废钢消耗量占世界16.35%	23	677.2	22.74

（3）玻璃。除玻璃瓶外，玻璃板也需要回收，但没有统计数据。玻璃的再资源化包括玻璃瓶的再资源化和碎玻璃瓶的再资源化。在某国，可乐瓶、汽水瓶、饮料瓶和啤酒瓶的回收率为90%～95%，不过碎玻璃的回收率不到10%。

（4）纸。我国从"一五"期间就开始了废纸的回收与利用，而且再资源化的规模越来越大。这些资源的利用不仅节约了大量的自然资源和能源，也保护了环境。再生造纸时的废水发生量，远远小于制浆造纸生产时所产生的废水量。我国利用废纸造纸的效益情况见表1-7。

表1-7　2001～2007年我国废纸回收利用统计

年度	纸和纸板产量/万吨	纸和纸板消费量/万吨	纸浆总消耗量/万吨	废纸回收量/万吨	废纸回收率/%	废纸浆用量/万吨	废纸浆利用率/%	废纸进口量/万吨
2001	3200	3683	2980	1013	27.5	1310	44.0	624
2002	3780	4415	3470	1338	30.3	1620	47.0	687
2003	4300	4806	3910	1462	30.4	1920	49.1	938
2004	4950	5439	4455	1651	30.4	2305	51.7	1230
2005	5600	5930	5200	1809	30.5	2810	54.0	1703
2006	6500	6600	5992	2263	34.3	3380	56.4	1962
2007	7350	7290	6769	2765	37.9	4017	59.3	2256

从表1-7可以看出，我国废纸回收虽然已取得了一定的成绩，但是回收率仅为37.9%左右，而某国废纸的回收率已达50%，约为1200万吨，利用率也为50%。除家庭外，各工厂、出版社、报社、商店、商场等单位也回收废纸。在某国家庭废纸用于交给卫生纸交换基地或其他中间业者，然后由废纸直接供货者送到造纸厂用作造纸原料。废纸作为市场交易商品时，其价格变动频繁，某国曾发生过由于废纸价格的下跌，而使得废纸交换无法进行的情况。在这方面值得我国借鉴。我国废纸的回收工作也有了长足的进步，但是上述的系统尚未建立起来，造成大量的废纸无法回收，影响了废纸的资源利用。

（5）纤维、衣料。废纤维一般都是由废旧物品收购者在从家庭中回收废纸的同时进行回收，被回收的废纤维主要用于制擦布。擦布是指用于擦洗窗户玻璃或擦洗机械油的擦洗布。另外，废纤维还可用于拖布、屋面材料、木偶填塞等。还可将回收的半旧的衣料和毛料衣服向农村和山区输送。但是近年来由于利益的原因，回收这些物品的企业与个人较少。

（6）粗大垃圾。随着人们生活水平的提高，粗大垃圾的排放量日趋增大。目前，对于粗大垃圾还没有一个明确的定义，通常冰箱等家电制品、椅子、凳子、书架等粗大垃圾有时由特殊的收购者来回收，利用它的使用价值。从长远来看，将粗大垃圾进行破碎或减量化后再进行最终处理十分必要。在破碎粗大垃圾时会产生金属碎片，经过分选可将其回收和再次有效利用，希望今后资源利用技术能够更好地在该领域里应用。

（7）城市垃圾的热能。我国建立了一些垃圾焚烧场，回收城市垃圾燃烧的热能。开始时垃圾水分含量较高，热值较低。随着人们生活水平的提高，垃圾的热值逐渐上升。另外，在垃圾焚烧处理时，由于塑料等物质的混入，不仅影响焚烧效果，同时产生的腐蚀性气体对焚烧锅炉腐蚀也十分严重，目前新开发的焚烧炉可以有效地解决这一问题。焚烧的热量可用于取暖和发电，效益十分明显，但是其焚烧可能产生二噁英等污染问题，一直困扰该技术的发展。

B　其他用后制品再资源化

对用后制品的再资源化，必须着眼于工业废弃物。如催化剂，它多用于石油化工和汽车领域。在石油化工厂中，催化剂使用后变成工业废弃物，在汽车上催化剂用完后则作为一般废弃物处理。当然也存在工业废弃物和一般生活垃圾混合在一起排出的情况。在此，我们不局限于工业废弃物和一般废弃物，仅举几个实例加以说明。

（1）轮胎。汽车是由各种各样的部件组成的，废旧汽车的所有部件都可以被再利用。例如废轮胎可以用作原料和燃料。人们开发了将轮胎进行热分解来回收油，并利用其热能的技术，从而使废轮胎得到有效利用。

（2）润滑油。润滑油每年的使用量很大，使用后大约一半是与燃料一起用于燃料燃烧，其余的作为废油排出或再生。再生的润滑油仅用于电力用绝缘油等特殊润滑油。由于使用后的润滑油含硫量少而灰分多，若不小心将其和普通的燃料混在一起燃烧时，就会发生损坏喷嘴的现象。有些企业从节省资源和能源的角度向润滑油中添加了大量的清洁剂和分散剂，其结果使基础油的组成复杂化，从而减少了润滑油的再利用。再生润滑油和基础油性能一致，但价格比基础油便宜，由于基础油价格下落和添加剂价格的上涨，再生润滑油价格也相对下落，从而在价格和性能上失去了竞争力，因此再生油使用较少，造成润滑油的技术革新进展缓慢。另外，燃烧器的改进，使得废润滑油更易于作燃料油使用。因此，在目前除特殊情况外，润滑油几乎不进行再生，而大部分用作燃料油。

（3）催化剂。催化剂的资源化再利用有两种回收方法，即从石油化工厂使用后的催化剂中回收金属，以及从汽车尾气净化器的废催化剂中回收金属。在化工厂中使用的催化剂中含有铝和白金（铂）等稀有金属和贵金属。燃料油中所含的钒、镍等稀有金属能附着于催化剂表面，因此从催化剂中回收这些金属正是资源的有效利用。需要指出的是回收这些贵金属要有高级的技术，而且不使用专门的设备是很难进行回收的。

1.3　固体废物处置、处理与可持续利用发展动态

1.3.1　环境法规的确立

近年来，人们日益关注资源的可持续利用。资源的合理利用就是人类对资源的利用既能满足当代人的需要而又不对后代人的需要构成威胁，一个地区的发展不应该危及另一个地区的发展利益。

早在1970年底，有害废弃物处理所引起的一系列环境污染问题就出现了。1976年美国制定了资源保全再生法（RCRA），并于1984年11月作了进一步修改和加强。修改法中禁止用没有经过环境保护局（EPA）指定的填埋法处理有害废弃物，并将有害废弃物的产生源范围扩大到小规模的发生源。这样被新法限制的小规模发生源有17.5万处，其废弃物的排放量大约每年400万吨，其中非制造业的排出量占85%，大部分是由汽车修理厂和建设公司所排出。除废溶剂和铅蓄电池之外，化学药品、可燃性涂料、药品容器、废墨水、照相材料等都属于处理对象。美国在20世纪80年代中期至90年代初启动了超级基金计划，其基金总额为85亿美元。基金主要取于原油、原油制品和化学药品的税收的

大范围内的附加价值税，以及政府支出和有害物质排出企业的回收费。由于各种规定的大幅度加强，环境保护局用这一基金在大范围内进一步扩大了对有害物质污染区的治理工作。

美国环境政策规章制度的加强，对废弃物处理与利用产业的体制产生了很大的影响。由于治理有害物质的规章制度非常严格，因此改善设施所负担的成本也在增加。另外，在新建处理设施时，由于居民的抗议、用地不足等原因，实施处理措施很困难。以新泽西州为例，1970 年有 370 处填埋处理场，到 1987 年只剩下几处，只能处理全州城市垃圾的85%，而且为了降低填埋处理的负荷，载重汽车有 3～4h 处于停止状态。另外，其他州的填埋场也存在着同样的问题。

由于土地资源的缺乏，某国也处于难以保持填埋处理场地的状态，其剩余容量也逐年减少。在不断进行填埋处理的地方，不得不依靠处理业者自己设置处理的地方。还有首都和近郊区已难以保证陆地的填埋处理用地，不得不依靠填海来解决问题。

我国北京、上海、深圳、沈阳和武汉等城市垃圾处理虽然已经经过多年的努力，但是填埋场的建设与管理问题还是十分突出，垃圾乱倾乱倒现象依然严重，严重影响了城市的美观，同时也造成了环境污染。虽然我国也出台了一些法规，但实施过程尚需完善，今后还有很大的发展空间。

1.3.2 废弃物的产生与防治

一般来讲，对废弃物的治理有减少废弃物的产生量和对排放的废弃物进行适当的处理两种方法。前一种方法是对含有有害物质的废弃物进行根治的一种措施，而后一类方法是废物处理的主要方法。含有害物质的废弃物所引起的环境污染是世界各国面临的重大课题，其对策大部分还属于第二种方法，即将排出来的废弃物快速收集并送往处理场地，先进行减容化、稳定化和无害化处理（焚烧），然后最终进行填埋处理，从而消除对环境的破坏和影响。但是焚烧会带来大气污染，填埋会带来地下水污染。对废弃物进行再资源化时，有时会引起二次污染问题，这样的例子不胜枚举。另外，为了防止大气污染和水污染，往往将大气和水体中的污染物转化为固体物质，从大气和水中除去，这些废弃物的排出就形成了有害的固体废物。

应当指出，现行的防止环境污染的措施归根结底是属于一种排放物转变成另一种排放物的过程。

在美国，污染物质致使许多人失去了饮用水，严重的污染已经威胁到人类的生存。由于污染区附近居民的身体健康直接受到了危害，居民向政府提出的诉讼案急剧增加。另外，净化这些污染代价很高，美国每年支出的费用高达上千亿美元，其中 2/3 由企业负担。而且很多物质还处于无限制状态，预计今后的支出费用会继续增长。

减少废弃物的产生是今后国民经济发展的重要对策。它具有减轻废弃物处理负担、实现环境保护、节约自然资源等作用。减少生产过程中产生的废弃物，与生产过程结束时设置防止环境污染设备有所不同，这要求对整个过程有很深的知识和高度的技术能力，其方法是：（1）改变制造所需的原料；（2）改变制造技术和生产设备；（3）改变生产工序和操作方法；（4）对厂内废弃物进行再利用；（5）改变最终制品的设计或结构；等等。其中再利用的作用是很重要的，今后必须推进这一领域的技术开发。

1.3.3　固体废物资源可持续性技术开发的必要性

资源的可持续性技术的开发，对建立资源的循环利用系统起着至关重要的作用。随着科学技术的发展，新材料和复合材料产量越来越大，废金属中混入的其他材料逐渐增加，加大了废金属回收的难度。以汽车用塑料复合钢板为例，这种材料具有防止噪声的效果。20世纪70年代以来，为了强化对噪声的控制，日本的汽车厂家相继采用了塑料复合钢板。当它超过耐用期后就被回收到废旧金属处理者手中，经过破碎和磁选之后一些塑料得不到分离而混在铁中。此外，为了提高汽车的性能，厂家的技术开发向耐热性更好、性能更完善的方向发展，但这些耐热性好的材料很难分离。因此，会给以后的处理带来更大的难度。

在新材料中，成分不明的合金逐渐增多，合金中铜、锡、硫黄等成分的混入，在制造钢材时会引起性能劣化，因此在电炉厂家制造阶段也产生问题。这些材料的混入，使废旧钢铁原料的商品价格降低，同时会由于没有廉价的分选技术或其分选成本过高等原因而不能处理或被抛弃。其结果是被送到治理者手中，而且在进行处理时，也会引起费用的大幅度增加。

目前，新材料在产业界受到了重视，今后其产量会急剧增加，但是从材料的性能上考虑，处理时也会遇到很多困难，因此估计也会给今后的再资源化利用带来很大的困难。

美国正在研究开发用于干法-湿法冶炼联合工艺处理超级合金废旧金属的再利用技术。Co-Ni基超级合金用于航空和电力工业的涡轮机和高温机器中。在处理块状废旧超级合金时，由于其很好的性能，在技术上很难实现金属的分离和回收。目前，废旧超级合金的处置除了将其熔融后进行分离外，只能当作低质量材料来使用。

还有易拉罐的再资源化问题。通常易拉罐的外壳用AA3004合金，而带有拉环的顶部常用AA5182，壳与顶部的重量比为3∶1，如图1-4所示。

顶部
25%为AA5182(质量)
0.35%Mn、4.5%Mg

壳体
75%为AA3004(质量)
1.25%Mn、1.05%Mg

图1-4　铝制易拉罐的构成材料

铝、铜、铅、锌等金属废品不能直接返回到用新原料的制造工序中，因此，回收的废铝罐主要用于铸造材料。与可回收瓶的再利用相比，将饮料罐作为新原料以短循环路进行使用不一定合理。这时如果把两种合金进行分离后再返回到各自的制造工序中，则可以节约新材料。

从这一观点出发，美国的阿尔克公司进行的空罐合金分选工艺的研究结果令人瞩目，制造铝合金时在预处理工序的回转窑预热和去除的过程中，利用两种合金的熔融温度差（AA5182：580～636℃，AA3004：629～654℃），把炉温控制在620℃左右时，由于两种合金的伸张破坏应力不同，AA5182 合金容易被破碎，而 AA3004 合金仍保持原形。因此可在炉的出口处设置特殊结构的筛子来分离两种合金，结果得到良好的分选指标，如图 1-5 所示。但是，目前在制造、收集和回收等过程中成品率不能达到 100%，因而产生了一定的损失。因此，必要补充相当于损失部分的新原料。今后进行这种形式的循环利用系统的技术开发是非常重要的。

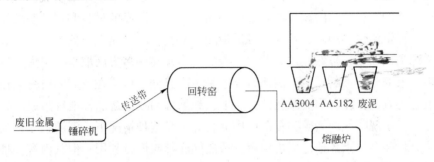

图 1-5 铝制空罐处理过程和分选振动筛

目前关于废金属中金属种类的鉴定方法的研究，对于促进废旧超级金属的再利用或选别、分离是必不可少的。鉴定方法之一是"火花实验"，即根据金属与砂轮机相接触后发出的火花鉴定。这种方法早已被人们当作合金分类的有效方法。为实现这种方法的机械化和自动化，人们研究开发出如图 1-6 所示的由光纤电缆、偏光过滤器、光检测器、示波器、计算机等组成的测试系统。该系统测出火花发出的光谱，与储存在计算机中的已知合金材料的光谱作比较研究，从而达到快速测定。建立数据库等软件的技术开发有助于选别、分离技术的发展，从而提高废旧金属的经济价值，今后有必要在这方面进行技术开发。

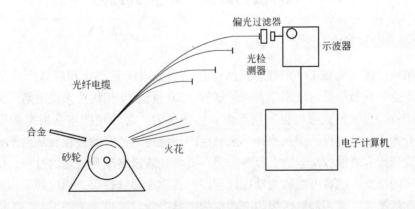

图 1-6 火花测试废旧金属的鉴定系统

1.3.4 固体废物资源化可持续利用技术的研究方向

如前所述，在资源可持续利用中，今后需要开发研究的方向是：（1）软件技术开发，包括建立有关回收对象的数据库、开发分析监测技术；（2）对品种多且含量少的复杂废弃物有效处理的经济可行的硬件和软件开发；（3）不把废弃物作为低质量的原材料来使用，而把它返回到材料本身的制造工序中以谋求完全循环的技术开发。

另外，快速低能耗的粗大物体解体技术的开发以及对制品的解体结构设计的研究也很有必要。在材料开发领域，应当开发这样的材料：当制品达到使用年限以后，可以用低能耗将其破坏，然后破碎、分离、回收。在其他领域开发建立生产不易变成废弃物的制品的技术也是重要的，在制品的设计制造阶段必须考虑，所开发的材料和制品在被使用后变成废弃物时对再资源化利用的影响，并设法消除其影响，使产品循环使用。

在资源利用领域，虽然经过有关研究者的努力，在许多方面取得了很大的进展，但是由于处理对象的范围不断扩大，因此研究还是不够充分，期望在今后的研究工作能取得长足的进展。还有，在废弃物资源化的方法上，如果像回收铝罐那样能够形成闭路的回收结构，则能真正实现降低原始矿物资源使用的目标。在这种情况下，资源只要被利用，就不会变成废弃物而会被永久地得到再利用。虽然同样都叫做再利用，但其内容各种各样，重要的是最终衡量再回收的是它对资源（包括能源资源）的节约所起的作用的大小，评价资源化的标准是从废弃物到最终清理的循环中资源的利用次数。这就是再资源化带来的资源的节约，或者说是人工制造的资源。因此可以考虑用"如何用人工方法制造出更多的资源"作为评价资源可持续利用的技术标准。到目前为止的资源开发主要针对地下资源和海洋资源。人们在开辟新的道路时，付出了很大的代价，为保证未来全部资源的需求，仍需要对不断产出的大量废弃物进行再利用。如果这种技术没有实质性的进展，就需要很多的最终清理场地，而废弃物的管理不适当还会导致环境污染。因此，为了在将来对资源永久的利用，必须把资源的再利用提高到"人工制造资源技术"的位置上来。为此必须全力以赴进行资源可持续利用技术的开发。

1.4　固体废物处置、处理与静脉产业

1.4.1　静脉产业的基本概念

根据循环经济（见图 1-7）理念把产业部门划分成动脉产业和静脉产业是日本的首创。静脉产业一词最早是由日本学者吉野敏行在 20 世纪 80 年代首次提出的，又称固体废物资源化产业，也就是资源再生利用产业。他们认为：循环经济体系根据物质流向的不同，可以分为不同的过程，即从原料开采到生产、流通、消费的过程和从生产或消费后的废弃物排放到废弃物的收集运输、分解分类、资源化或最终废弃处理的过程。仿照生物体内血液循环的概念，前者可以称为动脉过程，后者称为静脉过程。相应的承担动脉过程的产业称为动脉产业，承担静脉过程的产业称为静脉产业。

由此而来，动脉产业是指开采自然资源（一次资源）并利用自然资源生产制造的产业；静脉产业是相对于动脉产业而言的，是指回收、利用生产和消费活动中产生的废弃物（二次资源）生产再生资源的产业。静脉产业的范围非常广泛，包括从废弃物的收集、搬运、燃烧再资源化、填埋处理以及再资源化到新产品的制作技术等。静脉产业和动脉产业的关系如图 1-8 所示。

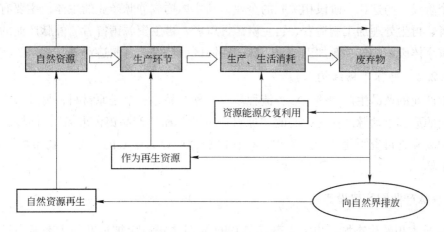

图 1-7　循环经济的闭环式经济运行模式

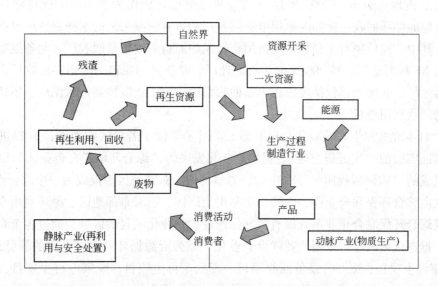

图 1-8　静脉产业和动脉产业的关系

　　静脉产业类生态工业园区（简称"静脉产业园区"）是静脉产业的实践形式，是以从事静脉产业生产的企业为主体建设的生态工业园区。静脉产业园已经成为我国各大城市进行固废处理处置、资源综合利用和循环经济发展的关键基础设施，是构建基于"零排放"模式的企业、政府、消费者三者融合，是全社会参与的循环型社会体系的重要保证。

1.4.2　静脉产业的构成及市场结构

　　一般而言，资源包括两种含义：一种是为了满足人们生产、生活需要而被利用的自然资源、人力资源和资本资源等；另外一种是目前尚未发现其他用途或者在现行技术和条件下尚不能被利用的"潜在资源"，再生利用产品和能量就是这种潜在资源。

1.4.2.1　静脉产业链

　　依据静脉产业的概念，静脉产业可分为废弃物回收、再生处理、最终处置和再生资源销售四个阶段。与这四个阶段相关联的企业活动主体构成静脉产业的主体，主要有再生资源回收者、再生处理加工制造者、再生资源拆解者，再生资源销售者。静脉产业的实践形式主要有个体废旧物资拆解加工商、静脉产业园区、环保装备制造业等。

1.4.2.2 静脉市场结构

动脉产业的产品生产的整个业务流程涉及两种产品，一个是原材料，另外一个是产成品，相应的形成以动脉产业为中心的"原材料市场"和"产品销售市场"；同样，依据静脉产业的废弃物再资源化的生产流程，存在以静脉产业为中心的"废弃物市场"和"再生资源市场"。

1.4.3 静脉产业园区建设实践

（1）日本川崎生态城。川崎生态城是1997年日本第一个被批准的生态城，目前共有71家企业，占地 $0.9hm^2$（2003年）。5个企业已通过认证作为生态城的硬件项目，除此之外，其他的循环回收厂比如废家用电器回收厂和带有回收工艺的水泥制造厂也在生态城中建成。其中，硬件项目主要包括制备用作鼓风炉原料的废塑料回收厂、制备混凝土模板作业用的 NF 板制造厂、难回收纸的回收处理厂、制备氨用原料的废塑料回收厂、废 PET 瓶回收再生厂，其他项目包括废家用电器回收系统、用工业废物制造水泥厂、不锈钢制造厂废物的回收利用项目。

（2）日本北九州生态城。北九州生态工业园区（位于若松区响滩地区）以进行新开发技术实证实验的"实证研究区"、提倡产业化发展的"综合环境联合企业区"以及由中小企业组成的"响滩回收园区"为中心，力争将响滩东部地区建设成为一个综合性基地。

园区由综合环保联合企业、响滩再生利用工厂区、响滩东部地区、循环利用专用港等组成。其综合环保联合企业系开展有关环保产业的企业化项目的区域，通过各个企业的相互协作，推进区域内零排放型产业联合企业化，成为资源循环基地。主要的静脉设施有：废 PET 瓶再生项目、废办公设备回收项目、废汽车再生项目、废家电再生项目、废荧光灯管再生项目、废医疗器具再生项目、建筑混合废物再生项目、有色金属综合再生项目。

（3）青岛新天地静脉产业园。青岛新天地静脉产业园区是国家环保总局在2006年6月批准创建的国内首个国家静脉产业类生态工业园区，位于莱西市姜山镇，园区占地 $220hm^2$，分为生产区、研究区、实验区、服务区4个功能区和1个预留区，由青岛新天地投资公司兴建。

（4）苏州光大生活垃圾环保静脉产业园。苏州光大静脉产业园是第一个集中处置城市工业、生活固体废物的环保静脉产业园。园区占地面积 $250hm^2$，有生活垃圾焚烧发电厂、沼气发电厂、工业固体废物安全填埋场、渗滤液处理厂、污染处理中心、固体废物预处理中心、环保设备研发制造中心、儿童和学生环保宣传教育基地等。

（5）天津静海子牙产业园区。天津静海子牙静脉产业园区成立于2003年11月，位于静海县西南部，与河北省文安、大城交界。子牙园区现已开发面积 $2km^2$，是经天津市政府批准、天津市环境保护局和静海县政府共同规划建立的国家第七类废旧物资拆解基地，是环境保护部确认的我国北方唯一经营、目前也是我国北方规模最大的进口第七类废旧物资、拆解、加工、利用再生资源的专业化园区，也是国家信息产业部和天津市人民政府共同规划建设的国家级废旧电子信息产品回收、拆解和加工处理示范基地，集进口第七类废物拆解、再生资源利用、原材料深加工为一体的高标准环保型产业园区。

1.4.4　静脉产业的未来发展

（1）静脉产业在经济发展中的地位将不断提升。据有关部门预测，到 2015 年，世界静脉产业产值规模可达 1.8 万亿美元。未来 30 年内，静脉产业为全球提供的原材料将由目前占原料总量的 30% 提高到 80%，产值超过 3 万亿美元，提供就业岗位 3.5 亿个。

（2）废弃资源的出口量将逐步减少。由于发达国家再生资源拆解利用的人工成本较高，多年来一些国家一直将部分废弃资源，特别是对部分废旧电子产品实行出口。但是随着本国经济发展对再生资源需求量的逐渐增加，其出口量呈不断下降的趋势。例如，美国和欧盟国家的一些有色金属企业，在 2003 年就开始提出限制和减少废旧金属的出口。

（3）再生资源利用技术研究与开发进一步加强。随着静脉产业发展的需要，各国将进一步加强再生资源利用技术方面的资金投入，以不断提高废旧资源的综合利用水平。例如，日本于 2001 年 9 月综合科学技术会议上通过了“分领域促进战略”，把“零垃圾型”和“资源循环型”技术作为今后努力研究的重点。

（4）产业分工不断细化，企业规模结构逐步趋向合理。随着产业的发展和社会化产业发展体系的逐步完善，产业内部的分工将进一步细化，以利于按照废弃物的不同种类和性能进行回收、加工利用和无害化处理。同时各国还不断调整企业规模结构，使其逐步趋向合理。

（5）“产学研”相结合，生态工业园区将不断发展。目前，世界发达国家已经建成和正在建设的再生资源产业园区和生态工业园区较多。今后，适应静脉产业的发展，各具特点的生态产业园将不断出现。同时，在各国生态园区建设中，采取“产学研”相结合的方式已成为趋势。

习　　题

1-1　简述资源、可持续性的概念及它们的关系，并从中阐述资源可持续利用的定义。

1-2　资源的客观属性具体表现为几个方面？简述各个方面出现的原因。

1-3　总结资源可持续利用的历史发展阶段，及各阶段提出的可持续利用的观念。

1-4　可利用的废弃物的再资源化方法分为几种形式？举出再资源化利用的实例。

1-5　不可再生资源的资源化再利用具体有哪几类？介绍具体再利用的内容。

1-6　工业废弃物的利用方法从大方面分为几类，具体内容是什么？举出具体事例。

1-7　简述家庭排出的再资源化进展较好的废弃物，并从中介绍 2 种废弃物再资源化过程。

1-8　在资源可持续利用的发展过程中，简单总结环境法规的发展过程。

1-9　在废弃物的产生和防治中，简述对废弃物适当处理的方法，以及减少废弃物产生的作用和方法。

1-10　简述资源可持续性技术开发的必要性，并从中举出利用技术开发而取得效果的实例。

2 固体废物处置、处理与可持续利用的主要分离技术基础

学习目标

　　在固废资源可持续利用技术的适应性中，应掌握如何将资源的有效利用和资源的有效保护联系起来；同时在可持续利用技术的发展过程中，应了解分离技术的应用，掌握分离使用的热力学及其动力学等方面的内容，以便对分离技术基础理论有更深入的了解。

2.1　固体废物处置、处理与可持续利用技术的适应性

　　固体废物处置、处理与资源化可持续利用技术的主要目的是对固体废物的资源化有效利用和有效环境保护。它的开发可以防止废弃物对环境的破坏。因此，在对资源可持续利用技术开发应用时，要结合实际情况，利用最适合的技术和设备，以求取得最佳投入产出比。

2.1.1　固体废物资源化再利用与技术适应性

　　如果某种资源再利用与环境保护无关而仅在经济上有益，那么从资源保护和资源的有效利用的角度看，进行这种资源再利用只要经济上可行，则这种资源再利用技术就是可行的，但这种情况存在较少。考虑到全球性的一次性资源的有限和稀缺性，以及由于一次性资源储存量的不均匀性，一些资源在某些国家储量贫乏，为了保证资源持续性利用必须进行二次资源的再利用。例如，在美国，钴、铬、锰和铂族金属的状况就属于储量贫乏的典型例子，从钢铁厂、化工厂和其他各种工业的废弃物中回收铬、钴等金属，在一定程度上就是在有关水质和废弃物的联邦法规的约束下进行的。顺便提一下，由于炼钢技术的进步，为了降低锰的用量而开发了锰的处理技术。对美国而言，在国际形势正常的情况下，从航空器的发动机中回收超级合金不如进口划算，但是一旦国际形势不正常时，则可将其作为钴、铬等金属的重要供给资源。因此资源的有效利用和技术的适应性是一个需要综合性决策的问题。

2.1.2　固体废物资源化再利用与环境保护

　　在过去把有害物质不经处理就直接排放的工厂中，设置防止环境污染设备的越来越多，从而真正减轻了环境污染，同时也增加了国民生产总值。虽然某种资源（人类社会中广义的资源）未被严重利用，但当资源化再利用或污染控制设备价格或操作费用昂贵而使废弃物不能得到利用时，可以在工厂之间建立以交换的形式来进行资源可持续利用体

系。这种方式很早以前在欧洲就开始了使用。例如，从有色金属冶炼厂排出废弃物含有砷，可由涂料厂接受而进行利用。根据以前的数据，1973年汉堡开设的废弃物交易所在第一年度废弃物提供率为34%，而交易接受实现率为60%。为了达到通过废弃物交易消除污染的目的，可利用计算机网络进行信息的收集和储存，若能进行信息的处理，其效益会更加显著。以环境保护为目的的资源再利用，与处理一次性资源所消耗的材料或原料相比，虽然设备费、运费等总的支出费较高，但是如果考虑到环境保护所带来的间接经济效益，资源的再利用还是可以实现的。此外，前面的例子如果从有色金属的利用和能源的利用角度考虑，应该采用先进的技术和设备对废弃物进行处理，以便使废弃物不排出工厂而实现其在厂内的完全闭路循环利用，在这方面也已有成功的运行系统的指导。

2.2 固体废物处置、处理与可持续利用技术的发展

除部分情况外，资源可持续利用的各种单元操作本身，在技术上已经不存在问题，但是如果从经济角度考虑，资源可持续利用还应从信息、材料和生物工程等多学科交叉的多边缘性角度来开发新的实用技术，其发展如下。

2.2.1 信息网络的构建

设计高效的资源可持续利用系统，第一步是有关方面信息的收集，为此必须建立信息交换网络，这种信息网络可结合我国的信息高速公路计划逐步进行建设。在美国，矿山局每年汇总购买废金属的实际数据，但是由于数据收集与处理者有关，有时基础的数据不是完全和准确的，因此应建立完善的基础数据的采集系统和相应的规章制度，以确保信息采集的快速、准确和高效。

资源可持续利用系统是综合性的多变量、多层次、多目标的复杂的大系统，因此需要应用计算机及有关的信息技术对该系统实施支持。目前，该信息网络构建应用较多的技术有：

（1）数据库技术。数据库技术产生于20世纪60年代末70年代初，是计算机领域最重要的技术之一。计算机在资源利用中的应用，数据处理占的比重很大，数据库是数据处理的核心机构。一般来说，数据库系统要先根据系统的目的、开发内容和方法进行系统分析，再进行系统设计，还要考虑解决系统的运行环境、用户界定、维护和安全等问题。现在，又有一些新的数据库技术应用于资源利用的信息处理方面，如目标数据库系统、分类数据库系统和模糊数据查询技术等。

（2）专家系统。专家系统是通过总结专家的经验，由计算机技术人员编制而成的计算机系统。资源可持续利用技术问题是涉及多领域、多学科的问题，有些方面目前还不能归纳出模式来，解决它们需要专家的判断。把这些专家的经验提取出来，组成一批系统用于资源利用技术的评价与规划以及社会、经济、生态、风险评估。

（3）人工神经网络。1943年McCulloch和Pitts提出了神经元模型，能够给一些逻辑函数提供解决的方法。大量的神经元通过一定关系组成神经网络。根据功能，有些复杂神经网络又形成多层神经网络。在资源利用的信息处理中，人工神经网络常用于大量复杂的数据关系整理上。可从资源利用技术适用性评估出发，用人工神经网络技术评价资源利用技术的适应性，并且努力建立技术评价的多层神经网络模型。

（4）模型与模拟。模型与模拟技术用于资源利用方面已经多年了，最早应用于水资源管理方面；目前，多用于资源可持续利用的规划、决策支持、过程控制等方面复杂的数据分析。

（5）网络连接。网络连接对信息资源共享尤为重要。在认识和解决全球性的资源问题时，需要网络的连接和加强信息的规范化以及信息系统网络的建设。即统一标准、联合建设、互相联通、资源共享。

（6）可视化技术。可视化技术即利用计算机图形技术和方法，对大量的资源可持续利用的数据进行处理，并用图形、图像的形式，形象而具体地显示出来。随着数量的变化，可以直观地反映资源的变化与二次资源的利用情况。

2.2.2　二次资源的物质流动预测

考虑二次资源利用时，人们往往将城市垃圾比作城市矿山，不过资源再利用的工业规模比矿山处理的工业规模小得多，且容易受处理量变化的影响。因此，很有必要对可再利用资源的流动做出准确的情况预测。以废金属为例，其方法之一是用数学模型来预测废弃物的排出量。日本的电解铜供给量的变动数据就适合对数方程模型，见图2-1。若铜制品的平均使用寿命一定，则该曲线即可看成废铜排放量的预测曲线。

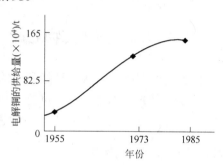

图2-1　电解铜供给量的变迁

实线：对数拟合曲线；

◆：实际供给量

2.2.3　运输和技术开发问题

信息网络的建立，可以使资源优化配置，使运输的费用在一定程度上得到节省。多数情况下，废弃物资源化利用的技术开发和运输的费用，需要领先国家政策上的技术。尤其是在技术开发时，实验室的研究结果要通过工业化放大试验来考察其技术的可靠性。这个过程时间很长，费用也很高，因此国家应在资源利用的政策上予以支持，使企业对资源的可持续利用有一定的积极性。后面讲的日本超级合金的利用就是一个典型的实例。

2.2.4　监测与分析测试技术

考虑资源再利用技术的应用时，首先必须掌握处理对象的量和质。前面已谈了量的问题，而对于质的问题，成分分析与监督技术的开发与应用就显得十分必要了。

由于废弃物的收集、鉴定与选别等困难或者经费困难等原因，有时不能实现资源再利用，这样实际上相当多的资源被损失。因此开发出单体或者混合物的快速鉴定方法和选别方法是非常重要的。例如，基于金属研磨时产生的火花，美国矿山局开发出了分光光度分析成分的方法。在资源可持续利用中，二次资源的监测与分析测试方法主要有两大类：一类是化学分析方法，另一类是仪器分析方法或物理化学分析方法。

化学分析法包括滴定法（酸碱滴定、氧化还原滴定、沉淀滴定和络合滴定）和重量法。这类方法的主要特点是：（1）准确度高，其相对误差一般为0.2%；（2）所需仪器设备简单；（3）灵敏度低，适用于高含量组分的测定，对微量组分则难以使用。

仪器分析法的种类很多，以测定光辐射的吸收或发射为基础的有分光光度法、紫外分光光度法、红外分光光度法、原子吸收分光光度法、荧光光度法、红外线吸收法、发射光谱法以及火焰光度法等；以溶液的电化学效应为基础的有极谱法、恒电流库仑法、电导法、离子电极法、电位溶出法等；以色谱分离为基础，与适当的检定器配合后所得的分离分析方法有气相色谱法、高效液相色谱和离子色谱法等；此外，还有质谱法以及中子活化法等等。仪器分析法的共同特点是：（1）灵敏度高，适用于微量或痕量组分的分析；（2）选择性强，对试样预处理要求简单；（3）响应速度快，容易实现自动连续自动测定；（4）有些仪器分析法还可组合使用（如色谱法与质谱法的组合），使两者的优点得到更好的利用。与化学分析法相比，仪器分析法的相对误差较大，一般都是百分之几。此外，仪器分析的方法所用仪器的价格比较高，有的十分昂贵，在一定程度上影响了某些仪器分析法的广泛应用。由于二次资源的组成相当复杂，含量的差距大，因此选择分析方法时，要权衡各种因素，选择简便快捷的分析测试技术。

2.2.5 特种技术开发

在各种制品的废金属合金中有稀有金属或者贵金属。这些制品的制造方法越精密，则回收稀有金属和贵金属就越困难。制造方法精密而复杂的一个很好的例子就是价值350万美元、重量达272kg的喷气式发动机。其所有原料的价值仅为6万美元，不及总价值的2%，但完成制作需用复合材料消耗大量的能量。从这种废弃制品中回收金属的分离技术就要求高效技术。

2.2.6 最优化技术

系统的最优化问题为最优控制问题和数理统计问题。式（2-1）是系统的状态空间模型，式（2-2）是最小化的评价函数。

$$X = g(x, \mu) \qquad (2-1)$$

$$J = \int f(x, \mu)\,\mathrm{d}t \qquad (2-2)$$

式（2-2）是在 $x \in X$ 条件下，对 $f(x)$ 进行最小化，其常用解法为线性规划法。当资源再利用时，从社会系统来考虑资源再利用的最优化，则上述的矢量 X 的因次变化非常大，而且系统内部结构难以鉴别，也就难于最优化。最近，除了单纯形法外，人们还提出了其他的有效方法。但到目前为止尚没具有一定规模和水平的有关资源再利用最优化研究结果的报道。这是今后有待继续研究的课题。

在进行资源利用的数量统计时，往往不考虑有无时间因素的干预。很明显，资源利用的最优控制问题与时间有关，而数理统计与时间无关，因此应从方法论角度选择资源利用时的数学工具。

如果把最优化的对象范围缩小，仅从资源再利用工厂来看，最优控制问题是每个单元操作过程都必需的。这和最近才开始的矿物处理过程中最优控制问题是一致的。当资源再利用的对象扩大时，可根据以前的最优化成果来解决新系统的问题。

另外，目前的资源再利用系统多用静态模型来进行最优化设计，因此需要解决动态最优化的问题。这在以前的矿物处理实例中较为常见，但在资源再利用过程中，目前还需要进一步研究。例如，将以前运用的计算粉碎过程的相似矩阵法用在固形废物再利用的工厂，可以求得各种废弃物运用不同的破碎机时的破碎矩阵，这些矩阵可用于最优化设计。应当指出废弃物破碎前后的粒度分布服从对数正态分布。还有像球磨机这样反复使用的粉碎机，因为它的破碎矩阵与粉碎机的停留时间和操作因素有关，因此有必要用破碎函数的矩阵来表示粉碎情况。

2.2.7　环境友好技术的开发

环境友好技术在资源可持续利用技术中占有显著位置。环境友好技术是在各种产品的生产、加工、运输和销售的物质循环与能量流动中的各种环节上最大限度地使用节约资源、能源和消除环境污染的技术。这些技术的开发以单元操作为基础，强调系统的柔性功能。在资源可持续利用中，它表示为所有现代科学技术应用的综合体，而且这种应用在资源利用的技术经济方面是最佳的。目前的清洁生产工艺过程就是环境友好技术开发的典型例证。

2.3　固体废物处置、处理与资源化利用的一些分离技术基础

2.3.1　单元操作技术

单元操作技术在固体废物处置、处理与资源化利用中起着重要的作用。在以废弃物作为资源进行二次资源化的利用时，采用了很多的物理、化学、物理化学和生物化学的处理过程与设备，每一种操作形成了一个小体系，构成了一个单元操作过程。例如进行有色金属再资源化利用时，将工业和城市产生的废弃物中含有的金属，经过加工后返回到冶炼工序地点的一系列操作，均称为单元操作。这些操作技术以资源化再利用为目的，形成了独立的技术主体。此外，资源化再利用技术还有燃料化、化工原料化、材料化等的操作技术。每一种操作技术的具体内容在以后章节中还要详述。若将单元操作分为相操作和成分操作，其具体情况见表2-1。

表 2-1　各种单元操作对不同性状废弃物的适用性

单元操作	废弃物性状	单相				两相	
		固体[①]	液体			泥浆	矿泥
			无机	有机	混合		
预处理	粉碎、分级、烧结	○	×	×	×	○	△
	（造粒）	○	△	△	△	○	△
相分离	沉降浓缩	×				○	×
	过滤	○				○	○
	干燥	×				○	○
	浮选	×				○	○
	集尘	○				×	

续表 2-1

单元操作 / 废弃物性状	单相				两相	
	固体①	液体			泥浆	矿泥
		无机	有机	混合		
成分分离 粉碎、分级②	○				○	×
比重选别	○				○	×
磁选	○				○	×
电选	○				○	×
浮选③	×	○	○	○	○	×
蒸馏	×	×	○	○	×	○
溶剂萃取	△	○	○	○	×	×
挥发	○	○	○	○	×	○
离子交换	○	○	○	○	×	×
反渗透	×	○	×	○	×	×
电渗析	×	○	○	○	×	×
化学变化 焙烧	○	×	×	×	○	○
析出、沉淀	×	○	○	○	○	×
电解	×	○	×	○	×	×

注：○—适用；△—可能适用；×—不适用。

①含气固两相；②选择性破碎效果；③含离子浮选。

从表 2-1 中可知，资源可持续利用的操作技术与化工矿物加工等技术有关，但是又有一定的区别。因此根据废弃物资源化的性质，开发适合其特性的方法与技术是十分必要的。

随着科学技术的发展，资源可持续利用技术中的单元操作技术也在不断完善。根据需要资源化的废弃物的种类、数量和特性，人们提出了柔性资源化利用系统的概念，即用同一套资源化利用系统根据同一类型不同品种废弃物进行资源化的生产装备，这种操作对资源化利用的品种、数量、时限是柔性的。随着计算机及自动化技术的进步以及 CAD/CAM（计算机辅助设计/计算机辅助制造）和遥控技术在冶金、化工与资源可持续利用领域的应用，高效、灵活、适用性强、自动化程度高的柔性操作技术得到了前所未有的发展。同时，由于柔性操作技术的安全性、连续性、资源化后的产品质量好和减少环境污染的优点，世界上许多国家都进行了大量的研究，已经有许多产品投放市场，如多用途过滤、干燥、造粒系统，它体现了安全、可靠、无污染、高效和小型化的特点。但也要看到多功能设备的各个操作系统比专用设备的运转效率低，因此在实际操作时，可在条件允许的范围内选择适当的系统组合。

2.3.2 分离技术基础理论

资源可持续利用技术的核心是废弃物中可资源化物质的分离、纯化与利用，是资源可持续利用技术的基础。从矿石冶炼金属到从海水中提取食盐，从原油中提炼汽油、煤油、柴油到废水中去除有害组分多是分离过程。可以说我们生活在一个混合物的世界上，因为自然界的物质，无论是无机物还是有机物，多是以混合物的形式存在的。我们呼吸的空气、饮用的水、吃的食物、燃烧的煤、开采出的矿石，无一不是混合物。虽然人们也经常利用混合物，但在相当多的情况下，要求将混合物分离后再使用。由热力学第二定律可知，混合过程是一个熵增加的过程，它是一个自发过程，而它的逆过程，即分离过程，则不能自发地进行，需要某种专门的过程和设备，否则不可能实现。例如，把一些盐加入水中，只要稍加搅拌，就会成为一个均匀的溶液，但是要想把盐水溶液中的盐和水分开，例如海水淡化，就远不是那样容易，必须通过一些特殊的过程，如蒸馏、离子交换、电渗析、反渗透等，并且要消耗相当的能量或化学试剂才能达到分离的目的。现在，分离过程已成为化工、矿冶、石油化工、制药、生物化工、原子能化工等资源可持续利用技术中心问题，大量的研究工作的资金消耗都与分离过程相联系。所以可以说，分离过程已深入到资源利用技术的各个领域中了。

随着现代工业的发展，人们对环境污染的严重性的认识日益加深。对工农业所排出的废水、废气和废渣的处理实际上是一个从这些排放物中分离和消除有害物质的过程。

从资源分离利用过程的简单示意图（见图2-2）中看出，分离过程中需再资源化的物质原料是某种混合物。根据原料种类和对分离的要求的不同，所选用的分离过程和设备也各不相同，所使用的分离剂也各异。此处所指的分离剂可以是某种形式的能量，也可以是某种物质。例如，在蒸发过程中，原料是液体，分离剂是热能；在液液萃取过程中，原料是液体，分离剂则是与原料液不相混溶的液体（即萃取剂）；在离子交换过程中，分离剂是固体（离子交换树脂）。

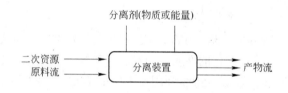

图2-2　二次资源的一般分离过程

如上所述，虽然分离过程是多种多样的，但大体上可以分为相分离和成分分离两大类。相分离的对象是两相或多相混合物，它们可以用简单的机械方法分离，过程中并无相间物质传递过程的发生。成分分离的原料可以是均相体系，也可以是非均相体系，在多数情况下，另一相是由于分离剂的加入而产生的。如在萃取过程中，另一相是萃取剂的加入。在蒸发过程，由于分离剂热能的引入，产生了气相。成分分离的特点是针对某种物质分离与纯化过程。资源分离利用的方法和装置多种多样，但是分离技术的基本理论主要涉及热力学和动力学等方面的内容。

2.3.2.1　分离过程的热力学

分离过程是逆大自然和逆物质的纯化过程。由热力学第二定律可知，混合过程是一个熵增加的过程，它是一个自发过程，而它的逆过程，即分离过程，不能自发地进行，换句话来说，分离需要做功。因此，本书仅简单地介绍与分离过程有关的基本热力学关系。当然，分离过程也可以用系统分析与分子结构为基础的模型来描述。

A　基本函数的表述

当一个体系的宏观性质不随时间而变化时，这个体系所处的状态可定义为平衡状态。当一个体系尚未达到平衡时，它的各成分状态必然发生变化并趋向平衡状态。即使是达到平衡，系统也是动态的，如溶质仍可以不断地从一相进入另一相，只是两个相反方向的变化速率相等而已。

由热力学第一定律和第二定律，对单相、定组成的均匀流体体系，在非流动条件下，可以列出下列基本方程：

$$dU = TdS - pdV \tag{2-3}$$

$$dH = TdS + Vdp \tag{2-4}$$

$$dF = -pdV - SdT \tag{2-5}$$

$$dG = Vdp - SdT \tag{2-6}$$

上述各式中，U、H、F、G、S、T、p 及 V 分别为整个系统的内能、焓、功函、自由能、熵、温度、压力和体积。

对多组分组成的可变体系，式(2-3) ~ 式(2-6)可相应地写为：

$$dU = TdS - pdV + \sum_i \left(\frac{\partial U}{\partial n_i}\right)_{S,\,V,\,n_j(j \neq i)} d_{n_i} \tag{2-7}$$

$$dH = TdS + Vdp + \sum_i \left(\frac{\partial H}{\partial n_i}\right)_{S,\,p,\,n_j(j \neq i)} d_{n_i} \tag{2-8}$$

$$dF = -SdT - pdV + \sum_i \left(\frac{\partial F}{\partial n_i}\right)_{T,\,V,\,n_j(j \neq i)} d_{n_i} \tag{2-9}$$

$$dG = -SdT + Vdp + \sum_i \left(\frac{\partial G}{\partial n_i}\right)_{T,\,p,\,n_j(j \neq i)} d_{n_i} \tag{2-10}$$

式(2-7) ~ 式(2-10)中，n_i 是指组分 i 的摩尔数，而偏导数下标中的 n_j 是指除 n_i 以外其他各组分的摩尔数不变。

B　偏摩尔量和化学位

在等温等压条件下，在混合体系中，保持除 i 组分外的其他组分的量不变，加入 1mol 组分 i 时引起体系系统容量性质 Z 的改变，或者是在混合体系不变物质中加入 dn_i（mol）的 i 后，体系容量性质改变了 dZ，dZ 与 dn_i 的比值为 $\bar{z}_i$，表明体系只加入 dn_i（mol），实际上体系的浓度没有改变。如果 Z 代表体系的任何容量性质，则有：

$$U = \sum_i n_i U_i, \quad \overline{U}_i = \left(\frac{\partial U}{\partial n_i}\right)_{T,\,p,\,n_j(j \neq i)} \tag{2-11}$$

$$H = \sum_i n_i \overline{H}_i, \quad \overline{H}_i = \left(\frac{\partial H}{\partial n_i}\right)_{T,\,p,\,n_j(j \neq i)} \tag{2-12}$$

$$F = \sum_i n_i \overline{F}_i, \quad \overline{F}_i = \left(\frac{\partial F}{\partial n_i}\right)_{T,\,p,\,n_j(j \neq i)} \tag{2-13}$$

$$G = \sum_i n_i \overline{G}_i, \quad \overline{G}_i = \left(\frac{\partial G}{\partial n_i}\right)_{T,\,p,\,n_j(j \neq i)} \tag{2-14}$$

$$S = \sum_i n_i \overline{S}_i, \quad \overline{S}_i = \left(\frac{\partial S}{\partial n_i}\right)_{T,\,p,\,n_j(j \neq i)} \tag{2-15}$$

应注意下标没有 T，p，n_j 的偏微商不是偏摩尔量。

当某均相体系含有多种物质时，它的任何性质都是体系中的各物质的摩尔数及 p、V、T、S 等热力学函数中任意两个独立变量的函数。令

$$\mu_i = \left(\frac{\partial U}{\partial n_i}\right)_{S,\,V,\,n_j(j \neq i)} \tag{2-16}$$

式中，μ_i 为第 i 种组分的化学位。

在熵体积及除 i 组分以外其他组分的摩尔数 n_i 均不变的条件下，若增加 dn_i 的 i 组分，则相应的内能变化为 dU，dU 与 dn_i 的比值就等于 μ_i。根据上述方法，可按 G、H、F 的定义，分别设 T，p，n_1，n_2，$\cdots$，n_j；S，p，n_1，n_2，$\cdots$，n_j 及 T，V，n_1，n_2，$\cdots$，n_j 为独立变量，于是得到化学位的另一些表达式：

$$\mu_i = \left(\frac{\partial U}{\partial n_i}\right)_{S, V, n_j} = \left(\frac{\partial H}{\partial n_i}\right)_{S, p, n_j} = \left(\frac{\partial F}{\partial n_i}\right)_{T, V, n_j} = \left(\frac{\partial G}{\partial n_i}\right)_{T, p, n_j} \tag{2-17}$$

式（2-17）中四个偏微商都称做化学位。应特别注意的是：每个热力学函数所选择的独立变量是彼此不同的。如果独立变量选择不当，常常会引起错误。因此不能把任意热力学函数对 n_i 的偏微商都称为化学位。

显然，对单一组分的体系来说，组分的偏摩尔性质也就是体系的摩尔性质。同时应该注意，由式（2-11）～式（2-15）和式（2-17）可以看出，不是所有的化学位都是偏摩尔量，反之亦然。也就是说，只有偏摩尔自由能才与化学位在数值上相等。

$$\mu_i = \left(\frac{\partial G}{\partial n_i}\right)_{T, p, n_j} \tag{2-18}$$

$$\overline{G}_i = \left(\frac{\partial G}{\partial n_i}\right)_{T, p, n_j} \tag{2-19}$$

即
$$\mu_i = \overline{G}_i \tag{2-20}$$

如果一个体系偏摩尔自由能的总和等于该体系自由能的变化，则

$$\Delta G = \sum_i \overline{G}_i \Delta n_i \tag{2-21}$$

从热力学中我们知道 I 、II 两相平衡的条件为：

$$T_{\text{I}} = T_{\text{II}} \tag{2-22}$$

$$p_{\text{I}} = p_{\text{II}} \tag{2-23}$$

$$\mu_{i\text{I}} = \mu_{i\text{II}} \tag{2-24}$$

表明平衡体系的各相组分性质间的变化关系常可用化学位来描述与计算。但化学位也和内能、焓一样，其绝对值无法确定。为此可仿照 U 和 H 的计算，选择一个标准态。最常采用的标准态是和体系具有相同压力、温度及相同态的纯组分。在两相平衡时，同一组分在不同的相中可采用不同的标准态。有时标准态可能是假想的状态。但由于在计算过程中，标准态必定互相抵消，故原则上并不成为问题。

对气态混合物：
$$\mu_i = \mu^0(p,\ T) + RT\ln y_i \tag{2-25}$$

对液体混合物：
$$\mu_i = \mu^0(p,\ T) + RT\ln x_i \tag{2-26}$$

对标准态和给定状态之间的差 $\Delta\mu_i$ 的计算，则需要引入活度和活度系数、逸度和逸度系数的概念。

C   温度对分离平衡的影响

温度对分离平衡的影响非常显著，无论论气-液还是固-液和固-气，都可以用克拉贝龙方程来描述其体系的状态变化。当物态变化时（如熔化、蒸发），压力 p 随 T 的变化关系，可表示为：

$$\frac{dp}{dT} = \frac{\Delta H_{相变}}{T\Delta V} \tag{2-27}$$

式中，ΔV 是两个物态的摩尔体积之差；ΔH 是随着状态变化而引起的焓的变化。

式（2-27）的物理意义为：p 随 T 的变化等于物质的相变焓与摩尔体积差之比。对于蒸发，由于液体的体积比蒸汽的体积小得多，因此 ΔV 可近似为蒸汽的偏摩尔体积。根据理想气体定律，体积可用 RT/p 来表示。将此关系代入式（2-27）后可得到：

$$\frac{d(\ln p)}{dT} = \frac{\Delta H_{相变}}{RT^2} \tag{2-28}$$

这就是著名的克拉贝龙-克劳修斯（Clapeyron-Clansius）方程式，它可应用于液体-蒸汽体系。如果温度范围很小，则 $\Delta H_{相变}$ 与温度无关。式（2-28）通过积分可得到下列两个方程：

$$\lg p = -\frac{\Delta H_{相变}}{2.3RT} + 常数 \tag{2-29}$$

$$\lg \frac{p_a}{p_b} = \frac{\Delta H_{相变}}{2.3RT}\left(\frac{1}{T_a} - \frac{1}{T_b}\right) \tag{2-30}$$

$$= -\frac{\Delta H_{相变}}{2.3RT}\left(\frac{T_b - T_a}{T_a T_b}\right) \tag{2-31}$$

式中，p_a 和 p_b 表示一个给定化合物在 T_a 和 T_b 温度下的蒸汽压。

这些式子在蒸馏和气-液分离中是重要的。

当温度范围较广时，$\Delta H_{相变}$ 为温度的函数，则

$$\lg p = \frac{A}{T} + B\lg T + CT + D \tag{2-32}$$

式中，A、B、C、D 均为物系的特性常数。

当温度较高时，也可以用安托因（Antoine）分式表示：

$$\ln p = A - \frac{B}{T + C} \tag{2-33}$$

式中，T 为绝对温度；A、B、C 是物质的安托因常数，可从各种化学、化工手册中查到。

D 渗透压与道南平衡理论

当溶液与溶剂之间被半透膜隔开后，溶液内溶剂的化学位较纯溶剂的化学位小，将引起溶剂透过膜扩散到溶液一侧。当渗透达到平衡时，膜两侧存在着一定的压力差，维持此平衡所需的压力差称为该体系的渗透压。因此渗透压在数值上等于为阻止渗透过程进行所需外加的压力或使纯溶剂不向溶剂一侧扩散而必须加在溶液上的压力。

任何溶液都有渗透压，但只有在半透膜存在的条件下，才能表现出来。渗透压可根据半透膜两侧溶剂化学位相等的原理导出。

当平衡时，溶液中溶剂的化学位 μ 可由下式表示：

$$\mu = \mu^0 + p\overline{V} + RT\ln x \tag{2-34}$$

式中，μ^0 为在 0.1MPa 下的纯溶剂的化学位；p 为作用于溶液面上超过 0.1MPa 的压力；$\overline{V}$ 为溶剂的偏摩尔体积；x 为物质的量。

若以 μ_1 表示在 0.1MPa 下溶液中溶剂的化学位，则

$$\mu_1 = \mu^0 + RT\ln x \tag{2-35}$$

对超过 0.1MPa 的压力 p 所产生的化学位，可根据化学位和压力的关系导出：

$$\frac{\partial \mu}{\partial p} = \overline{V} \tag{2-36}$$

分离变量并积分得：

$$\int_0^{\mu_2} \mathrm{d}\mu = \overline{V}\int_0^p \mathrm{d}p \tag{2-37}$$

$$\mu_2 = \overline{V}p \tag{2-38}$$

式中，μ_2 为由于压力超过 0.1MPa 而增加的溶液中溶剂的化学位。

这样，溶液中溶剂的总化学位应为：

$$\mu = \mu_1 + \mu_2 \tag{2-39}$$

$$= \mu^0 + p\overline{V} + RT\ln x \tag{2-40}$$

根据渗透平衡时半透膜两侧溶剂的化学位应相等的原则，上式的 p 值即为渗透压 π。膜左侧纯溶剂的化学位为 μ^0，膜右侧溶液中的溶剂化学位为 $\mu^0 + p\overline{V} + RT\ln x$。平衡时，膜左、右侧溶剂的化学位相等。

$$\mu^0 = \mu^0 + \overline{V}\pi + RT\ln x \tag{2-41}$$

则

$$\overline{V}\pi = -RT\ln x \tag{2-42}$$

故得：

$$\pi = -\frac{RT}{\overline{V}}\ln x \tag{2-43}$$

已知两组分溶液中溶剂的摩尔分数和溶质的摩尔分数分别为：

$$x_A = \frac{n_A}{n_A + n_B} \tag{2-44}$$

$$x_B = \frac{n_B}{n_A + n_B} \tag{2-45}$$

由此得：

$$-\ln x = -\ln x_A = \ln\left(1 + \frac{n_B}{n_A}\right) \tag{2-46}$$

故

$$\ln x\left(1 + \frac{n_B}{n_A}\right) = \frac{n_B}{n_A} - \frac{1}{2}\left(\frac{n_B}{n_A}\right)^2 + \frac{1}{3}\left(\frac{n_B}{n_A}\right)^3 - \cdots \tag{2-47}$$

因 $n_B \leqslant n_A$，故上式近似地等于

$$-\ln x_A \approx \frac{n_B}{n_A} \tag{2-48}$$

将该式代入式（2-43）得：

$$\pi = \frac{RTn_B}{\overline{V}n_A} \tag{2-49}$$

又因 $\overline{V}n_A = V$，即等于溶剂的体积，对于稀溶液可近似地看作是溶液的体积，所以 n_B/V 相当于溶质的体积摩尔浓度 C_B，故渗透压可写成：

$$\pi = C_B RT \tag{2-50}$$

上式称为范德华渗透压公式，适用于稀溶液。

对多组分体系的稀溶液，其渗透压公式可写成：

$$\pi = RT \sum C_i \tag{2-51}$$

当溶液的浓度增大时，溶液偏离理想程度增加，所以上式是不严格的。对电解质水溶液常需引入渗透压系数 Φ_i 来校正偏离程度。故含有溶质组分 i 的水溶液，其渗透压可用下式计算：

$$\pi = \Phi_i RT C_i \tag{2-52}$$

当溶液的浓度较低时，绝大部分电解质的渗透压系数接近于1，不少电解质的 Φ_i 随着溶液浓度的增加而增大。对 NaCl、KCl 等一类溶液 Φ_i 基本上不随浓度改变，而 Na_2SO_4、K_2SO_4 等一类溶液的 Φ_i 则随溶液浓度的降低而增大。

离子型的物质扩散有其特有的规律，若考虑有这样两种溶液：它们分别含有 Na^+Cl^- 和 Na^+R^-，R^- 为带负电荷的大离子，两种溶液间被一层膜所隔开，膜孔的大小可让 Na^+ 和 Cl^- 通过，但大离子 R^- 不能通过。经过一定时间，Na^+ 和 Cl^- 将等量地分布在膜的两边：

$$[Na^+]_1[Cl^-]_1 = [Na^+]_2[Cl^-]_2 \tag{2-53}$$

按电中性原理，膜两边的正负电荷应呈平衡状态：

$$[Na^+]_1 = [Cl^-]_1 \tag{2-54}$$

$$[Na^+]_2 = [Cl^-]_2 + [R^-]_2 \tag{2-55}$$

因此

$$[Cl^-]_1^2 = [Cl^-]_2 ([Cl^-] + [R^-]_2) \tag{2-56}$$

$$= [Cl^-]_2^2 + [Cl^-]_2 [R^-]_2 \tag{2-57}$$

所以，当膜两边达到平衡时：

$$[Cl^-] > [Cl^-]_2 \tag{2-58}$$

也就是说，在平衡时，膜两边的 Cl^- 浓度是不相等的。这就是道南平衡理论。该理论可阐明电渗析中离子交换膜对反离子的选择透过性现象。

若 Cl^- 的初始浓度为 $[Cl^-]_1$，带负电的大离子初始浓度为 $[R^-]_2$，假设达到平衡时，Cl^- 由"1"侧扩散渗透到"2"侧的净量为 X，则可得到道南平衡现象的另一结果：

$$\frac{X}{[Cl^-]_1} = \frac{[Cl^-]}{2[Cl^-]_1 + [R^-]_2} \tag{2-59}$$

因此，$X/[Cl^-]_1$ 就是在达到平衡时，可从"1"侧扩散渗透到"2"侧的 Cl^- 的分数。

2.3.2.2 分离过程中的动力学基础

在资源利用的过程中人们用热力学解决了分离过程进行的趋势，但是其进行的程度还需要由动力学知识来解决。引起动力学过程的非平衡条件是梯度，与动力学梯度有关的作用力有压力梯度（如反渗透）、浓度梯度（如渗析）以及电位梯度（如电渗析）等。梯度可以引起分子传质扩散过程。分子传质是一种很普遍的自然现象，例如在气体混合物中，如果组分的浓度各处均匀，则由于气体分子的不规则运动，单位时间内组分由高浓度区移至低浓度区的分子数目将多于由低浓度区移至高浓度区的分子数目，造成由高浓度区向低浓度区的净分子流动，从而使该组分在两处的浓度逐渐趋于一致。这种不依靠宏观的混合作用发生的传质现象，称为分子扩散。

A　分子的扩散速度与通量

描述分子扩散通量或速率的基本物理定律为费克第一定律，对于由两组分 A 和 B 组成的混合物，若无总体流动时，则根据费克第一定律，由于浓度梯度所引起的扩散通量可表示为：

$$J_A = - D_{AB} \frac{dC_A}{dX} \tag{2-60}$$

式中，J_A 为组分 A 的扩散摩尔通量，$kmol/(m^2 \cdot s)$；C_A 为组分 A 的摩尔浓度，$kmol/m^2$；X 为扩散方向上距离，m；D_{AB} 为组分 A 在组分 B 中的扩散系数，m^2/s；负号表示扩散方向与浓度梯度的方向相反，即分子向浓度降低的方向扩散。

式（2-60）所示的费克定律，仅适用于由于组分浓度梯度所引起的分子传质通量。一般在进行分子扩散的同时，各组分的微团（或质点）都处于总体运动状态而存在宏观运动速度，因此必须考虑各组分之间的宏观相对运动速度以及该情况下扩散通量。

某组分的运动速度与质量平均速度（或摩尔平均速度）之差称为扩散速度，其中质量或摩尔平均速度是所有组分共有的宏观速度，它们可作为衡量各组分扩散性质的基准，分别表示如下：

$$u = \frac{1}{\rho}(\rho_A u_A + \rho_B u_B) \tag{2-61}$$

$$u_m = \frac{1}{C}(C_A u_A + C_B u_B) \tag{2-62}$$

费克定律亦可采用质量通量表示，对于总密度 ρ 为常数的双组分混合物，其形式为：

$$j_A = - D_{AB} \frac{d\rho_A}{dX} \tag{2-63}$$

式中，j_A 为组分 A 以扩散速度 $u_A - u$ 进行扩散时的质量通量，$kg/(m^2 \cdot s)$；$\frac{d\rho_A}{dX}$ 为质量浓度梯度；D_{AB} 与式（2-60）的 D_{AB} 具有相同的数值。

一般情况下，总密度 ρ 或总摩尔浓度 C 不一定为常量，此情况上式可表示为：

$$J_A = - C D_{AB} \frac{dx_A}{dX} \tag{2-64}$$

$$j_A = - \rho D_{AB} \frac{dx_A}{dX} \tag{2-65}$$

在双组分混合物中，如扩散方向上的质量平均速度 u 或摩尔平均速度 u_m 恒定，则组分 A 的扩散通量可用浓度与相应的扩散速度的乘积表示：

$$J_A = C(u_A - u_m) \tag{2-66}$$

$$j_A = \rho A(u_A - u) \tag{2-67}$$

可得：

$$J_A = C_A(u_A - u_m) = - C D_{AB} \frac{dx_A}{dZ} \tag{2-68}$$

由于 u_A 和 u_B 为组分 A、B 相对于静止坐标的速度，若定义组分相对于静止坐标的摩

尔通量为:

$$N_A = C_A u_A \tag{2-69}$$

$$N_B = C_B u_B \tag{2-70}$$

则由上两式可推得有主体流动时组分 A 的摩尔通量为:

$$N_A = - CD_{AB} \frac{dx_A}{dX} + x_A(N_A + N_B) \tag{2-71}$$

质量通量为:

$$n_A = - \rho D_{AB} \frac{da_A}{dX} + x_A(n_A + n_B) \tag{2-72}$$

式中, a_A、x_A 为 A 组分的质量分数和摩尔分数; n_A、n_B 为组分 A 和组分 B 的质量通量。

式 (2-64)、式 (2-65)、式 (2-71) 和式 (2-72) 均为费克定律的表达式, 式中 J_A、j_A、N_A 和 n_A 是根据不同标准而定义的通量。如以上所述的情况相同, 则各式中的扩散系数 D_{AB} 具有同一数值, 至于应用四式中的哪一个式子, 需视具体情况而定。在质量传递过程中, 由于参与作用的组分以摩尔量表示较为方便, 多采用 N_A 或 J_A 表示; 在工程设计中, 多采用静止坐标的通量 n_A 或 j_A 表示。

B 分离过程的质量传递方程

在需要分离的物系中, 利用微元控制体积的概念可以推导出传质微分方程式。对双组分体系, 当总密度 ρ 恒定, 并伴有化学反应的质量传递微分方程, 可用式 (2-73) 的形式表示:

$$\frac{d\rho_A}{dt} = D_{AB}\Delta^2 \rho_A + r_A \tag{2-73}$$

式中

$$\frac{d\rho_A}{dt} = \frac{\partial \rho_A}{\partial t} + u_x \frac{\partial \rho_A}{\partial X} + u_y \frac{\partial \rho_A}{\partial Y} + u_z \frac{\partial \rho_A}{\partial Z} \tag{2-74}$$

$$\Delta^2 \rho_A = \frac{\partial^2 \rho_A}{\partial X^2} + \frac{\partial^2 \rho_A}{\partial Y^2} + \frac{\partial^2 \rho_A}{\partial Z^2} \tag{2-75}$$

式 (2-73) 亦称为组分 A 的连续方程。

若用摩尔平均速度 u_m 和摩尔质量表示, 则当 A、B 混合物总浓度 C 为常数、伴有化学反应时, 组分 A 的质量传递方程为:

$$\frac{dC_A}{dt} = D_{AB}\Delta^2 C_A + R_A \tag{2-76}$$

$$\frac{dC_A}{dt} = \frac{\partial C_A}{\partial t} + u_m x \frac{\partial C_A}{\partial X} + u_m y \frac{\partial C_A}{\partial Y} + u_m z \frac{\partial C_A}{\partial Z} \tag{2-77}$$

$$\Delta^2 C_A = \frac{\partial^2 C_A}{\partial X^2} + \frac{\partial^2 C_A}{\partial Y^2} + \frac{\partial^2 C_A}{\partial Z^2} \tag{2-78}$$

在实际传质过程的许多情况下, 式 (2-76) 可以进一步简化。例如, 当两组分总浓度 C 恒定, 无化学反应、非稳态的传质过程, 式 (2-76) 可简化为:

$$\frac{\partial C_A}{\partial t} = D_{AB}\left(\frac{\partial^2 C_A}{\partial X^2} + \frac{\partial^2 C_A}{\partial Y^2} + \frac{\partial^2 C_A}{\partial Z^2}\right) + R_A \tag{2-79}$$

若无对流传质的主体流动存在, 则上式可进一步简化为:

$$\frac{\partial C_A}{\partial t} = D_{AB}\left(\frac{\partial^2 C_A}{\partial X^2} + \frac{\partial^2 C_A}{\partial Y^2} + \frac{\partial^2 C_A}{\partial Z^2}\right) \tag{2-80}$$

上式仅适用于描述固体、静止液体以及气体或液体组成的二元体系内的等摩尔反向扩散状态。通常把式（2-80）称为以直角坐标系表示的费克第二定律。

若 C_A 不是时间的函数，则传质过程在稳态进行，于是式（2-80）又可进一步简化为：

$$\frac{\partial^2 C_A}{\partial X^2} + \frac{\partial^2 C_A}{\partial Y^2} + \frac{\partial^2 C_A}{\partial Z^2} = 0 \tag{2-81}$$

上式称为以组分 A 的摩尔浓度表示的拉普拉斯方程。

费克第二定律的柱坐标和球坐标系形式可分别表示为：

$$\frac{\partial C_A}{\partial t} = D_{AB}\left(\frac{\partial^2 C_A}{\partial r^2} + \frac{1}{r}\frac{\partial C_A}{\partial r} + \frac{1}{r^2}\frac{\partial^2 C_A}{\partial \theta^2} + \frac{\partial^2 C_A}{\partial Z^2}\right) \tag{2-82}$$

$$\frac{\partial C_A}{\partial t} = D_{AB}\left\{\frac{1}{r^2}\frac{\partial}{\partial r}\left(r^2\frac{\partial C_A}{\partial r}\right) + \frac{1}{r^2\sin\theta}\frac{\partial}{\partial \theta} + \left[\sin\theta\frac{\partial C_A}{\partial \theta} + \frac{\partial^2 C_A}{r^2(\sin\theta)\partial\varphi^2}\right]\right\} \tag{2-83}$$

以通量形式表示组分 A 的传质微分方程，则直角坐标系方程为：

$$\frac{\partial C_A}{\partial t} + \left(\frac{\partial N_{A,X}}{\partial X} + \frac{\partial N_{A,Y}}{\partial Y} + \frac{\partial N_{A,z}}{\partial Z}\right) = 0 \tag{2-84}$$

柱坐标系为：

$$\frac{\partial C_A}{\partial t} + \left[\frac{1}{r}\frac{\partial}{\partial r}(rN_{A,r}) + \frac{1}{r}\frac{\partial N_{A,\theta}}{\partial \theta} + \frac{\partial N_{A,z}}{\partial Z}\right] = 0 \tag{2-85}$$

球坐标系为：

$$\frac{\partial C_A}{\partial t} + \left[\frac{1}{r^2}\frac{\partial}{\partial r}(r^2 N_{A,r}) + \frac{1}{r^2\sin\theta}\frac{\partial}{\partial \theta}(N_{A,\theta}\sin\theta) + \frac{1}{r^2\sin\theta}\frac{\partial N_{A,\varphi}}{\partial \varphi}\right] = 0 \tag{2-86}$$

双组分体系质量传递微分方程，同样可用柱坐标和球坐标系表示。可参照摩尔浓度传递微分方程的形式通过类似的方法写出，这些方程对资源利用体系的模拟仿真和控制有重要作用。

2.3.2.3　分离过程中的主要物理作用力

分子是保持物质基本化学性质的最小微粒。分子的性质由分子内部结构决定，分子结构通常包括分子的空间构型、化学键（共价键、离子键、金属键）和分子间的范德华引力。分子间的作用是一个非常复杂的问题，尤其是对不同种类分子间的作用力，了解得更少，因此常常只能依赖经验关联式进行计算估计。

（1）色散力是在非极性分子间产生瞬时偶极作用而引起后种分子间力，又称为伦敦力。非极性分子无偶极，但由于电子的运动，瞬间电子的位置使得原子核外的电荷分布对称性发生畸变，正负电荷重心发生瞬时不重合，因而产生瞬时偶极。同时，这种瞬时偶极又能诱导邻近的原子或分子也产生瞬时偶极而变成偶极子，从而产生一个净的吸引力。这类诱导力与分子的变形性和电离能有关。对非同类分子，其色散力为：

$$E_{伦敦} = -\frac{3}{2}\frac{\alpha_A\alpha_B}{S^6}\left(\frac{I_B I_A}{I_A + I_B}\right) \tag{2-87}$$

对同类分子，其色散力可简化：

$$E_{伦敦} = -\frac{3}{2}\frac{I_A\alpha_A^2}{S^6}$$ (2-88)

式中，I_A、I_B、α_A、α_B 分别为 A、B 分子的电离能和极化率；S 是距离。

色散力是非极性分子间唯一的吸引力。色散力较弱，小分子的色散作用能通常在 $0.8 \sim 8.4 kJ/mol$ 范围内。色散力具有加和性，随着分子量的增加，分子之间的色散力就相当可观。

（2）当极性分子与非极性分子相互作用时，极性分子偶极所产生的电场对非极性分子发生影响而产生电荷中心位移的力称为诱导力。诱导作用的大小取决于非极性分子的极化率 α，具有大而易变形电子云的分子，其极化率就大。诱导力的计算可用下式表示：

$$E_{德拜} = -\frac{l\alpha^2}{S^6}$$ (2-89)

式中，l 是极性分子中的偶极矩；α 为非极性分子的极化率。

诱导力通常在 $6 \sim 12 kJ/mol$ 范围内。

（3）当两极性分子间相互作用时，由于固有偶极的同极相斥、异极相吸的原因而产生使极性分子取向作用的力称为取向力。这种取向力将使偶极分子按异极相吸的形式排成一列。与这种排列相反的是通常的无规则热运动，这种热运动使吸引力变小。在高温时，热的骚动干扰了取向作用，吸引力消失。在中等温度时，基索姆（Keesom）应用玻耳兹曼（Boltzmann）的统计学，导出了两个偶极子的平均相互作用力为：

$$E_{基索姆} = -\frac{2}{3}\frac{l^4}{S^6}\frac{1}{K_B}$$ (2-90)

对于非同类分子的净吸引力为：

$$E_{基索姆} = -\frac{2}{3}\frac{l_A^2 l_B^2}{S^6}\frac{1}{K_B}$$ (2-91)

式中，l_A、l_B 为非同类极性分子中的偶极矩；K_B 为玻耳兹曼常数；负号表示"吸引力"。

取向力的大小通常在 $12 \sim 21 kJ/mol$ 范围内。

由于诱导力和取向力是由极性分子的偶极作用所产生的，所以通常也称诱导力和取向力为偶极力。无论是色散力还是诱导力或取向力，其大小均与分子间距离的 6 次方成反比，故只有在分子充分接近时，分子间才有显著的作用，当分子间距离稍远于 500pm 时，分子间力就迅速减弱。分子间力约比化学键能小一两个数量级。值得注意的是，在非极性分子之间只有色散力的作用；在极性分子和非极性分子之间有诱导力和色散力的作用；在极性分子之间则有取向力、诱导力和色散力的作用。这三种作用力的总和称为分子间力，也称为范德华力。由此可知，色散力存在于一切极性和非极性的分子中，是范德华力中最普遍、最主要的一种，在一切非极性高分子中，甚至占分子间力总值的 $80\% \sim 100\%$。

（4）当分子中含有一个与电负性原子（如氧或氮）相结合的氢原子时，分子中就会形成氢键，如在醇、氨和水中就有氢键生成。这些分子既能给出一个又能接受一个氢原子而形成氢键。其他诸如醚、醛、酮、酯等分子只是质子的接受体。为了与它们形成氢键，就需要像醇类这样的质子给予体。氢键具有饱和性，其性质基本上属于静电吸引作用，键能通常在 $21 \sim 42 kJ/mol$ 之间，和分子间力的能量差不多，而比化学键的键能小得多，所以氢键的牢固性比化学键弱得多。

除水以外，含有 O—H 键、N—H 键、F—H 键的分子都可以形成氢键而缔合。不同的分子之间，如水和氨、乙醇、醋酸等也可以分别形成氢键。

（5）共价键是由成键电子的电子云重叠而形成的化学键。通常两个相同的非金属原子或电负性相差不大的原子易形成共价键；当自旋相反的未成对电子相互靠近时，可以形成稳定的共价键。成键电子的电子云重叠越多，所形成的共价键就越牢固。共价键具有方向性和饱和性，其键能通常在 150~450kJ/mol 范围内。

共价键常在分离过程中被应用，因为这种作用力是可逆的。在酸碱反应和络合反应中，由于二分子 A^+B^- 的电荷转移，形成的络合物中含有 π 电子体系，则常称为 π 络合物。络合分离被广泛地应用于液膜分离、液液萃取、气体吸收及色谱分离等资源利用的技术上。

（6）内聚能和溶解度。溶解度是气体吸收和液液萃取的分离依据，通常可以通过实验测定和经验关联获得。尽管溶解度在预测色谱和膜材料性能等方面也是极其有用，但是要获得高分子聚合物的溶解度却十分困难，可通过高分子重复单元的基团相互作用的贡献估算其溶解度，并可以用这种溶解度来表征物质的溶解性及作为选择性溶剂的依据。

溶剂之间、聚合物之间以及溶剂和聚合物之间存在着一定的分子间力。这种分子间力或相互作用能统称为内聚能，定义为使 1mol 物质分子通过相互作用而聚集到一起的能量为该物质的内聚能。对小分子而言，内聚能就是汽化能：

$$\Delta E = \Delta U_{u\varphi} = \Delta H_u - p(V_g - V_i) \tag{2-92}$$

式中，ΔE 为恒容汽化摩尔蒸发能；$\Delta U_{u\varphi}$ 为摩尔蒸发内能；ΔH_u 为摩尔蒸发焓；V_g 和 V_i 为该物质的气体摩尔体积和液体摩尔体积。

通常内聚能的定量数值用内聚能密度表示，内聚能密度的平方根称为聚合物溶解度。因此溶解度也是分子间力的一种量度，它与内聚能密度的关系是：

$$\delta = \left(\frac{\Delta E}{V_i}\right)^{\frac{1}{2}} \tag{2-93}$$

式中，δ 为溶解度；$\Delta E / V_i$ 为内聚能密度。

由于聚合物不能汽化，因此聚合物的溶解度通常是用黏度法或交联后的溶胀法测定的。在不同溶解度的溶剂中，聚合物显示出不同的特性黏度或不同的平衡溶胀度。

内聚能可分解为由色散力、偶极力和氢键所产生的能量，即

$$\frac{\Delta E}{V_i} = \frac{\Delta E_d}{V_i} + \frac{\Delta E_p}{V_i} + \frac{\Delta E_h}{V_i} \tag{2-94}$$

或 $$\delta_{sp}^2 = \delta_d^2 + \delta_p^2 + \delta_h^2 \tag{2-95}$$

式中，δ_d、δ_p、δ_h 为总溶解度 δ_{sp} 的色数分量、偶极分量和氢键分量。

这些分量可用加和原理计算，聚合物重复单元或任何分子的结构单元对溶解度的贡献可用下列方程计算：

$$\delta_d = \sum F_{d,i} / \sum V_{g,i} \tag{2-96}$$

$$\delta_p = \sqrt{\sum F_{p,i}^2 / \sum V_{g,i}} \tag{2-97}$$

$$\delta_h = \sqrt{\sum E_{h,i} / \sum V_{g,i}} \tag{2-98}$$

$$\delta_{sp} = \left(\frac{\Sigma E_{coh, \, i}}{\Sigma V_i} \right)^2 \tag{2-99}$$

式中，$F_{d, \, i}$、$F_{p, \, i}$、$E_{h, \, i}$ 和 $E_{coh, \, i}$ 为结构单元 i 对色散力、偶极力、氢键能及总能的贡献。

另外，混合溶剂或聚合物混合物的溶解度是各种纯溶剂或重复单元的溶解度的线性加和。

$$\delta_m = \phi_1 \delta_1 + \phi_2 \delta_2 \tag{2-100}$$

或

$$\delta_m = x_1 \delta_1 + x_2 \delta_2 \tag{2-101}$$

式中，δ_m 为混合溶剂或聚合物混合物的溶解度；ϕ_i、x_i 为纯溶剂或重复单元在混合物中所占的体积分数和摩尔分数。

用混合焓表示内聚能与溶解度的关系式：

$$\Delta H_m = V_m \phi_1 \phi_2 (\delta_1 - \delta_2)^2 \tag{2-102}$$

式中，ϕ_1、ϕ_2 为溶剂和溶质的体积分数；V_m 为溶质的摩尔体积；δ_1、δ_2 为溶剂和溶质的溶解度。

对混合熵为零并且混合摩尔体积不变的正规溶液混合时，与理想状态的任何偏差都是由混合焓所引起的，因此，正规溶液是仅仅由色散力相互作用引起的非理想性溶液。在稀溶液中，可用式（2-103）计算：

$$\Delta H_m = \Delta G_m = \phi_1^2 V_2 (\delta_1 - \delta_2)^2 \tag{2-103}$$

式中，ϕ_1 为溶剂的体积分数；V_2 为溶质的摩尔体积。

在分离过程中，除有以上的作用力外，还有磁力、静电力、离心力和重力等。这些作用力在资源利用的分离过程中都有应用。由于篇幅的限制，本节就不一一讲述了。

2.3.2.4　分离因子

分离因子是表征任一分离过程所能达到的分离程度。由于分离过程（或装置）的目的是为了获得不同组成的产物，因此用产物组成来定义分离因子是合理的。对于 i、j 两个被分离组分，其实际分离因子可表示为：

$$\alpha_{ij}^s = -\frac{x_{i1}/x_{j1}}{x_{i2}/x_{j2}} \tag{2-104}$$

式中，x_{i1}、x_{j1} 分别为组分 i 和 j 在产物 1 中的摩尔分数；x_{i2}、x_{j2} 分别为组分 i 和 j 在产物 2 中的摩尔分数。

如果产物中所有组分的摩尔分数以重量分数、摩尔流率或质量流率表示，则其分离因子仍保持不变。对于一个有效的分离过程，分离因子应远大于 1。如果 α_{ij}^s 大于 1，则在产物 1 中组分 i 比组分 j 浓度高。相反，若 α_{ij}^s 小于 1，则组分 j 在产物 1 中优先增浓，而组分 i 则在产物 2 中被浓缩。习惯上，α_{ij}^s 常以大于 1 的形式表示。

由于分离因子与组分的平衡组成、传递速率的差异以及分离装置的类型和物质在反应器中的运动形态、流道结构等有关。为此，定义一个在理想条件下能获得的分离因子 α_{ij}，以反映被分离体系的固有特性，这称为固有分离因子。

（1）平衡分离过程的固有分离因子。对不互溶的两相体系，组分 i 和 j 在 2 相中的平衡常数分别为：

$$k_i = \frac{x_{i1}}{x_{i2}} \tag{2-105}$$

$$k_j = \frac{x_{j1}}{x_{j2}} \tag{2-106}$$

则固有分离因子

$$\alpha_{ij} = \frac{x_{i1}/x_{j1}}{x_{i2}/x_{j2}} = \frac{k_i}{k_j} \tag{2-107}$$

对气-固体系，如果混合物的平衡组成服从拉乌尔和道尔顿定律：

$$p_i = p_{yi} = p_i^0 x_i \tag{2-108}$$

由于

$$k_i = \frac{y_i}{x_i} = \frac{p_i^0}{p} \tag{2-109}$$

$$k_j = \frac{y_j}{x_j} = \frac{p_j^0}{p} \tag{2-110}$$

则

$$\alpha_{ij} = \frac{p_i^0}{p_j^0} \tag{2-111}$$

如果混合物为非理想溶液：

$$p_i = p_{yi} = r_i p_i^0 x_i \tag{2-112}$$

由于

$$k_i = \frac{r_i p_i^0}{p} \tag{2-113}$$

$$k_j = \frac{r_j p_j^0}{p} \tag{2-114}$$

有

$$\alpha_{ij} = \frac{r_i p_i^0}{r_j p_j^0} \tag{2-115}$$

对气-液体系，在平衡时，假定不互溶的两液体中的组分 i 和 j 具有相同的蒸气压：

$$p_i = r_i p_i^0 x_i \tag{2-116}$$

$$p_j = r_j p_j^0 x_j \tag{2-117}$$

式中，p_i^0、p_j^0 分别为 i 和 j 组分的饱和蒸气压，且 $p_i^0 = p_j^0$。

于是，我们可得：

$$\frac{x_{i1}}{x_{i2}} = \frac{r_{i1}}{r_{i2}} \tag{2-118}$$

则液-液体系的分离因子为：

$$\alpha_{ij} = \frac{x_{i1}/x_{j1}}{x_{i2}/x_{j2}} = \frac{r_{i2} r_{j1}}{r_{i1} r_{j2}} \tag{2-119}$$

（2）速率控制过程的固有分离因子。速率控制分离过程固有分离因子的推算，一般比平衡过程复杂。将待分离的气体混合物置于多孔膜的左侧，如果气体组分的平均分子自由程比膜的微孔大，膜左侧的压力大于膜右侧，则在压力差作用下，组分通过膜做努森流动，其通量与组分分子量的关系如下式所示。

$$N_i = \frac{\alpha(p_{1yi1} - p_{2yi2})}{\sqrt{M_i T}} \tag{2-120}$$

式中，N_i 为组分 i 通过多孔膜的通量；M_i 为组分 i 的分子量；α 为与膜或阻滞层结构有关的几何因子。

假定气体扩散是在稳定条件下进行的，即两侧的气体压力、气体组成均不变，令 N_i 和 N_j 分别代表组分 i 和 j 通过膜的扩散通量，并假定：

$$N_i \propto y_{i2} \qquad N_j \propto y_{j2}$$

则有：

$$\frac{N_i}{N_j} = \frac{y_{i2}}{y_{j2}} \tag{2-121}$$

再假定 $p_1 > p_2$，则由式（2-120）和式（2-121）得：

$$\alpha_{ij} = \frac{y_{i2}/y_{j2}}{y_{i1}/y_{j1}} = \frac{y_{i2}y_{j2}}{y_{j1}y_{i1}} \tag{2-122}$$

即

$$\alpha_{ij} = \sqrt{M_j/M_i} \tag{2-123}$$

由式（2-123）可知 α_{ij} 与组分的分子量平方根有关，与组分其他性质无关，因此不同分子量的组分可通过努森流动得到分离。典型的例子是从 $^{238}UF_6$ 气体中分离 $^{235}UF_6$，其 $a_{235 \sim 238}$ 为 1.0043。

对速率控制过程的分离因子，如热扩散等，也可从分子扩散理论导出。另外，像广泛应用于海水淡化的反渗透过程也可以根据溶质的浓度和渗透压的关系，通过适当的简化导出。

α_{ij}^s 和 α_{ij} 都可以用于分析分离过程的优劣。α_{ij}^s 通常对混合物的组成、温度、压力变化不敏感，如果 α_{ij} 能相对容易地被导出，那么常用它来分析分离过程，并用类似于理想塔板效率的概念来计算它与 α_{ij}^s 的偏差。

在另一方面，对于以较为复杂的物理现象为依据的分离过程，如电解、浮选等过程，α_{ij} 往往难以被明确表示，为此，必须凭经验从实验数据导出 α_{ij}^s。

α_{ij}^s 可以比 α_{ij} 更接近于 1，如果 α_{ij} 为 1，那么不管流道结构或其他条件影响如何，α_{ij}^s 也必为 1。反过来说，如果导致组分分离的这种必需的物理现象不存在，那么没有一种设备能对这种混合物进行分离。

从上述定义还可知，α_{ij} 是 α_{ij}^s 的极限，α_{ij} 与 α_{ij}^s 之差反映了分离过程的效率。

（3）分离因子和分离过程的能耗是分离过程中重要的技术经济指标。按照相对能量消耗，可将一个给定分离因子下的分离过程分成三类：可逆过程、局部可逆过程和不可逆过程。

可逆过程是一类分离过程，一般包括不互溶的平衡体系，即仅需要能量作为分离剂的分离过程。在原理上，净功消耗可减到最小值，例如蒸馏、结晶和分凝。另外，除了个别过程（固有不可逆过程，需加入溶剂）之外，绝大多数过程是可逆的分离过程。这些过程通常包括需用质量分离剂，例如吸收、萃取、蒸馏、气象色谱等。

还有不可逆过程，它是在整个过程中需要不可逆地加入能量的操作，这些过程通常是速率控制分离过程，如膜分离、气体分离和电泳过程。分离因子 α_{ij} 接近于 1，则对上述三种的能耗与 α_{ij} 有以下近似关系：（1）可逆或能量分离剂过程的净能消耗，近似与分离因子无关；（2）局部可逆或物质分离剂过程的净能消耗变化，近似和 $\alpha_{ij} - 1$ 成反比；（3）不可逆或速率控制过程的净能消耗，近似地和 $(\alpha_{ij} - 1)^2$ 成反比。可以发现，对于分离因子相同的给定分离过程，只要其分离因子在 0.1 ~ 1.0 范围内，其能量消耗增大趋势的顺序为：可逆过程<局部可逆过程<不可逆过程。因此，要使得净能消耗相等，则不可

逆过程的 α_{ij} 在数值上要远比局部可逆过程和可逆过程的 α_{ij} 大。这是在选择分离过程时必须加以考虑的。

2.3.3 分离技术的评价与预测

应用资源可持续利用技术时，需要对资源再利用系统进行综合评价。在此仅介绍一下从技术观点出发的资源化利用的物理分离过程以及物理分离过程的各种作业的评价或预测的实例。

例如，由 A 和 B 两种成分组的分离对象的粉体单体离解度已知，完全离解为单体时，作为分离标准的物性如与密度、磁性、浮游性等相关的概率密度函数，在 A 成分粒群和 B 成分粒群之间会出现重合状态，因此，即使分离装置的分离性能很完善，其分离也往往不能完全。也就是说，必须注意分离对象所固有的被分离特性，即不分离性。众所周知，这种概念很早以前在选煤领域就已经采用了。人们通常用分离曲线来表示可分离性。在选煤时，以密度作为分离标准，对各种试料进行浮选分离，然后得出这种试料分离曲线。在浮选中分离基准为上浮性，一般以药剂添加量作为特征值。以横坐标表示药剂添加量，以纵坐标表示所要分离成分的上浮性，此曲线也称为分离曲线。通过这些特征曲线和数学模型，可以对采用的分离技术进行评价和预测，以使资源可持续利用技术在技术和经济两个方面趋于合理。

习 题

2-1 在资源可持续利用技术中，简述采用二次资源再利用技术的必要性。

2-2 资源再利用过程中，环境保护对其产生什么作用？如何将环境利用和环境保护很好结合？

2-3 简述在资源可持续利用系统信息网络构建中应用较多的技术，并简单介绍其应用。

2-4 在资源可持续利用中，二次资源的监测与分析测试方法有哪几类，分别有什么特点？

2-5 简述环境友好技术的概念。举出采用环境友好技术的实例。

2-6 在固体废物处置、处理与资源化可持续利用的分离技术基础中，简述单元操作的定义和柔性资源化利用系统的定义，以及采用柔性操作技术的优点。

2-7 在渗透压和道南平衡理论中简述某体系的渗透压并解释溶液浓度对溶液渗透压的影响。

2-8 已知 A 和 B 组成无总体流动的混合液体，组分 A 的摩尔浓度随扩散方向上距离的变化服从系数为 $4 \mathrm{kmol/m^3}$ 的正比例分布，组分 A 在组分 B 里面的扩散系数为 $1 \mathrm{m^2/s}$，计算组分 A 的扩散摩尔通量。

2-9 分离过程中的主要物理作用力有哪些？各种物理作用力对分离的影响是什么？

3 固体废物处置、处理与可持续利用的物理单元操作技术

学习目标

　　本章需掌握四个方面内容：固固分离技术、固液分离技术、固气分离技术及成型造粒技术。在固固分离技术中，应重点了解粉碎、分级操作、重力分离、磁选分离和电选分离；在固液分离中，应了解浓缩、过滤脱水和干燥三种分离技术；在固气分离中，应了解固气分离原理及其设备选择条件；在成型造粒中，应了解造粒操作原理和各种废弃物的造粒。

3.1 固固分离技术

3.1.1 粉碎

3.1.1.1 粉碎的目的

　　粉碎是对固体物料施加外力，使之分裂为尺寸更小的颗粒或小块的操作。粉碎是一种资源可持续利用的物理单元操作技术，其目的是使物料达到单体分离或达到适宜的粒度，其原理是建立在固体力学及其他物理现象的基础之上的单元操作。在资源进行二次利用时，对所用的固体原料常有一定的粒度要求，粉碎可增加固体表面积，以提高反应速率或溶解、浸出速率以及利于干燥加工等，还可以提高多组分物料的混合度，使之均匀化。某些资源化后的产品为了满足需要亦需粉碎到一定的粒度。因此粉碎过程应用广泛。

3.1.1.2 粉碎现象与作用力

　　物料在粉碎过程中的破坏可从不同的角度分成脆性破坏、延展破坏、拉伸破坏、剪切破坏、屈服破坏等。破碎时作用力的加载方式主要有压缩、拉伸、剪切、弯曲和摩擦。不同的粉碎设备其破碎作用不一样，并且其特性和应用场合也不一样，因此对于一定的固体废物应选择相应的粉碎设备。表3-1所列就是各种破碎设备的特性及其应用范围。

3.1.1.3 粉碎能与粉碎特性

　　众所周知，很多工业企业粉碎所消耗的能量占全部动力的比例较大，如水泥厂占60%。如果把表面能的增大部分作为有效粉碎能时，粉碎的能量效率不足1%，但是准确计算有效粉碎能较为困难。在粉碎操作过程中，粉碎的能耗主要用于对物料粉碎的作用力方面，粉碎作用力是压缩、冲击、拉伸、剪断、弯曲和摩擦等作用的结果。这些作用力由粉碎机械的部件传给物料。物料受各种力作用后，首先产生各种应变，并以各种形式的变形内能积蓄于物料内部。当局部积蓄的变形能超过某临界值时（其值取决于物料的性质），

表 3-1　各种破碎机的特性与应用范围

破碎机		主要作用力	给料粒度/mm	产物粒度/mm	处理量/t·h⁻¹	动力/kW·h·t⁻¹	被粉碎物特性	
							适应	不适应
颚式破碎机		压缩	150~1800	25~250	10~1000	0.2~0.7	硬、中硬	软、黏
旋回破碎机		压缩	150~1800	25~250	35~3500	0.15~0.5	硬、中硬	软、黏
圆锥破碎机		压缩、冲击	25~250	5~40	10~600	0.4~2.2	硬、中硬	软、黏
辊式破碎机		压缩	5~75	3~15	3~150	0.7~1.1	中硬、纤、脆	滑
辊式破碎机（带齿）		剪切、冲击、摩擦	75~500	50~200	5~1000	0.15~0.4	脆	硬
冲击破碎机		反抗、冲击	2~250	0.3~30	0.2~600	0.4~7	摩	软、黏
锤式破碎机		冲击、切断、反抗	0.8~500	0.04~50	0.05~400	0.7~150	非摩	摩
滚磨机		摩擦、压缩	5~40	0.2~5	—	—	软、中硬	黏、纤
环形磨机		压缩、摩擦、冲击	0.8~25	0.04~0.08	0.02~20	3.7~150	软、中硬	摩
棒磨机		压缩、摩擦、冲击	5~25	0.07~0.8	3~75	3.7~15	摩	软
球磨机		冲击、摩擦	5~20	0.04~0.5	2~12	10~30	摩	黏
自磨机	振动机	冲击、摩擦	0.5~10	0.002~0.2	—	—	摩	黏
	盘磨机	摩擦、切断	10~25	0.07~0.8	0.2~5	10~150	软、纤	硬、摩
	喷射磨机	反抗、摩擦	0.15~15	0.001~0.03	0.1~10	—	中硬、脆	软、黏

注：1. 被粉碎物特性中记述是以岩石为前提。
2. 硬：硬质；中硬：中等硬质；软：软质；黏：黏着性；纤：纤维度；摩：磨耗性；滑：表面光滑。

裂解就发生在脆弱的断裂线上。所以，从这一角度来分析，粉碎需要两方面的能量：一是裂解发生前的变形能（即使未发生裂解，也终将转化为热），这部分能量与颗粒的体积有关；二是裂解发生后出现新表面所需的表面能，这部分能量与出现的表面积的大小有关。当然还有颗粒间摩擦所消耗的能量。然而到达临界状态，即未裂解时的变形能之所以与颗粒的体积有关，是因为脆弱的断裂线和疵点对于粒度愈大的颗粒存在的可能性愈大。这样大颗粒所需的临界应力就较小颗粒为小，因而消耗的变形能也就较小。这就是粉碎操作随着粒度减小而愈加困难的原因所在。在颗粒粒度相同的情况下，由于物料的力学性质不同，所需的临界变形也不相同。一般物料受应力作用时，在弹性极限应力以下，物料发生弹性变形。当作用的应力在弹性极限应力以上时，物料受到永久变形，直至应力达到屈服应力。在屈服应力以上，物料开始流动，经历塑变区域，直至达到破坏应力而断裂。根据物料应变与应力的关系以及极限应力的不同，物料的力学性质通常分成硬度、强度和脆性。硬度是根据物料的弹性模数的大小来划分的性质，即强与弱。脆性是根据物料塑变区域长短来划分，即脆性和可塑性。这样，对一种具体物料来说，就有了比较复杂的性质，如硬而脆的、软而脆的等。这些性质对粉碎时所需的变形能均有影响，强度愈高、硬度愈小、脆性愈小的物料，所需的变形能就愈大。必须指出，物料还有一项重要特性，称为韧性。它是一种抵抗物料裂缝扩展能力的特性。韧性愈大，裂缝末端的应力集中愈容易解除。粉碎中出现新表面所需的能量与表面积的增量成正比，可以表示为 $E = \Delta(\sigma, S)$，式中，σ 表示物体表面的界面张力；S 表示表面积。

资源利用的试验表明，在粉碎操作时，增加新的表面积所消耗的能量只占全部消耗的能量很小的比例。前面已经指出计算粉碎操作所需的最低能耗是不容易的，理论上也很不成熟。早期的理论建立在以下的假设之上，即固体颗粒的粒度 d 发生微小变化 $-\mathrm{d}d$ 时所需的能量 $\mathrm{d}E$ 是粒度的函数，作为一般式有如下形式：

$$\mathrm{d}E = -C_1 \frac{\mathrm{d}d}{\mathrm{d}n} \tag{3-1}$$

式中，$\mathrm{d}E$ 是所需的能量；d 是固体颗粒粒度；C_1 和 n 为常数。此式当 $n = 2$，经积分，则得：

$$E = C_R \left(\frac{1}{d_2} - \frac{1}{d_1} \right) \tag{3-2}$$

式（3-2）早在 1867 年由雷延格（Rittinger）提出，称雷延格法则。它是建立在表面积假说之上的能耗法则。设一粒度为 d_1 的颗粒，当粉碎成 n 颗粒度为 d_2 的小颗粒时，原颗粒的表面积 $S_1 \propto d_1^2$，n 颗小颗粒的总表面为 $S_2 \propto n d_2^2$。因粉碎前后总体积不变，即 $d_1^3 = n \cdot d_2^3$，故有：

$$S_2 - S_1 \propto n d_2^2 - d_1^2 = d_1^3 \left(\frac{1}{d_2} - \frac{1}{d_1} \right) \tag{3-3}$$

可见雷延格式中的 $E \propto S_2 - S_1$，即粉碎所需的能量与因粉碎而增加的新表面积成正比。所以此法适用于脆性物料、坚硬物料和大块物料的粉碎。当 $n = 1$ 时，式（3-1）积分后得：

$$E = C_R \ln(d_1 / d_2) \tag{3-4}$$

此式即为 1885 年基克（Kick）提出的法则。基克法则建立在体积学说基础上。由于颗粒体积 $V \propto d^3$，故 $\mathrm{d}V \propto 3d^2 \mathrm{d}d$，代入式（3-1），令 $n=1$，即有 $\mathrm{d}E \propto \mathrm{d}V/V$，表示能耗与体积相对改变成正比。所以基克法则的能耗是变形能的能耗。故式（3-4）适用于塑性物料、软性物料和细粒物料的粉碎。1952 年邦德（Bond）抓住上述两个理论的结合点提出式（3-1）。在这里，E 为粉碎能；d 为粒度；C_1、n 为常数，当 $n=1$，1.5，2.0 时分别相当于 Kick、Bond 和 Rittiger 理论。

根据 Bond 理论，将粒径为 x_1 的单位重量粒子粉碎到 x_2 粒径时所需的能量 E 可用式（3-5）表示：

$$E = C_{\mathrm{B}}\left(\frac{1}{\sqrt{d_2}} - \frac{1}{\sqrt{d_1}}\right) \tag{3-5}$$

式中，比例常数 C_{B} 表示粉碎阻力。

Bond 引入了相当于 C_{B} 尺度的功指数 W_{i}（Work Index）。设给矿和粉碎产物的 80% 粒度分别用 $F_{80}(\mu\mathrm{m})$ 和 $P_{80}(\mu\mathrm{m})$ 表示，则式（3-5）可写为：

$$E = W_{\mathrm{i}}\left(\frac{10}{\sqrt{P_{80}}} - \frac{10}{\sqrt{F_{80}}}\right) \tag{3-6}$$

式（3-5）是 Bond 的基本式。

利用式（3-5）可以定义反映被粉碎产物的粉碎阻力的标准粉碎功指数 $W_{\mathrm{is}}(\mathrm{kW \cdot h/t})$ 和表示系统综合效率的作业粉碎功指数 $W_{\mathrm{io}}(\mathrm{kW \cdot h/t})$。这些功指数可作为粉碎机的放大设计粉碎系统高效率化的依据。

3.1.1.4 粉碎系统的模型化

粉碎过程（见图 3-1）模拟中普遍采用速度模拟。另外，也有用特定粒度分布函数的方法将粉碎过程的给料和粉碎产物的粒度分布近以地看作粒度分布矢量，粉碎过程用过渡矩阵来表示，然后利用电子计算机进行优化模拟。因篇幅所限粉碎矩阵分析废弃物的应用实例可参见其他文献。

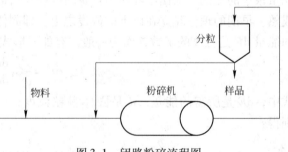

图 3-1 闭路粉碎流程图

3.1.2 分级操作

分级操作即按粒度大小分开的操作，它分为筛分和分级。

3.1.2.1 筛分机

筛分机是以筛子的筛孔为规律按粒度大小将破碎物料分开的装置。筛分机的种类和应用范围如图 3-2 所示。概率筛是利用筛分的概率过程进行分离的操作，概率筛的筛孔一般大于所要筛分粒度的大小，因此可防止筛孔堵塞和提高处理能力。此外，筛分机还有筛面耐磨和不易堵塞的橡胶筛子等种类，近年来超细筛分机的发展也十分迅速。

3.1.2.2 分级原理

利用粒子在流体中的沉降速度差，按粒度进行分离的操作称做分级。粒子在流体中的

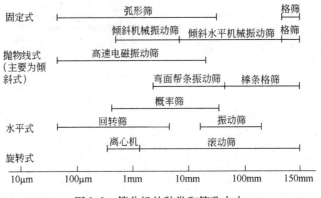

图 3-2　筛分机的种类和筛孔大小

沉降过程受粒子的其他物性和流体力学条件所支配。分级的场合一般都以 Stokes 范围内的等速沉降过程为基础。设两个不同密度的粒子 A 和 B，密度分别为 ρ_A 和 ρ_B，在密度为 ρ 的流体中相互以相等速度沉降时，这两个粒子的直径比称为等沉降比，用 r 表示，其公式如下：

$$r = \left[(\rho_A + \rho)/(\rho_B - \rho) \right]^n$$

式中，n 在 Stokes 区范围内为 $1/2$，在 Newton 区范围内为 1。

指标 r 可用于查定不同密度的粒子群分级时，密度对分级效果的影响。也就是说，r 值愈大，密度对分级的影响愈大。

3.1.2.3　水力旋流器式分级机

除以重力沉降为基础的不同分级机外，目前工业上应用较多的是水力旋流器。标准水力旋流器由圆筒部分和锥体部分组成。从圆筒部分的切线方向给入矿浆，在离心力作用下粉碎物料得到分离。细粒物料沿中央上升流上升后从圆筒上部的溢流口排出，粗粒物料沿内壁往下运动从圆锥顶部的沉砂口排出，分级粒度与离心力作用效果有关。由于给料压力范围较窄，因此分级粒度几乎取决于水力旋流器的代表尺寸，即圆筒部分的直径大小，也就是说，选择水力旋流器尺寸大小的决定因素是所要的分级粒度而不是处理量。水力旋流器尺寸的选择标准如表 3-2 所示。另外，目前以厨房垃圾等纤维质废弃物为处理对象的强制排出型旋流设备也有开发。

表 3-2　不同规格旋流器的最适宜分级粒度

给料压力 (×10⁵) / Pa	旋流器尺寸（圆筒部分直径）/mm							
	15	25	75	150	250	350	500	750
	分级粒度/μm							
0.3	18~52	23~70	47~145	78~233	105~310	130~415	170~520	220~670
0.5	13~37	18~52	35~103	55~165	75~220	92~300	120~370	157~480
0.75	10~28	14~42	28~80	42~126	56~170	70~226	92~280	120~365
1.0	8~23	12~35	23~70	35~105	46~140	58~185	75~220	98~300
1.25	7~20	10~30	20~60	30~90	40~120	50~160	65~200	85~260
1.5	6~18	9~26	18~52	28~80	36~106	44~138	56~170	75~220

给料压力 (×10⁵) / Pa	旋流器尺寸（圆筒部分直径）/mm							
	15	25	75	150	250	350	500	750
	分级粒度/μm							
2.0	5~15	7~21	15~44	23~70	30~90	37~117	46~140	62~190
2.5	4.5~12.5	6.5~19	13~37	20~60	25~75	31~100	40~120	53~163
3.0	4~11	5.5~17	11~33	18~52	23~70	28~90	36~106	47~145
4.0	3~9	5~13	9~28	15~44	19~55	24~74	30~90	42~125
10.0	2~5	3~7	5~15	8~23	10~30	12~40	18~52	23~70

3.1.2.4　分级指标的评价

通常在分级过程中，用分级产物中目的成分或粒度的回收率与非目的成分的回收率之差，即牛顿效率来评价分级指标好坏。可是，当准确地掌握分级机理时，应用特龙普分配率曲线或部分回收率曲线来评价分级效应更有效。特龙普分配率曲线的横坐标表示粒度，纵坐标表示目的产物的分配率，即进入目的产物中的概率。一般粗粒产物作为目的产物时，曲线形状从右上方开始呈近似的 S 形。在纵坐标相当于 0.5 处的粒度及其附近的曲线的倾斜度，以及在纵坐标下的面积等可作为定量指标。

3.1.3　重力分离

重力分离是利用不同密度的粒子，在流体中受重力等外力的作用下，做不同运动而进行的物料分离。重力分离是历史悠久、成本低廉、既古老又年轻的分离方法，目前主要应用在煤炭和铁矿选别或者其他选别方法的预处理作业中。这种方法大致可分为干式选别（如风力、跳汰、摇床、流态化层等）、湿式选别（如水力、跳汰、摇床、螺旋溜槽等）、重介质选别（如浮沉、重介质旋流器等）。注意，在原理上与重介质选别有些差异的磁流体选别，一般不列入重选法中。

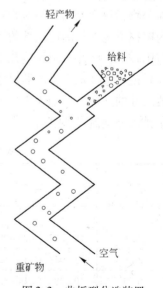

图 3-3　曲折型分选装置

3.1.3.1　干式选别

（1）风力选别（风选）。从横向或从下部送风，使轻物料飞扬而被分离的操作称做风力选别。最早风选用于谷物与谷糠的分选，其典型装置为如图 3-3 所示的 Z 字形分选机。当然风选适用于产品要求不允许含水分或不可能用水的场合，因此产品不需要过滤和干燥。风选存在风机耗能大、选别精度不高等缺点。如同水力选别一样，风选除密度外还受粒子的大小和形状的影响。因此对不同物料的风选要求不同物料的粒子大小和形状尽量整齐；而分选同一种物料时，适合于按粒子大小或按形状进行分选。

（2）流态化沸腾床选别。此法是在流化床等容器中，通过多孔板上升气流或振动在产生的流态化的粉粒层中进行分选。目前已有很多应用实例，如用砂作介质，分选橡胶、塑料和有色金属等废料。

（3）其他。可采用跳汰、摇床等设备进行选别，但实际应用的较少。另外，利用离心力的旋流器多用于分级和除尘方面。

3.1.3.2　湿式分选

（1）水力分选。如同风力分选一样，水力分选是利用上升水流或者横向水流中重物料产生沉降的性质进行的分选。水力分选设备中，有利用上升水流分选不同密度的废旧塑料的分选设备，也有利用水平流中重物料沉降而进行分选的 V 形槽或沉降圆锥等分离设备，还有用机械方法运输沉降物的机械分级机等。

（2）跳汰分选。上下脉动的水流，通过承载物料的钢板时，物料中重物料下沉而形成物料的分层，跳汰分选就是利用物料分层进行分选的一种方法。此法与后述的重介质分选法一同称为重力分选法。

跳汰机的基本结构如图 3-4 所示。有时用钢板的上下运动替代脉动水流运动。产生脉动水流的方法有活塞法、隔膜法和从空气室中取出或放出空气的方法。另外，钢球等物体在钢板上先形成床层后再从其上部给料也是跳汰的一种方式。最典型设备是选煤用鲍姆式和塔卡式气动跳汰机，处理粒度为 1 ~ 200mm，一般在几毫米至几十毫米。煤处理量为 30 ~ 60t/(h·m²)。

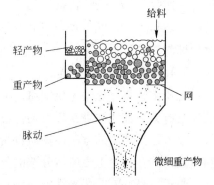

图 3-4　跳汰机的基本结构

（3）摇床分选。摇床的处理量比跳汰机小，但可获得较高的品位和回收率。摇床基本结构如图 3-5 所示。在稍微倾斜的床板上给料，在长度方向产生摇动，从上方均匀给入洗净水，重物料沿长度方向运动，而轻物料沿倾斜方向往下流，床板摇动的后退速度比前进速度快。床板表面贴油毡或橡胶，在与摇床运动方向相平行的方向上安装多根来复条。根据不同的分选目的和物料的粒度大小，选择不同机种，代表性的设备有 Wilfrey 摇床、James 摇床和 Holman 摇床。处理物料的粒度上限，煤为 15mm，矿石为 2mm。物料的密度不同，处理粒度下限也不相同，一般粒度下限为小于 20μm。

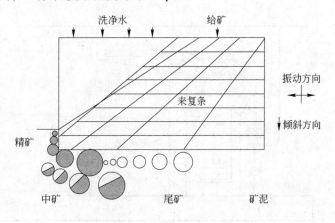

图 3-5　摇床的基本结构

（4）其他。通常用于分级的旋流器是由荷兰开发的水力旋流器。旋流器的圆锥部分短，锥角为120°，圆筒部分长，分离密度为1.6kg/m³，用于选煤。此外，还有螺旋选矿机、洗矿槽（溜槽）、赖克特圆锥选矿机和巴特尔斯-姆兹莱分选器。

3.1.3.3　重介质分选

重介质分选是将两种不同密度的混合物料放入其中间值密度的液体中时，重物料下沉而轻物料上浮。介质有氧化钙等盐类的水溶液或有机溶剂（真重液）和比较重的磁铁矿、方铅矿、硅铁等水悬浮液（重悬浮液）两种。由于很多重液具有毒性且价格昂贵，因此目前很少采用。选别方式有利用重力的静态浮沉和利用离心力的动态旋流器方式两种。静态分选设备有圆锥形、圆筒形、溜槽型和组合型等形式；动态分选设备有 DSM 旋流器、Swirl 旋流器和 Vorsgl 旋流器等。黏附于分选产物上的重介质经洗涤后，用磁选或沉降法进行再回收利用。处理物料的粒度上限大约为300mm，下限为静态分选时3mm、动态分选时可达0.5mm。重介质分选常用于选分煤和铁矿。其分选成本高于跳汰分选，但其分选精度高。

3.1.3.4　磁流体分选

磁流体是将氧化铁等超细粉（0.01μm 以下）稳定分散在水或油中的一种悬浮液，该液体具有整个液体被磁铁吸引的性质。磁流体放置在梯度磁场中时，磁流体的表观密度增加，浸入磁流体中的非磁性物质也受磁浮力的作用。磁流体分选就是基于这一原理进行物料分选的。在理论上磁流体分选的分离密度可达20kg/m³。

最近，高性能永久磁铁与廉价水基磁流体相结合的磁流体分选设备已进入实用阶段。磁流体分选如图3-6所示。在 V 字形磁系的两个相对的磁极间分选槽中放入磁流体时，在槽内不同位置上产生不同的磁浮力。给料中密度小于磁流体表观密度的轻物料上浮后向左移动，重物料下沉。分选槽中磁流体产生很大的分离密度，因此可用于铝（密度2.7kg/m³）、锌（密度7.1kg/m³）、铜（密度8.9kg/m³）和铅（密度11.3kg/m³）等金属的相互分离。

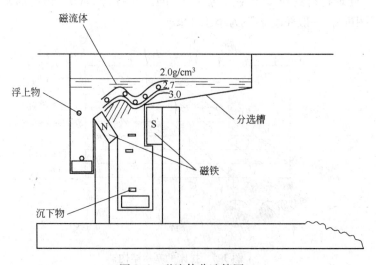

图3-6　磁流体分选简图

3.1.4 磁选分离

磁选分离是根据物质的磁性差异，即物料被磁力吸引的大小进行分选的分离方法。矿物磁性从物理学角度可分为铁磁性、顺磁性和逆磁性三种；从磁选角度可分为强磁性、弱磁性和非磁性三种。回收强磁性物料所需的磁感应强度大约为 0.15T 以下，弱磁性物为 0.8T 以下。非磁性物料用一般的磁选方式不能分离。近年由于高梯度磁选技术的发展，过去难以回收的非磁性或者非磁性超微细粒料也可以得到回收。按不同的标准，磁选机有不同的分类：按分选目的，可分为以保护设备为目的的设备（如除铁设备）、有价磁性物料的回收设备、除去不纯物的设备（如提高黏土的白度的设备）；按运输物料的介质，可分为干式和湿式；按磁场发生方式，可分为永磁式、电磁式（带有轭铁）、线圈式和超导式；按磁性粒子的分离方法，可分为沉积法和偏向法；按场强大小，可分为低磁场式和强磁场式。

（1）干式低磁场磁选机。干式低磁场磁选机处理物料粒度在 5mm 以上，其典型设备是如图 3-7 所示的圆筒磁选机，多用于处理金属废弃物。它是在给料皮带上部安设圆筒、交叉皮带或固定磁铁，吸出物料中的磁性物。圆筒直径为 0.3~1.5m，长度为 0.3~4m，圆筒表面磁感应强度达 0.1~0.15T。

（2）湿式低磁场磁选机。湿式低磁场磁选机有如图 3-8 所示的圆筒磁选机，还有无极皮带型克劳凯特磁选机。近年来，随着高性能永磁铁的不断出现和设备的大型化，对微细颗粒或粗粒物料分离回收已经成为可能。采用锶铁氧化磁铁磁系的圆筒直径达 1.5m。另外，分选砂铁用磁性胶带式磁选机也属于湿式低磁场磁选机。

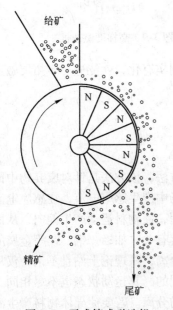

图 3-7 干式筒式磁选机

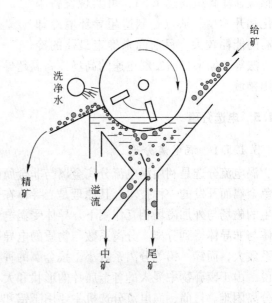

图 3-8 湿式筒式磁选机

（3）强磁场磁选机。干式强磁场磁选机有交叉皮带型、感应辊式、永磁辊式三种。这些型号的磁选机都具有各自特殊形状磁极头，在较狭窄的磁极间隙中产生强磁场，磁极间隙为 2~10mm 时，磁感应强度达 1~2T，物料粒度为 0.1~2mm。永磁辊式磁铁采用锶钴永磁铁或钕铁硼磁铁，最高磁感应强度可达 0.8T 左右。永磁磁选机具有耗能少和小型化的特点。

（4）湿式高梯度磁选机。在磁选机分选空间磁场中放置或充填如齿板、钢丝、不锈钢毛和钢球等聚磁介质，在磁介质表面产生高梯度和高场强，物料中弱磁性微细粒吸引在磁介质表面，离开磁场区域后脱离磁介质的物料得以分离。两磁极间放置磁介质的磁选机有琼斯（Jones）磁选机、卡普克-阿姆克斯（Carpco-Amax）磁选机、爱利斯（Eries）磁选机等。这些设备多用于选别赤铁矿等弱磁性矿物。爱利斯磁选机的磁感应强度可达1.2T，处理量为120t/h。由于电磁铁铁芯的饱和磁化度有限，因此设备的大型化有困难。由国外制造的实用性设备如图3-9所示。在线圈空芯部的分选腔中充填不锈钢毛或细丝等磁介质，磁性物被捕获在磁介质上，切断电源后用水冲洗磁性物质。空芯线圈的磁感应强度可达2.0T。周期式或间歇式磁选机适合处理磁性物含量少的物料，如高岭土除铁和废水处理等。废水处理时，处理量可达100t/h。连续式磁选机适合处理物料中磁性物含量较多的物料。国外开发的连续型磁选机磁环径为8m，处理量达800t/h。

（5）超导磁选机。高梯度磁选机因能耗大、运转成本高和重量大等缺点，使用受到限制，因此希望超导磁选机可以克服这些缺点。超导磁选机的优点是耗能低，磁感应强度高最高达1.5T，可实现设备小型化和开放型；缺点是制造超导环境冷却所需的能耗较大，目前尚未确定最佳的冷却方法等。如果目前发展迅速的高场强高温超导材料达到实有化，就能进一步拓展磁选的应用领域。

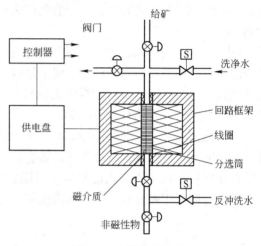

图 3-9 高梯度磁选机

3.1.5 电选分离

3.1.5.1 涡电流分选

涡电流分选是利用涡电流分离金属与非金属的分选方法，该方法是针对废弃物中回收有色金属而开发的一种技术。其原理是当导体在交变磁场中产生感应电流，在感应电流所产生的磁场与外加磁场相互作用下，导体受涡电力的作用，使物料运动产生偏向，从而使导体与非导体得到分离。分离系数与物质的电导率和密度有关，如铝、铜、镁等金属的分离系数大，而锌、铅等分离系数小。按金属的种类进行分离，从理论上姑且不论，仅从实际说，由于废弃物中混入的各金属片的形状和大小是不同的，其运动状态也不尽相同，因此分离困难。目前，涡电流分选机主要用于铝和非金属的分离。若要使导体物料产生涡电流就必须使被选物料与磁场之间产生相对运动。涡电流分选机的种类有直流电动机式、永磁铁式和圆筒式。

（1）直线电动机式涡电流分选机。把笼型感应电动机沿轴向切开后展开成平面状时就是直线电动机。直线电动机在电磁与电流的作用下，产生一种直线作用力。放在直线电动机平面上的铝片向电磁场力的方向运动。如图 3-10 所示，与直线电动机相垂直的方向用振动送料机或皮带运输机送料时，物料中的铝片产生偏向运动而使其得到分离。

（2）永磁铁式涡电流分选机。永磁涡电流分选机中的倾斜式涡电流分选机如图 3-11 所示，是在倾斜板上按某一角度埋入 N、S 级交替排列的永磁铁。从倾斜板上部送入物料中的铝片在滑落过程中，由于涡电流产生的磁力而改变运动方向使之得以分离。此外，永磁铁式涡电流分选机还有将旋转永磁磁系安装在圆筒外侧或将埋入永磁铁的旋转圆盘安装在送料皮带上面的涡电流分选机。

（3）圆筒式涡电流分选机。该机结构与圆筒磁选机基本相同。旋转圆筒内的电磁或永磁磁系的旋转方向与圆筒的旋转方向一致时，送到圆筒表面上的物料中的铝片，在磁力推动作用下远离圆筒飞落下来，从而使之与废弃物得到分离。有时磁极还可以采用交变磁场。

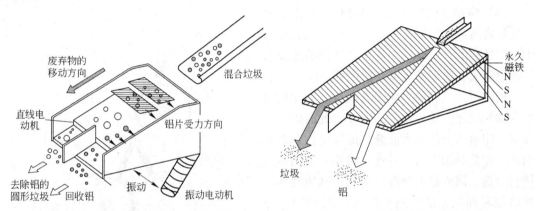

图 3-10　直线电动机式涡电流分选机　　　　图 3-11　倾斜板式涡电流分选机

3.1.5.2　静电分选

静电分选是利用物质电导率的差异进行分选的方法。静电分选之前必须对物料的水分和粒度等进行调节。废弃物处理中常用静电分选去除塑料和玻璃等物。静电分选机大致分为静电型、电晕放电型、混合型和摩擦带电型分选机。

（1）静电型（见图 3-12a）。A 为接地金属辊，B 为平行 A 的高压金属圆筒，当高压圆筒 B 带负电时，金属辊 A 表面被感应而带正电。送入 A、B 之间电场中的粒子因静电感应而被极化，粒子在接地辊附近一侧带负电，而另一侧带正电。导体粒子接触（接近）接地辊 A 时，失去电荷带正电。由于排斥作用导体粒子远离接地辊 A 落下，绝缘体（非导体）粒子带负电，电荷不产生移动，因此被接地辊 A 吸引，离开电场后失去吸引力而落下，从而物料得以分离。

（2）电晕放电型（见图 3-12b）。高压电极 D 是由细线和针等尖状导体组成。提高 D 的电压时（一般为负电压），电极附近的气体产生离子化而引起电晕放电，D 放出的负电荷不断与送入接地辊 A 上的粒子接触，导电性粒子则向辊筒 A 不断放出电荷发生中和，变成电中性后落下，而非导体粒子（绝缘性粒子）被辊筒 A 正电荷吸引后与辊筒一起运动。由于电晕放电中还存在很少量电流的流动，因此不完全属于静电型分选而一般称做高电压分选。

（3）混合型（见图 3-12c）。该技术是上述（1）和（2）方法的结合，即分离器具有电晕电极和高压电极两种电极，从而增强导体粒子的排斥作用和绝缘粒子的附着作用，而促进物料的分离。

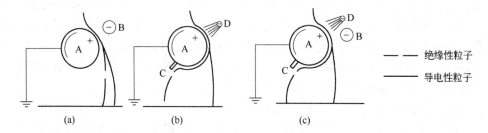

图 3-12　静电分选

（a）静电型；（b）电晕放电型；（c）混合型

（4）摩擦带电型（见图 3-13）。从上部送入的物料通过由绝缘体制成的摩擦辊时，物料中不同性质的物质带不同的电，从而被相反符号的电极吸引进而使得废弃物得到分选。

资源可持续利用中应用静电分选的实例有废弃物垃圾肥料化利用去除玻璃，此时即利用含有一定量水分的堆集混合料的导电性和玻璃的绝缘性差异很大这一特性，将物料中的组分进行分选。国外静电分选已应用于从废弃物中回收塑料和纸，使用的电压为直流 45kV。静电分选的影响因素有物料的电导率、介电常数、密度、粒度、形状、水分、表面状态和给料速度等，它是一种非常巧妙的分选方法。

3.1.6　手选

手选是在宽 1m 左右的输送皮带上用人工方法从粗大固形物料中除去无用固形物的分选方法，也就是根据物料的颜色、光泽、重量和形状的差异用人工方法进行分选的方法。此法不适于分选砂状、粉状和不能举起的过大物料。输送皮带上的分选物料不能重叠。手选存在处理能力低、劳动强度大等缺点。目前大规模手选在一般矿物分选上已经消失，仅在高品位的金矿预选中应用。目前在食品厂橘子分类和去除特殊杂质中采用手选法。

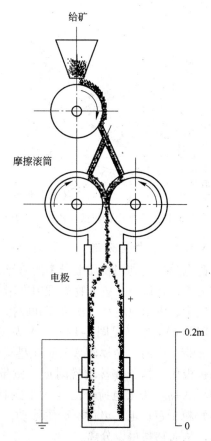

图 3-13　摩擦滚筒静电选矿机

3.1.7　光学分选

光学分选是用光学方法替代手选中利用视觉进行自动判别的分选方法。在多数情况下，光学分选可以用迅速应答的激光作分选手段，另外，它容易实现多频道化处理并能与气体喷射方法相结合。有时光选又可称做颜色分选，这是因为它要物料在颜色或者光反射率方面具有明显差异。在实际装置中，为了调整背景颜色使滤光器等提高其分辨能力，光选要求被选物料以一粒一粒的方式输送进行分选，因此该方法不适用于细粒物料。光选机的分选过程如图 3-14 所示，该机用激光作光源，根据激光对固体粒子表面的反射率差异进行分选。其结构如下：

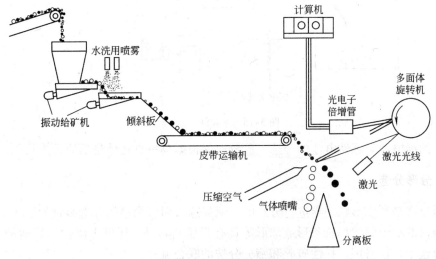

图 3-14　光学分选机

（1）振动送料机和倾斜机。振动送料机用于调节给料量，倾斜板调节物料到达皮带运输机的速度。此时必须调节固体粒子以一定间隔落到皮带上。

（2）检测器。检测器由一定波长的氦（He）、氖（Ne）激光源，多面体柱形旋转镜和将固体粒子反射光强度转换为电信号的光电倍增管三部分组成。

（3）电子计算机辅助光选。光电倍增管的电信号输入计算机，然后发出对分选目的粒子吹气的指令。吹气动作由吹气喷嘴和可动电磁阀完成。检测器采用电视图像和景象传感器来代替以往的单一光敏元件，并且开发与上述微型计算机联用的方法来识别粒子形状等高识别能力的装置。光选机用于金矿中除去石英、金刚石分选、豆类和大米等谷物的分选、碎玻璃的分选。如果对该装置的检测器进行改换，则可用于放射性矿物和荧光矿物的分选。

3.1.8　放射性分选

在资源再回收利用中，还可应用放射性分选技术进行分选。放射性 γ 射线分选机如图 3-15 所示。物料通过低速中子射线源与调制引起的载频变化检测器之间时，根据射入物料中的中子束强度的衰减大小进行分选。该方法适宜的分选粒径为 25～150mm。如果某一物料中的 A 原子捕获中子的断面远大于另一种物料中的元素，则被吸收的中子与物料中 A 原子的浓度成比例，因此可以得到分选。

3.1.9　重量分选

重量分选是利用重量差异进行分选。它适用于形状相同而重量不同物料的分选，如单

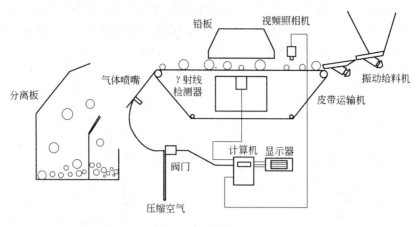

图 3-15   γ 射线分选机

一干电池的锰电池与碱性电池的分选。此分选是根据莫里克式计量器原理进行的。

3.1.10   分形分选

    分形分选是利用形状差异进行分选的。例如扁平面状物料的分选装置如图 3-16 所示。另外，物料的粒子形状如长条形或球形等具有明显差异时，还可考虑使用其他种分选机。在分形分选中往往采用选择性破碎和筛分分选的联合流程。

    除上述分选方法外，固固分离技术还有利用弹性率、电导率、化学溶剂中选择性溶解和加热选择性熔融等差异进行分选的技术。

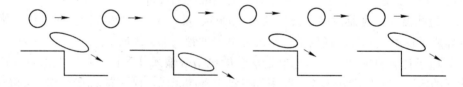

图 3-16   扁平粒子的分选装置

3.2   固液分离技术

3.2.1   浓缩

    具有乳浆稠度的水中粉体的固形悬浮物称做泥浆。泥浆含有大量水分，浓度也不稳定，因此对泥浆直接进行过滤脱水不仅效果不佳，而且不经济。因此在过滤之前必须进行浓缩以排出大量的水分。浓缩原理是将泥浆放入槽中经一定时间后，固形物沉降到槽的底部而澄清的水排出槽外。连续式泥浆浓缩装置——浓缩机如图 3-17 所示。槽的上部呈圆筒形，槽底为圆锥形，泥浆从中央部进入浓缩池。槽底部设有缓慢旋转的集泥耙子，它将沉积浓缩后的泥浆集中到中心部并用泵从槽底部排出。上清液从圆筒上部周边排出槽外。用转矩计检测运转过程中的耙子运转情况，耙子运转异常时及时发出警报信号，以便人工或自动进行处理。浓缩机的形状除圆形外，还有平流型长方槽，重叠型内部多段式浓缩机。在特殊情况下，采用放置圆筒筛或振动筛进行浓缩，筛面为 $150\mu m$ 左右的金属网。

另外，浓缩还有加压浮上法，将泥浆装入压力槽中进行加压时，水中过剩溶解的空气在大气压下析出大量的微细气泡，当固形物与气泡接触时会在气泡浮力作用下与气泡一起浮上水面而进行浓缩。没有接触到气泡的固形物会在重力的作用下慢慢沉降到底部，当泥浆中固形物非常微细时，粒子的沉降速度会

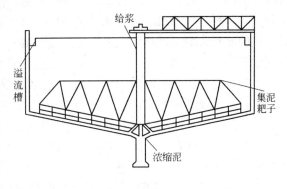

图 3-17　浓缩机

很小，浓缩效率也降低。此时，可添加絮凝剂，常用絮凝剂为无机絮凝剂、有机高分子絮凝剂、助凝剂等。

3.2.2　过滤脱水

过滤是泥浆通过有无数小孔的多孔物质或者微细网目的过滤介质或如砂层一样的粗粒滤料层时，水中固形物粒子被捕获在某表面或内部与水分离的方法。多孔介质部分称做过滤介质。在过滤介质上被捕获的粒子层称做滤饼。被分离出来的水称做滤液或者澄清过滤水。过滤分为澄清过滤和滤饼过滤两种。泥浆浓度和粒度小时采用澄清过滤。澄清过滤时固形物粒子侵入到过滤层内部而被捕获，滤饼过滤是在过滤介质表面堆积固体颗粒，这些固体颗粒也起着过滤介质的作用。滤饼过滤亦可称做表面过滤，即固形物粒子被捕获在过滤介质表面。泥浆过滤主要采用滤饼过滤。固形物的浓度越大过滤速度越快。

过滤脱水设备除用粗砂、砂滤层等制成的干燥床外，还有真空过滤机、加压过滤机、离心过滤分离机和圆筒形真空过滤机（见图 3-18）。在沟槽或多孔圆筒表面铺设滤布，圆筒做旋转运动，圆筒内部用真空泵产生 $53\sim80kPa$ 负压。圆筒周边的 $1/3$ 左右浸没在浓缩泥浆中，水分通过滤布，而滤布表面形成滤饼，随圆筒的旋转滤饼逐渐脱水干燥，圆筒再进入泥浆之前圆筒表面的滤饼已分离。带式过滤机如图 3-18 所示。当带型滤布离开圆筒而在 A 点

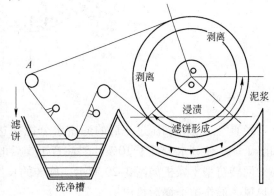

图 3-18　筒式过滤机

滤布角度急速度化时，滤饼从滤布脱落下来，滤布再进入泥浆之前其内外面得到洗净，从而提高过滤量和稳定过滤过程。圆筒内部滤液用泵抽出外排。

加压过滤是用液体泵的压力和压缩空气进行加压，大多数压滤机的过滤压力为 $0.3\sim0.5MPa$，个别高达 $3.5MPa$。由于压滤机的过滤压力远远超过真空过滤，因此可以得到含水量很少的滤饼。过去压滤机是间断工作的。而现在实用的压缩机多半是连续工作。这为

过滤作业的自动化创造了条件，可是还存在滤布洗净难和过滤速度慢等缺点。压滤机有水平和立式两种，压滤机滤饼含水量为 20%～50%，过滤速度为 5～15kg/(m² · h)。水平过滤机的滤板表面呈凹凸状，滤板之间敷设滤布。当加压的泥浆压缩时，滤液通过滤布和滤板的凹沟后从下部排出，施加一定压力后卸开滤板时，滤饼就自动脱落。立式压滤机不能简单理解为纵向设置的槽型压滤机。立式压滤机内部装有隔膜，给料与浆料的脱水和滤饼排出过程能反复进行，给料的压力为 0.5～1MPa。加压过滤时，滤液通过滤布和配水管而排出外部。在脱水工序中，对加压过滤后的滤饼用隔膜进一步进行加压脱水。从隔膜内侧加压为 1～1.5MPa，脱水完毕后，各滤板同时开启，移动滤布的同时滤饼脱落从机体两侧排出。滤布移动时，滤板进行冲洗。

滚筒式（辊式）压滤机是将多个圆筒排列成上下两排，浓缩泥浆通过辊筒之间时水分被除去。辊筒表面敷设 150μm 的滤布，进入压滤机的浓缩泥浆必须事先用高分子絮凝剂进行凝聚。

利用离心力进行固液分离的离心分离机亦可称做离心过滤机或离心脱水机。螺旋离心过滤机如图 3-19 所示，其旋转体形状有圆锥形、圆筒形和复合型三种，泥浆从左边的入口进入。离心脱水机的转速为 2000～10000r/min，在离心力作用下水中固形物被堆积在旋转圆筒壁上，堆积物在圆筒内经具有转数差异的螺旋输送器向左侧移动排出机外。

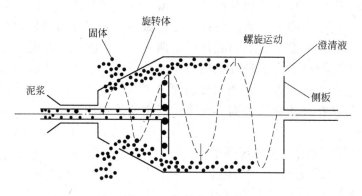

图 3-19　螺旋离心过滤机

3.2.3　干燥

经真空过滤和加压过滤后的滤饼水分往往达不到 20% 以下，因此，需要对滤饼进行加热干燥，使其水分低于 10%。要注意干燥后的物料易产生粉尘污染问题。

回转窑型干燥机如图 3-20 所示，旋转的长圆筒内送入由重油和空气一起燃烧而产生的热风，滤饼被干燥后排出。

立式多段式干燥炉的内部由耐火砖砌成，在水平方向用耐火材料隔成 6～12 段。从上部开始叫一段炉、二段炉……在各段炉外周和中心部开设交互的孔道。给料从最上段炉入经各段炉干燥后，最终落到炉底部。在中心部设有贯通的轴，各段干燥室内设有与中心轴相连的 2～4 根托臂，中心轴的旋转起物料搅拌和使物料从各段孔道中落到下一段的作用。另外，还有塔式干燥，它是从干燥炉的下部送入热风，将物料吹入炉内进行干燥的沸腾床或流化态床干燥。

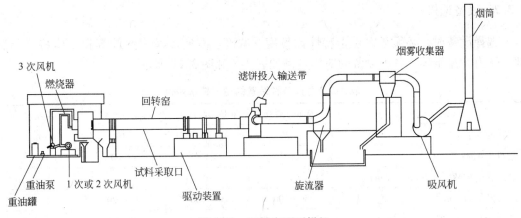

图 3-20　回转窑型干燥机

3.3　固气分离技术

固气分离在固废资源可持续利用中主要是应用在集尘和一些微细粉体物料的气体分选方面。为了能从物料中分离出所需要的物质，需要了解粉体和气体的物性。从干式分级角度看，固体分离相当于分级点为零的理想分级。但实际上不是所有固体粒子都能捕集，而是存在捕集的粒度界限，捕集的粒径界限大小可用特龙普分配率曲线中分配率为 50% 的分离粒径来定义。但为了方便起见可用"平衡粒度"来确定粒度界限。平衡粒度是指被捕集的粒子数量与剩余粒子数量相等时粒度，它是固气分离的一个重要参数。

固气分离设备所需的能量与压力损失成比例，因此，压力损失是重要的经济因素。利用湍流的设备中，压力损失与流量或流速的平方成正比。另外，过滤器等在层流区域内运转的设备，其压力损失与流量几乎成正比。

3.3.1　固气分离的原理

（1）惯性力的利用。急剧改变悬浮粒子的气流方向，利用粒子的惯性力可以对物料进行分离。惯性力大的粒子与平板或球体等障碍物相碰撞时被捕集，其典型设备称为惯性除尘装置。

（2）离心力的利用。利用离心力场分级的物料粒度比利用重力场分级更细的物料（理想粒度为 0），其设备有旋转气流旋流器和整个区域内几乎都机械强制旋转的设备。

（3）过滤器的利用。过滤器即过滤用固气分离装置，其根据过滤介质的不同可分为滤布型和纤维充填层型过滤器。前者又称做布袋过滤器。后者的特点是可采用较大的充填层孔隙率来抵消压力损失，因此可以承受较大的堆积粉尘负荷量。过滤式电集尘器是利用粒子被电晕放电产生的离子荷电而被过滤捕收的分选方法。其典型设备是静电布袋集尘器。

（4）洗净作用的利用。利用液体，即主要用水进行洗涤的洗净集尘器，通常称做洗涤塔。它是以粒子与水滴之间产生碰撞冲击为基础利用惯性力的一种设备，如喷水洗涤塔、文丘里洗气器等。

3.3.2 设备选择

选择设备时，必须考虑粉尘特性如粒度、浓度、真密度及湿润性等和气体特性如温度、压力、流量等。各种设备的应用实例如表 3-3 和图 3-21 所示。

表 3-3 选择各种装置的主要技术条件

条 件	滤布过滤机	充填层过滤机	离心集尘机	洗涤塔
粒径范围/μm	>0.5	>5	>10	>0.1
给料含尘浓度/g·m⁻³	<100	<15	<1000	<10
过滤器有效负荷/m³·(m²·min)⁻¹	1	30	—	—
压力损失/kg·m⁻²	50~100	50~150	30~120	10~100
脱尘气体含尘浓度/mg·m⁻³	<30	50~100	100~200	50~100
允许气体温度/℃	140	350	450	300
处理量/m³·h⁻¹	10³~10⁵	3×10³~1.0×10⁵	3×10²~2×10⁶	3×10³~1.0×10⁶

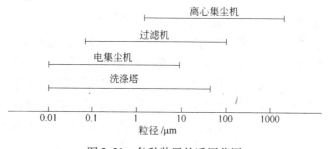

图 3-21 各种装置的适用范围

3.4 成型造粒技术

3.4.1 成型造粒的概述

广义的成型造粒是指用粉状、块状或熔状等原料制出具有一定形状和大小均匀的粒子的操作过程。包括熔融体的喷射、冷却和晶析等操作，但一般指利用粉体的凝聚而进行的造粒。成型造粒的目的是改善粉体的装运条件。成型造粒的操作原理如图 3-22 所示。

3.4.2 成型造粒设备的分类

成型造粒设备根据造粒基本原理的不同，可分为不同种类，如图 3-23 所示。图 3-23 (a)、(b) 为转动型，图 3-23 (c) 为振动型，图 3-23 (d)、(e)、(f) 为压缩型，图 3-23 (g)、(h)、(i) 为烧结型和混合型，图 3-23 (j)、(k)、(l) 为流动型。造粒时一般预先做成凝聚体，然后进行碎解成型，如图 3-23 (m)、(n) 所示设备，也可以进行挤压成型，如图 3-23 (o)～(t) 所示设备。另外，图中 3-23 (u)～(w) 是熔断型和喷射型等广义造粒设备。

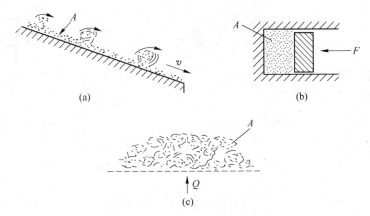

图 3-22　成型造粒操作原理
（a）造球；（b）团矿；（c）烧结
A—原料粉；F—力；Q—热；v—速度

3.4.3　废弃物的造粒

废弃物造粒的应用实例如下：

（1）炼铁厂集尘粉的造粒，如图 3-23（a）、（b）所示的造球和用矿作业的两个应用例；

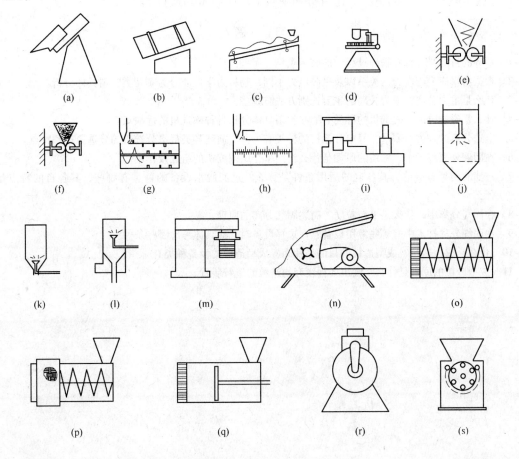

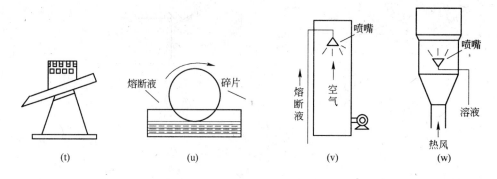

图 3-23　造粒装置的结构

(a)，(b) 转动型；(c) 振动型；(d) ～ (f) 压缩型；(g)，(h) 烧结型；(i) 混合型；
(j) ～ (l) 流动型；(m)，(n) 碎解成型；(o) ～ (t) 挤压成型；(u) 熔断造粒型；(v)，(w) 喷射型

(2) 炼钢厂集尘粉尘的造粒；

(3) 冶炼厂转炉炉渣制造肥料的造粒；

(4) 熔融镀锌厂的电镀渣的造粒；

(5) 机械厂金属切削碎片的造粒；

(6) 为废塑料再生而进行的造粒；

(7) 一般集尘粉的造粒，还有排烟脱硫工厂中石膏的造粒等。

习　　题

3-1　粉碎的目的是什么？粉碎过程中的破坏类型有哪些？

3-2　根据物料应变与应力的关系以及极限应力不同，物料力学性质分为哪几类？请具体分析。

3-3　什么是重力分离？重力分离的主要选别方法有哪些？

3-4　什么是磁选机？磁选机的种类有哪些？请具体分析各种磁选机的优缺点。

3-5　电选分离的种类有哪些？静电分选机的种类有哪些？简述各类静电分选机的分选原理和特点。

3-6　在固液分离技术中，浓缩的原理是什么？简单介绍浓缩机的组成及作用。

3-7　过滤的种类有哪些，其各自的适用条件是什么？过滤脱水设备的种类有哪些，其各自的特点是什么？

3-8　在固气分离中，什么是平衡粒度？简述固气分离的原理。

3-9　在固气分离技术中有哪些常用设备？在选择设备时，应具体考虑哪些条件？

3-10　什么是成型造粒？成型造粒的目的是什么？成型造粒的设备种类有哪些？

3-11　成型造粒的原理是什么？画出 3 种废弃物造粒的造粒装置。

4 固体废物处置、处理与可持续利用的物理化学处理技术

学习目标

　　掌握干燥、焚烧和热分解的目的、效果及其方法和技术分类；了解具有代表性的熔冶炉；在挥发和蒸馏中重点了解锌冶金的还原挥发；了解六大技术——浸出和溶解、析出和沉淀、泡沫分离、萃取分离、膜分离、电化学分离的定义、原理、分类、适用条件及各自的特点和区别。

4.1 热稳定及热解分离技术

4.1.1 热稳定与热分解过程

　　从固废再资源化利用的角度评价各种处理技术时，本章中所列举的处理方法均属于对废弃物需要处理或者必须进行处理的技术。内容的选择基于两方面考虑：其一是废弃物本身对环保有很大影响；其二是废弃物本身具有对资源和能源的再利用或再资源化的可能性。前者可以说是必须处理废弃物的理由，而后者可以说是需要处理废弃物的理由。根据上述原因，下面分别对热稳定过程的焙烧技术和煅烧技术及热分解技术作一一简述。焙烧、煅烧和热分解的各自操作在设备和技术上，无明显区别。

　　如果将热处理技术定义为是对废弃物的处理、再利用和再资源化，那么采用干燥和焚烧的减容减量化，焚烧的无害化如稳定化、焚烧热回收、热分解等有价能量的转换等表现形式来表述热处理过程是更为确切的。无论对何种废弃物而言，都包括上述处理目的中的一项或多项内容。

　　通常工业废弃物的污泥占工业废弃物总排出量的 20%，再加上城市下水污泥，污泥量是相当大的。干燥处理的主要对象是无机和有机性污泥，它的产生量逐年增加。由此可知废水处理量也在逐年增加。干燥的作用和意义是：（1）干燥后废弃物的减量、减容和稳定化；（2）焚烧和熔融之前的预处理；（3）废弃物作为原料或者再资源化所必需的一种措施。干燥方法或干燥机的种类，如图 4-1 所示。

　　选择干燥机时要考虑废弃物的种类、性状和加热特性以及热能的再利用等因素。此外，废弃物的处理量和能否连续干燥等因素也很重要的。不同干燥方法或者干燥机本身的原理和结构以及干燥特性等问题，在此就不多加阐述了。干燥机的种类不同，其投资费和运转成本有很大差异，不存在万能的干燥机。因此，为了达到干燥的目的就必须充分考虑干燥的最佳条件。下面对废弃物处理中有重要地位的焚烧过程作一下叙述。

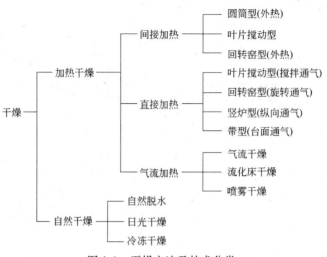

图 4-1   干燥方法及技术分类

焚烧的目的和作用是：（1）焚烧后废弃物的减容和减量化；（2）利用焚烧中产生的能量（热量）；（3）焚烧后废弃物的无害和稳定化等。目前，对废弃物的处理和清理多采用焚烧（中间处理）和埋地（填充，最终处理）等措施。在日本，大约70％的城市垃圾采用焚烧处理的方法。焚烧法在世界各国都占有很重要的位置。日本的城市废弃物中所得的能量（热量）以重油换算可达4000万桶。这一数值随垃圾质量的变化（石油制品和塑料类的增加）而逐渐增加。工业废弃物的保有能量目前尚无准确数据，但还可视为相当大的能源。可是，从焚烧能量的利用角度看，焚烧能量的回收实际上还未达到人们满意的程度。其主要原因是城市垃圾的处理是由各自治体来完成的，也就是在多数情况下自治体未具备对热能和电能进行有效利用的工艺系统。因此，其处理的主要目的是焚烧废弃物的减容和减量化。通过电力偿还给社会的只有东京都等大城市的焚烧设施产生的剩余电力。因此，从广义角度考虑，从废弃物中能源的再利用是今后有待解决的重要课题。焚烧方法的分类情况如图4-2所示。对城市废弃物等固体废物的处理多数使用移动床和固定床燃烧型炉或者流化床燃烧型炉。工业废弃物的种类和性状是多种多样的，因此需要使用各种不同的炉型。

热分解技术是试图利用废弃物做初始原料制造出另一种制品（再生品、回收品）的一种操作过程。如果焚烧是将有机物氧化分解成最稳定的水和二氧化碳，则热分解只不过是生产出其中间产品而已。但是，考虑废弃物本身是由各种复杂的化学制品所构成的，这些化学制品又是用一定原料通过热分解法从原油中制取的，因此对热分解过程的技术

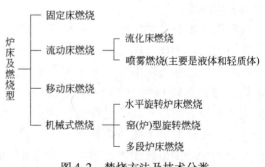

图 4-2   焚烧方法及技术分类

要求更高。当然人们已经对很多处理系统和技术进行了开发和研究，但到目前为止尚未达到普及和实用化的程度。

热分解的作用和效果是：（1）将废弃物所含成分和能量转变成其他形式的物质和能量；（2）废弃物作为能源贮藏和输送成为可能，其利用是在其他场所和设备中进行；（3）废弃物的减容和减量效果大；（4）在处理过程中减少二次污染的危险性。对塑料等废弃物进行加热处理，在低温区域（500℃以下）变成低分子液态物质或液化，而在高温区域（1000℃左右）几乎变成气体状态，因此从热分解的目的和废弃物的处理两方面考虑，热分解方法可分为如下几种：（1）对油、气体等各自作为能源或者原料同时进行回收；（2）以油化或者气化为主要目的进行回收；（3）用加热方法进行物质的熔融作用，然后在回收能源的同时，还可达到废弃物的无害化、减量化和稳定化的目的。

根据上述的热分解目的，目前已经研究开发的热分解设备如图4-3所示。

4.1.2 熔融处理

一般在冶炼过程中用高温炉进行熔融的目的是将原料中的目的金属制成粗金属、金属块或者浓缩成硬渣等中间产品，而且原料中的其他成分和不纯物以熔渣形式分离出去。这些物质在炉内部以熔融状态存在，粗金属、金属块等各相都与熔渣相之间以分离状态存在。为

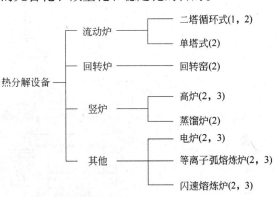

图4-3 热分解设备分类

了改善它们之间的分离效果，要求各相之间密度差要大且流动性要好。炉内除主原料之外，还有添加剂（为使熔融容易）、还原剂（进行目的反应）、燃料（保证必要的温度）和空气等。因此熔融就是使产生的各种物质均要保持熔融状态，使金属组分被浓缩的条件。另外，从炉内排出的废气中回收热能、用湿法或者干法对烟尘回收和净化、从废气中回收有用物质或者能源再利用等，熔融过程必须从资源与环境以及能源角度加以研究。

代表性熔融冶炼炉有鼓风炉、反射炉、电炉和自熔炉。

（1）鼓风炉。鼓风炉是一种竖炉，从炉顶装入矿石、熔剂和焦炭，从下部的风口吹入空气，从炉顶下降的物料在氧化发热作用下被熔解，分离成金属块、粗金属和熔渣。如果入炉物料是粉矿则从下部吹入的空气可吹飞物料或者产生风路堵塞，因此，粉料需经成型、烧结团矿等工序做成块状后送入鼓风炉。炼铜鼓风炉如图4-4所示，其水平断面是矩形的，炉壁上半部是用普通耐火砖砌成，风口附近的高温部位是水冷壁结构。风口是操作中最重要的部位，除吹入空气和观察炉内情况外，还送入微粉炭和重油等物料。风口下料的炉缸中为熔融体。废气是竖直向上或者在炉顶附近处向水平方向排出。

（2）反射炉。反射炉主要用于制造金属和金属块，还可用在粗金属的干式冶炼方面。小型反射炉一般用硅砖砌成，而大型反射炉是用镁砖、镁铬砖等碱性砖砌成。炉顶为拱形。大型反射炉炉顶是将每块砖用铁钩悬吊起来的，因此修理方便。用于熔炼不纯金属的反射炉如图4-5所示，炉身较长，炉缸浅而宽，炉缸一侧设有喷嘴，用重油或天然气燃烧而产生火焰。火焰产生的热直接或者从炉顶反射后进入熔渣的分离贮留的场所。反射炉的装料方法有物料不进行预先处理直接装料的新料装料法和预先进行焙烧的焙烧装料法两种。

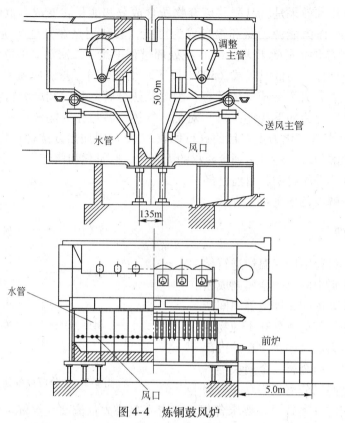

图 4-4 炼铜鼓风炉

图 4-5 反射炉

新料装料是沿着长边从炉顶两侧装入，粉矿可保护两侧炉壁，在中央部位进行熔融。焙烧装料是将从焙烧炉出来的 500℃左右的热结物料装入罐中，并迅速送到反射炉侧壁装料口均匀散布在熔融液中急速进行熔解。

（3）电炉。电炉用于 Cu、Pb、Ni 等金属的冶炼。冰铜熔炼炉如图 4-6 所示，从反射炉型的炉顶插入 6 根电极。冶炼铁镍合金的电炉如图 4-7 所示。它是先将矿石用回转窑进行干燥和煅烧，然后保持高温状态下装入电炉，利用熔渣的电阻热进行熔融。

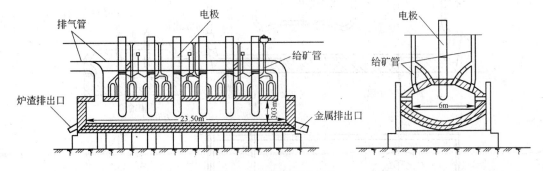

图 4-6　冰铜熔炼用电炉

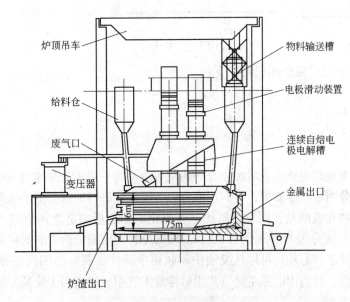

图 4-7　冶炼铁镍合金的电炉

（4）自熔炉。自熔炉在芬兰开始用于铜、冰铜的熔炼，该炉型在日本铜冶炼中用得最多。一台炉的年生产能力为 8 万～12 万吨铜。与高炉相比反射炉更合适大量处理。另外，自熔炉还可利用原料的氧化发热反应，因此燃料消耗量低，可以净化环境。自熔炉的炉体如图 4-8 所示，由炉身、沉降槽和上升道组成。炉身设有 2～3 根精矿喷嘴，经过精矿喷嘴被干燥的微粉精矿与富氧化空气或者高温热风一道吹入，在瞬间产生氧化反应。但只靠氧化反应热是不够的，因此通常还添加重油来助燃。

在有色金属再回收利用中熔融处理应用较多，下面简单介绍一下废弃物的高温熔融处

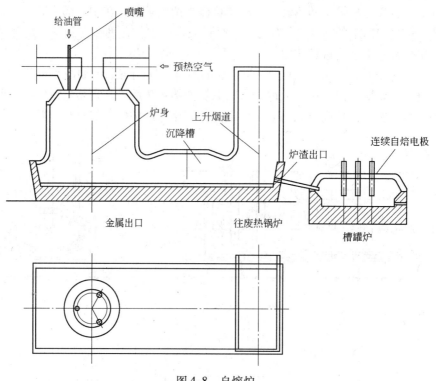

图 4-8　自熔炉

理的实例。反射炉型熔融炉的规格如下：

炉尺寸（$W \times L \times H$）：4m×11m×1.7m；

炉床面积：44m²；

燃料：重油；

炉材：镁铬砖。

高温熔融主要处理电镀渣或者废水处理污泥等废弃物，最近处理印刷基板屑的量也逐渐增加。将有害成分固定在熔渣中，对有用成分以金属形式进行回收。由于处理原料中所含金属大部分是氧化物和硫酸盐，因此，添加一些硫化矿和适量的造渣剂熔剂，用重油加热熔融。熔渣（炉渣）成分为 $FeO-SiO_2-CaO$ 系。根据原料性质调节造渣剂的种类和添加量，以满足熔渣的成分要求。另外，可用从废油中回收再生油作燃料。利用高温排气（废气）可在锅炉中回收蒸汽，然后用电除尘除去灰尘后排放大气中。炉渣用于路基材料。

4.1.3　挥发和蒸馏

在资源再利用的单元操作技术中，挥发与蒸馏的操作技术应用较多。无论是有机废弃物的利用还是金属的回收，挥发与蒸馏都有应用，在金属成分回用中如 Zn、Cd、Hg 等，挥发和蒸馏技术占非常重要的地位。

4.1.3.1　挥发和蒸馏的基础

某一物质无论在液态或固态下，如果其温度达到一定值后就会产生蒸发现象并表现出一定的压力，如同水变成蒸汽后表现出一定蒸气压一样，这种液体-气体或固体-气体处于平衡状态时气体的压力称做蒸气压。液体（融体）或者固体的蒸气压 p 随温度的上升而增加，$\lg p$ 与温度的倒数 $1/T$ 几乎成正比。金属在固体和融体状态下 $\lg p$ 与 $1/T$ 之间关系如图 4-9 所示。利用增大蒸气压的方法进行分离或精炼过程称做挥发冶金。蒸气压大的 Hg、Cd、Zn、Mg 等金属在高温下产生还原或分解时得到金属蒸气，对这些金属蒸气进行凝缩捕集可得到目的金属。如果不纯物质的蒸气压与金属蒸气之间蒸气压差异大，可得到高纯度的目的金属。挥发冶金方法不仅可以用于金属，而且还可应用于金属化合物的冶炼。一般卤化物易于挥发，从经济上考虑实际应用较多的是氯化物的处理。氯化物的蒸气压如图 4-10 所示，实际应用的有图中蒸气压大的 Si、Ge、Ti 等金属氯化物挥发冶炼。利用选择性氯化反应可以除去不纯物或者回收产物。还有容易挥发的氧化物，如 As_2O_3、SeO_2、GeO 的蒸气压分别在 457℃、317℃ 和 850℃ 下可达 101.325kPa，因此除去这些物质中的杂质或者置换这些物质时可以采用挥发冶炼方法。Sb_2O_3 容易气化，因此，对含 Sb10%～20% 的 Sb 矿可用挥发冶炼法进行处理。其反应如下：

$$2Sb_2S_3 + 9O_2 \longrightarrow 2Sb_2O_3 + 6SO_2$$

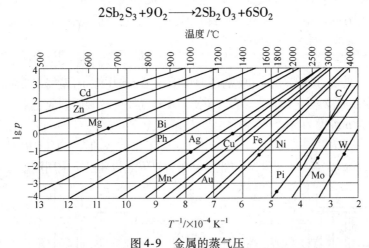

图 4-9　金属的蒸气压

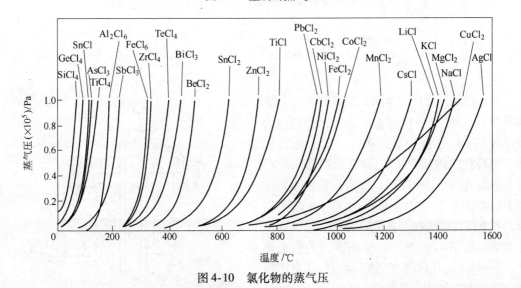

图 4-10　氯化物的蒸气压

MoO_3 也在 700℃ 附近开始气化，除了可在 1100～1200℃ 温度下对 MoS_2 进行氧化外，还可对 MoO_3 进行加热气化后捕收和精炼。

4.1.3.2　挥发冶炼的操作

为了有效进行挥发冶炼，对目的成分要求尽可能大的蒸气压。在实际中是通过化学反应达到目的成分的生成和挥发，因此生成反应受温度、气氛和成分等因素的影响。在工业反应中要正确选择提取反应生成蒸气的方法，如选择温度、压力等凝缩方法。金属和化合物的性质不同，反应生成物也不相同，有熔融金属、晶状固体、微细粉末或者生成的金属蒸气在大气中进行燃烧而产生的氧化物粉末等。

4.1.3.3　锌冶金中还原挥发

在蒸气压金属挥发冶炼中，最常用的方法是对氧化物还原时所生成金属蒸气捕收的方法。还原挥发金属的典型实例是锌冶金中的 ZnO 被 CO 还原的工艺过程：

$$ZnO_{(s)} + CO_{(g)} \longrightarrow Zn_{(g)} + CO_2$$

ZnO 在高温下还原生成 Zn 蒸气，Zn 蒸气在冷凝（冷却）时，按上式产生逆反应，因此，Zn 蒸气在 CO_2 的作用下再被氧化。此反应是气体之间反应，速度很快。为了防止这一反应，可将高温蒸气导入冷凝器进行急速冷却。

锌的干式冶炼方法各有其特点，蒸馏炉法曾是历史上最盛行的干式冶金。锌还原蒸馏炉如图 4-11 所示。烧结的锌矿石和 30% 的还原用碳一同入炉内，用煤气或重油进行加热，物料在高温下发生还原反应挥发 Zn。废气中剩余 Zn 蒸气经过冷凝后凝成粉末从小孔向外排除燃烧。所得到的 Zn 纯度为 98.5% ～ 99%，残渣中含 Zn5% ～ 15%，Zn 的回收率一般达80% ～ 90%。由于蒸馏炉的更换、残渣的排出、原料的装入和在冷凝器中停留的熔融 Zn 的逸出等作业操作原因，其生产效果和作业环境恶劣，因此目前已不采用该型蒸馏炉。

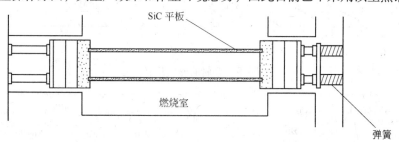

图 4-11　立式蒸馏炉断面结构图

美国已经开发出连续式立式蒸馏炉（外热式蒸馏炉），如图 4-12 所示。此蒸馏炉是由热传良好的 SiC 平板构成，从两个侧面进行加热，物料在炉内还原，Zn 蒸气和废气从炉顶进入冷凝器进行急速冷却，残渣在残留焦炭作用下以结团形状从炉底部排出。与外热式相反，还有反应物直接受热的内热式蒸馏炉即电热蒸馏法如图 4-13 所示。炉断面间为圆形竖炉。上下各有一根石墨作为一组电极，利用物料产生的电阻加热，其通电电力可自控。物料和同一体积的烧结粒和焦炭，先进入回转炉进行预热，后送入炉内，物料在炉内下降过程中

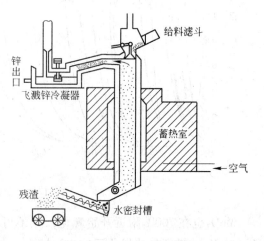

图 4-12　立式 Zn 蒸馏炉法

产生还原挥发。Zn 蒸气进入装满熔融 Zn 的 U
字形冷凝器，当 Zn 蒸气通过熔融 Zn 时产生急
冷却。还原温度为 1400℃，回收率达 98% 左右，
其回收率比水平蒸馏炉高。此种炉在其他国家
也有应用。

　　美国开发的高炉法如图 4-14 所示。该法又
称做 ISP，具有同时 Pb、Zn 冶金的特点。Zn、
Pb 烧结矿与预热的焦炭一起装入炉内，在炉下
部风口吹入的热风下，产生燃烧和加热还原，
生成的 Zn 蒸气和废气一起上升到炉顶，然后在
1000℃ 温度下从炉顶进入冷凝器，贮存在冷凝器
中的铅在轮子作用下以细粒状态飞溅，从而更
好地回收 Zn 蒸气。由此被冷却到 600℃，从冷
凝器出来时 450℃，废气中 Zn 蒸气浓度小于
10%，废气中 Zn 的冷凝效果达 98%。Pb 中溶入
的 2.28% 的 Zn 在 530℃ 温度下送往冷却水槽，
通过分离，Zn 中 2.02% 的 Pb 在 440℃ 温度下再
回到冷凝器，在冷凝器的熔融 Pb 中 Zn 的吸收
增量只有 0.24%。因此捕收 1kg Zn 需要 400kg
Pb 的循环。日本采用这种方法，用干式冶炼所
得到的 Zn 称做蒸馏 Zn，其纯度为 98.5% ~
99.5%。蒸馏 Zn 根据用途可再进行进一步的精炼。

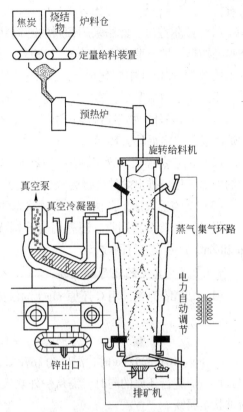

图 4-13　Zn 电热蒸馏法

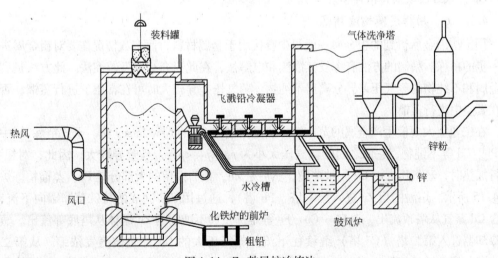

图 4-14　Zn 鼓风炉冶炼法

4.1.3.4　Zn 的挥发回收

　　上述方法可作为 Zn 的冶炼方法，但为了从 Zn 浸出残渣和炼钢粉尘或者从 Pb 冶炼渣 Zn
中间产物中挥发回收 Zn，应根据含锌固体废物的特点选择方法。含 Zn 固体废物的处理方

法有：

（1）威尔兹法。此法采用倾斜的圆筒状回转炉，圆筒旋转时物料产生移动，用重油燃烧喷嘴加热，炉内温度达 1150 ～ 1350℃，物料中添加 30% 左右的还原用焦炭，ZnO 被气化成单质 Zn 后在空气中氧化成 ZnO 放出炉外。ZnO 捕集在后部过滤器中，回收率达 85% 左右。不过在多数情况下，物料中所含 PbO 被气化为 Pb 或者 PbO 形态，因此均以 PbO 的形态混入 Zn 中。另外，物料被熔融形成环状物，致使炉内活动空间缩小，因此必须控制好适宜的炉渣成分，定期除去环状物。

（2）电热蒸馏法。含 Zn 原料的烧矿与焦炭一起装入电热蒸馏炉，被还原的挥发 Zn 在炉的中部氧化口排出炉外进行燃烧，然后回收燃烧生成的 ZnO。

（3）熔渣蒸发法。此法是将熔融状态的 Pb 在密闭式电炉中进行加热还原，被挥发的 Zn 由飞溅（锌）冷凝器回收。还有用套管构成的高炉，从风口吹入空气和还原剂将被挥发的 Zn 和 ZnO 的形式进行回收。

4.1.3.5　其他的还原挥发法

（1）以 Mg 为例，用 C 还原 MgO 的汉斯格法需要很高的温度，此时采用电炉，其还原反应如下：

$$MgO_{(s)} + C = Mg_{(g)} + CO_{(g)}$$

$p_{Mg} = p = 101.325kPa$ 时，温度为 1872℃，MgO 在高温下还原，当温度下降时 Mg 被氧化，因此用电炉进行还原的同时，需从炉外吹入 H_2 直至冷却到 200℃ 左右时，方可得到未氧化的粉末状金属镁。

（2）以 Hg 为例，在空气中加热 HgS 时被氧化，其反应如下：

$$HgS_{(s)} + O_{2(g)} = Hg_{(g)} + SO_{2(g)}$$

Hg 蒸气经冷凝器得液体 Hg。

4.1.3.6　用挥发蒸馏法精炼

用干法冶金所得到的粗金属一般很少直接用于金属材料，而多数情况需要对粗金属进行进一步的精炼。精制的方法有挥发蒸馏法和电解法，在此只介绍挥发蒸馏法。此方法是利用主金属和不纯物的蒸气压差异分离出不纯物。蒸气压差异较大时可在常压下进行蒸馏，否则应在真空中进行蒸馏。

在工业上大规模生产金属的蒸馏精炼法是精馏粗 Zn 的 New Jersey 法。干式精炼 Zn 中含有 Pb、Cd 等不纯物，它们之间的蒸气压大小为 $p_{Pb} < p_{Zn} < p_{Cd}$，且差异较大。因此，对粗 Zn 进行加热时，蒸气压大的 Cd 先被蒸馏，然后是 Zn，最后残留的大部分是 Pb。蒸馏精炼炉如图 4-15 所示。熔融的粗 Zn 进入第一塔（Pb 塔），通过用 SiC 制成的特殊蒸馏罐向下流动，富含 Cd 蒸气从塔顶流出，含 Pb、Cu、Fe 等难挥发性不纯物的 Zn 熔体从塔底部流出。蒸气经冷却器进入第二塔（Cd 塔）继续往下流，蒸气压大的 Cd 首先被蒸发浓缩。从第二塔（Cd 塔）底部可连续取出 99.9% 的高纯度 Zn 熔体。在塔顶的浓缩室内残留含 Cd 量较多的 Zn 粉末。其他蒸馏精炼中通常采用蒸馏炉内抽真空的方法，将炉内被气化的蒸气往外取出。此法应用在 Mg 的蒸馏和 Pb 的脱 Zn 工序中。蒸馏精炼不仅用在金属的精炼还可应用在化合物的精炼，如 $SiCl_4$、$TiCl_4$ 和 $GeCl_4$ 等精炼。

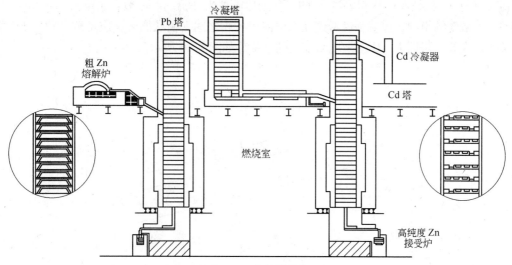

图 4-15　蒸馏精炼炉

4.2　固体废物再资源化技术

4.2.1　浸出和溶解

4.2.1.1　定义和分类

将固相中的成分溶入液相的操作称为浸出或溶解，它在资源化处理中的湿法处理中是第一阶段单元操作。通常只溶出有用成分而无用成分残留在固相中，被溶出的有用成分经过电解等处理使有用的组分得到回收。通常在常压下进行浸出，但在需要高的气体分压和沸点以上高温时就采用加压浸出法，如对常温下起反应的物料的浸出或溶解采用有压来实现，由此扩大了浸出和溶解法处理的应用范围。

根据所用溶剂种类的不同，浸出法可分为酸浸法、碱浸法和水浸出。其中酸浸法包括硫酸浸出（H_2SO_4）、盐酸浸出（HCl）、硝酸浸出（HNO_3）、氟酸浸出（HF）和亚硫酸气体浸出（SO_2）；碱浸法包括氰化法（NaCN）、碳酸盐浸出（Na_2CO_3、$(NH_4)_2CO_3$）、碱性浸出（NaOH）和氨浸出（NH_3）。

酸浸法是最常用的，尤其是价廉无浸害容器的硫酸浸出法。最近，由于耐酸性材料的不断出现，能实现闭路系统的盐酸浸出的应用也逐渐增多。固相中目的成分的选择性浸出多采用碱浸出，如用氨浸分离 Cu、Ni、Co、Fe 与 Al 等金属，如利用拜耳法的氢氧化钠选择性浸出 Al 金属等。水浸出是在中性区域进行的，其物质的溶解量少，因此，只限用于粗盐的精制等。

此外，浸出法还有利用络合离子进行溶解的络合离子浸出和利用特殊细菌的细菌浸出法（此技术将在第 5 章中详细讲述）。

4.2.1.2　浸出与溶解的基本原理与方法

与固相的溶解一样，在同时产生氧化还原反应的系统中，其自由能的变化是用表示电子的得失倾向（表示溶液的氧化能力）的氧化还原电位来评价的。一般在水溶液中平衡受 H⁺ 或 OH⁻ 的浓度的影响，也就是说考虑在水溶液中各相之间平衡状态时，应了解电位与 pH 之间关系。在此，可用 E-pH 图来说明浸出的平衡，如图 4-16 所示。

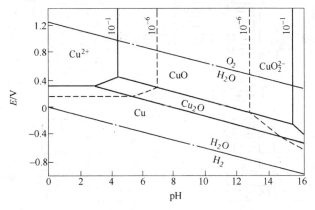

图 4-16 Cu-H₂O 系 E-pH 图

图中实线和点划线分别表示 Cu²⁺ 活度为 10^{-1} 和 10^{-6} 时各自的完全溶解和完全沉淀的状态。其中间区域表示溶解和析出都是中间状态。在低 pH 区域内金属离子的形态比氧化物或纯金属形态更稳定，此种情况有利于用酸浸出，浸出方程式如下：

$$M + nH^+ = M^{n+} + \frac{n}{2}H_2$$

$$M(OH)_n + nH^+ = M^{n+} + nH_2O$$

金属的浸出所需的电位比氧化物浸出的更高，即要更强的氧化能力，因此，常常在系统中添加氧化剂。氧化物和氢氧化物一般在高 pH 区域处于稳定状态，如图 4-16 中右边的溶解物以 MO_2^{2-}、HMO_2^- 等形态溶解。但是碱浸出的妙趣是用 NH_3、CN^- 等络合剂的情况。络离子的形成，使碱溶解范围扩大，从而在通常不可能的低电位和较低 pH 区域中浸出组分得以实现，如图 4-17 所示。只能在高 pH 得到溶解的金属铜和氧化铜（参照图 4-16），由于添加氨而形成铜铬合离子（Cu(NH₃)₄²⁺），因此在 pH 值等于 9 左右时便产生溶解。图 4-17 的右上部表示氨与络离子之间

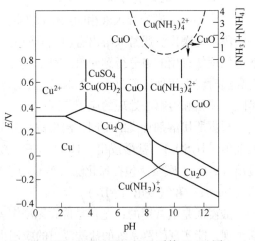

图 4-17 CuSO₄-NH₃H₂O 系统 E-pH 图

关系，随着氨量的增加，金属铜和氧化铜溶解区域也显著增大。

4.2.2 析出和沉淀

资源化湿式处理中，在如下两种情况采用析出和沉淀工序：（1）从浸出液中除去不纯物；（2）从浸出液提取有价值的金属成分。第一种情况属氢氧化物沉淀和硫化物的沉淀，第二种情况属置换沉淀提取。

（1）氢氧化物沉淀。氢氧化物沉淀法是一种利用金属在不同 pH 值下形成的氢氧化物沉淀金属的分离方法。此方法多数是采用在酸性溶液中添加石灰等碱性物质进行沉淀。随 pH 值的提高，在 pH 值等于 3 附近生成 Fe（OH）$_3$ 的沉淀，此后各种金属的氢氧化物按顺序产生沉淀。利用这一原理可进行选择性沉淀，其原理简述如下：设 2 价金属离子为 M^{2+}，其氢氧化物的溶度积为 K_s，水的离子积为 K_w，则有：

$$K_s = [M^{2+}][OH^-]^2 ; K_w = [H^+][OH^-] = 10^{-14}$$

由于

$$\lg[M^{2+}] = \lg K_s - 2\lg[OH^-] ; pH = -\lg[H^+]$$

因此

$$\lg[M^{2+}] = \lg K_s - 2\lg K_w - 2pH = const - 2pH$$

同样对 M^{3+} 有：

$$\lg[M^{3+}] = const - 3pH \tag{4-1}$$

各元素的氢氧化物溶解度与 pH 之间关系如图 4-18 所示。由图可见，溶解金属浓度为 $10^{-7} \sim 10^{-5}$ mol/L 时虽然可达到完全沉淀，可是有些元素在高 pH 区域会出现再溶解或与其他氧化物一起产生沉淀等现象，因此各金属间的选择性沉淀不佳。但是共沉现象有利于电解液中除去 As、Sb、Ge 等杂质，这些杂质是与 Fe(OH)$_3$ 共沉而被分离除去的。

（2）硫化物沉淀。在水溶液中添加硫化氢和硫化钠等物质，将金属变成金属硫化物沉淀而除去的方法称为硫化物沉淀法。由于硫成分随 pH 的增大，以 H$_2$S、HS$^-$ 和 S^{2-} 等形式存在，因此，硫化物的沉淀平衡是非常复杂的。在此省略其反应式。Cd 和 Hg 的金属离子浓度与 pH 关系如图 4-19 所示。图中 [S$_T$] 表示水溶液中硫的总浓度。与 Cd 一样，多数金属在酸性区域随 pH 值的增大其硫化物的沉淀更完全，但到达某一界限 pH 值时，便出现与此相反的倾向。由此可知，即使在 [S$_T$] $=10^{-6}$mol/kg 和较低 pH 值条件下，也能得到比氢化物更完全的沉淀。利用各种金属硫化物的溶解度差异，有可能分离回收这些金属。但必须注意硫化剂的过量消耗，这与其他离子尤其是 Fe^{3+}，CrO$_4^{2-}$ 离子的存在有关，还要必须注意金属硫化物在水中难以润湿和沉降等性质。利用金属硫化物在水中不易润湿的性质，可添加黄药等作为硫化剂进行金属沉淀浮选。

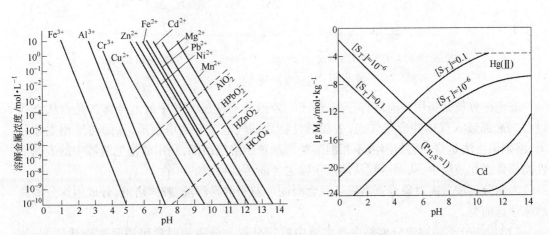

图 4-18　各种金属氢氧化物的溶解度与 pH 之间的关系　图 4-19　Cd-S-H$_2$O、Hg(Ⅱ)-S-H$_2$O 系除去范围

（3）置换提取。在含有各种金属的溶液中添加较多的更容易氧化的金属（离子化倾向大的金属），通过置换反应析出更珍贵的金属，这一过程称做置换提取。各种金属的离

子化倾向大小排列顺序如下：

K>Ca>Na>Mg>Al>Mn>Zn>Cr>Fe>Cd>Co>Ni>Sn>Pb>(H)>Sb>Bi>As>Cu>Hg>Ag>Pt>Au

从铜矿山排出的尾矿水中回收溶出的硫酸铜时，添加废铁进行置换，其反应式为 $Cu^{2+}+Fe=Cu+Fe^{2+}$，平衡常数 $K=2\times10^{26}$，由此可知，该过程几乎完全析出铜，当然此过程是在铜和铁以离子状态存在的酸性区域中进行的。

4.2.3　泡沫吸附分离技术

在资源利用中，泡沫吸附分离技术也是混合物分离的一种有效方法。在日常生活中泡沫吸附分离现象是非常常见的分离方法，如利用肥皂沫去除身体或衣物上的污垢就是一个最好的例子。泡沫吸附分离技术是根据表面吸附的原理进行的。当物料粒子放入水槽中进行搅拌时，从槽底部产生大量微细气泡，被吸附聚集在泡沫层内的表面疏水性的粒子，在气泡的浮力作用下，随上升气泡上浮到水面来形成泡沫层，而不能被吸附的亲水性粒子停留在水中，利用粒子的这种表面性质的差异，可以有选择性地把疏水性粒子与液相主体进行分离。被浓缩的特质可以是表面活性物质，也可以是能与表面活性物质相结合的任何溶质，如矿石颗粒、沉淀颗粒、阴离子、阳离子、染料、蛋白质、酶、病毒、细菌或某些有机物质。虽然泡沫吸附分离技术早在 1915 年就开始应用于矿物浮选，但是对离子、分子、胶体及沉淀的泡沫吸附分离技术仍是新的技术。随着工业的发展，废气污染问题日益严重，由于泡沫分离可用于多种工业废水的处理，很多国家开展了泡沫吸附分离的研究工作，泡沫吸附分离技术有了很大发展。泡沫吸附分离技术的分类方法很多，最常见的是 Karger 的分类法，见图 4-20。

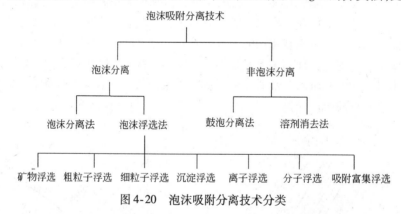

图 4-20　泡沫吸附分离技术分类

非泡沫分离是指用鼓泡进行分离，但不一定形成泡沫层。其中鼓泡分离法是指从塔式设备的底部鼓入气体并形成气泡，表面活性物质随气泡上升到塔顶部，从而与液相主体分离；溶剂消去法是将一层与溶液不相混溶的溶剂置于溶液顶部，利用鼓泡把溶液中的表面活性物质带到此液层中，从而达到从溶液中除去表面活性物质的目的。

泡沫分离按分离对象是真溶液还是含有固体粒子的悬浮液、胶体溶液，分成泡沫分离和泡沫浮选两类。

（1）泡沫分离。泡沫分离是在真溶液中进行分离。分离的对象可以是表面活性剂，如洗涤剂，也可以是不具有表面活性的物质，诸如金属离子、阴离子、酶、蛋白质等，只要它们能与表面物质相结合，就能进入液层上方的泡沫层，而与液相主体分离。由于它在操作和传质的许多方面可与精馏相比拟，故又称为泡沫精馏。

（2）泡沫浮选。实际上，粉体粒子表面的天然疏水性是很小的，因此必须添加某种捕收剂来增强表面疏水性。捕收剂的作用是有选择性的吸附在某种粒子上。与此相反的操作是，添加某种抑制剂来抑制不需上浮的粒子。抑制剂的作用是将疏水性粒子变成亲水性或者防止捕收剂在粒子表面吸附。如上所述，泡沫浮选原理是利用粉体表面的天然性质差异进行分选的。目前的技术可在特定药剂的作用下自由地改变天然表面性质，因此可从几种混合粉体中按顺序分别进行分离。这是浮选的最大特点。泡沫浮选在矿山应用时，从矿山采掘的矿石经破碎，磨矿达到单体分离的要求，然后在水中进行分选。大规模应用泡沫浮选的选矿厂，有时处理量可达 2000t/d。泡沫浮选处理对象可以是天然硫、水溶性硫、煤和石墨等非金属矿，也可以是天然水溶性较弱的黄铁矿和方铅矿等硫化金属矿。

目前，对亲水性较大的硅酸盐矿物和碳酸盐矿物均可进行泡沫分离。泡沫分离在矿业以外的其他领域也有应用，例如，在工业废水处理中用泡沫分离除去水中有害物质；从中和沉淀物中回收有用成分；在工业废弃物处理中回收各种有效成分。

4.2.3.1　泡沫吸附分离技术的基本原理

泡沫吸附分离技术是根据表面吸附原理进行的。泡沫吸附分离应具备两个必要条件：一是所需分离的溶质应该是表面活性物质，或者是可以与某种表面活性剂相互络合的物质，它们都可吸附在气液界面上；二是富集质在分离过程中借泡沫与原料液分离，并在反应器内富集。因而，它的传质过程在鼓泡区中是在液相主体和气泡界面之间进行的，在泡沫区中是在气泡表面和间隙液中进行的。所以，表面化学和泡沫本身的结构和特征都是泡沫分离的基础。表面吸附与平衡是指对于一定的液体，在温度、压力和组成恒定时，它所具有的表面张力也一定。若在液体中加入少量物质就能使该液体的表面张力下降很多，这类物质通称表面活性剂，如 8 碳以上的直链烷基磺酸盐和苯磺酸盐以及直链有机酸碱金属盐等。它们的化学结构式一般由显然不同的两个或两个以上的极性基团所组成。以肥皂分子为例，它由非极性原子基团（直链烃、亲油性）和极性原子基团（羟基、亲水性）两部分组成，且表现出两个基本性质：其一，在水溶液中的溶解是很快地聚集在水面，使空气和水的接触面减小，从而使表面张力按比例急剧下降。事实上，在通常的范围内，表面活性剂分子在液体表面聚集并形成亲水基留在水中，亲油基伸向气相定向排列形成单分子层。与此同时，多余的分子则在溶液内部形成分子状态聚集体——胶束，并分布在液相主体内。表面活性剂形成胶束的最低浓度称作临界胶束浓度。该值通常在 0.001 ~ 0.02mol/L，即 0.02% ~ 0.4%（质量）。此状态相当于表面张力与溶液浓度曲线的斜线部分。其二，超临界胶束浓度后，溶液表面张力不再降低。但是相界面上，由于上述定向排列的单分子层具有选择性的定向吸附作用相当于表面张力与溶液浓度曲线的水平部分。这一特性会显著地改变原溶液界面的性质，因此活性剂所造成的各种界面作用（表面和界面张力降低、起泡、消泡、润湿、乳化、分散、凝聚等）、洗净作用、增溶作用以及某种催化作用等都是上述基础性质的反映。随表面活性剂的分子结构的变化，各种活性剂可具有上述一种或几种作用，泡沫吸附分离就是充分利用表面活性剂的界面作用而发展起来的一种新的分离方法。用热力学方法推导出描述气-液界面上吸附的一般关系式（通常称吉布斯等温吸附方程）：

$$d\sigma = -RT \sum \Gamma_i d\ln a_i \tag{4-2}$$

或

$$\Gamma = \sum \Gamma_i = -\frac{1}{RT} \frac{d\sigma}{d\ln a_i} \tag{4-3}$$

式中，a_i 为 i 组分的活度，mol/L，稀溶液时 $a_i = c_i$（c_i 为 i 组分的浓度，mol/L）；σ 为表面张力，N/m；T 为绝对温度，K；R 为气体常数，$R = 8.314$J/(mol·K)；$\varGamma$ 为吉布斯吸附量，是在单位表面上，组分 i 的摩尔数与其主体浓度计算值之差，稀溶液时，$\varGamma$ 也称表面浓度，mol/cm^2。

表面活性剂加入溶液会显著地降低溶液的表面张力，直到表面活性剂的浓度超过临界胶束浓度为止，此时 dσ / dlna_i 项小于零，即 $\varGamma > 0$。也就是说表面活性剂在深液中的分散是不均匀的，其表面层浓度大于溶液主体的浓度，为正吸附作用型。例如，在直链型脂肪酸中直链（R-）基团愈长，表面张力的下降愈显著，正吸附作用愈大。吉布斯方程适用于脂肪酸或长链醇等非离子型活性剂的稀溶液，溶液中若为离子型表面活性剂，则应对该式进行修正：

$$\varGamma = -\frac{1}{nRT}\frac{\mathrm{d}\sigma}{\mathrm{dln}c} \tag{4-4}$$

式中，n 为与离子型活性剂的类型有关的常数。

泡沫吸附分离的泡沫是由被极薄的液膜所隔开的许多气泡所组成的。当气体通过纯水或搅动纯水时，就会产生泡沫，但它会很快地消失。然而，当水中含有表面活性剂时，生成的泡沫就能维持较长的时间。可见，泡沫是一种气体分散在液体介质中的多相不均匀态，其所含的过剩自由能使泡沫的消失成为一个自动过程。泡沫的性质比较复杂，目前对它的了解还非常不够。气泡的形成可以描述如下：当在溶液中形成气泡时，溶液中的表面活性剂分子在气泡表面排列，形成的极性头部指向水溶液、非极性尾指向气泡内部的单分子膜。当气泡凭借浮力上升时，将冲击溶液表面的单分子层，从溶液表面跑出，此时在气泡的表面的水膜外层上，形成与单分子膜的分子排列完全相反的单分子膜。而泡沫的双分子层气泡体，在气相空间形成接近于球体的单个气泡，许多气泡聚集成大小不同的球状气泡集合体，更多的集合体聚集在一起形成泡沫。第一种情况是泡沫由多个近球体的泡沫所组成，气泡之间由较厚的液膜分开。第二种情况可能是由第一种情况发展而成的，由于液膜中的液体排出而形成。此时的泡沫系由很薄的液膜所隔开的大量的气泡所组成，这些气泡呈多面体形状。用肉眼和电子显微镜观察都可发现泡和泡之间的界面是平面，三个泡的共同交界处则形成具有一定曲率半径的小三角柱。在交界处的表面是内凹的，在此点的压力低于平面的压力。也就是说，在内凹点处存在压力梯度，这个压力梯度造成液体由膜向此三角柱体中的流动，从而使平面膜壁逐渐变薄，这就是泡沫层内排液的主要原因。如果是四个气泡聚集在一起，可能生成十字形结构，但它是不稳定的，在相邻的气泡间压力的微小差别造成膜的滑动，直至转变成为上述的三泡稳定结构。三维的膜情况要复杂一些，最可能的情况是形成侧面为正五边形的十二面体（即由 12 个同样大小的正五边形所围成的小泡），各面之间互成 120°的角度。

通常泡沫并不是十分稳定的体系，泡沫之间会产生聚并现象。究其原因，一方面是由于大小不同的气泡存在压力差，小气泡的压力比大气泡高，因此气体可从小气泡通过液膜向大气泡扩散，导致大气泡的变大和小气泡变小以至消失，结果减小了膜面积；另一方面是膜的破裂，这很可能是泡沫之间液体流失的结果。影响膜稳定性的因素很多，主要有组分的化学性质和浓度、温度、气泡大小、压力、溶液的 pH 值等。如果表面活性剂的浓度远低于临界胶束浓度，则泡沫的稳定性往往较差。温度上升也会导致气泡稳定性下降，这可能是由于表面层中液体的黏度和气泡内压力上升的缘故。气泡愈小，气泡的寿命愈长。

4.2.3.2　泡沫吸附分离的基本流程与操作

泡沫吸附分离单元主要由泡沫槽和破沫器组成。气体（空气、氧气或氮气）通过分配器进入泡沫槽的液层中，产生泡沫，泡沫上升到液层上方并形成泡沫层，在槽顶部泡沫被排出，并进入破沫器。泡沫分离的基本流程设置可分为间歇式与连续式两种。对于间歇式泡沫分离过程，气体从底部不断地鼓入并在槽内产生气泡，在槽的下部可适当补充些表面活性剂，残液则间断地从槽底排出。间歇式操作可用于溶液的净化和有用组分的回收。连续式泡沫分离流程设置为含有表面活性剂的原料液不断地加入到槽中鼓泡区，此过程可以由外回流进行调节，即一定量浓缩的泡沫可以从槽顶返回。这样的操作可以达到很高的泡沫浓度，但是对残液的去污效果不够好。复合型泡沫分离流程设置是一部分表面活性剂直接加入到料液中，而一部分表面活性剂则加入到槽内的鼓泡区内。这种操作可得到较高的去污系数。为了防止大量的表面活性剂随残液流出，鼓泡区可用环形板分隔成两个区，中间为鼓泡区，表面活性剂和气体从此处引入并形成泡沫，残液从外面环形区引出。如果在进料口的上方为直径较大的扩大段，则更有利于泡沫的排出，并可以得到较大的原料液的体积与泡沫液的体积比。这种的泡沫分离槽分离系数可以达到500～600，体积比可达100。另外，破沫也是此操作的主要过程之一，可采用静置、离心分离、声波、超声波、振动、加热等方法破沫。从以上所述可以看出，虽然从分离原理上看，泡沫分离与精馏过程是很不相同的，但从设备和过程看，泡沫分离过程与带雾沫夹带的精馏过程很相似，因此操作过程可以相互借鉴。

4.2.3.3　泡沫吸附分离特点与应用

在资源利用中，充分了解泡沫吸附分离方法的优点及其局限性，可以使得该技术得到合理的应用。泡沫吸附分离能在很低的浓度（数量级在10^{-6}范围）下十分有效地除去表面活性物质。可以除去同样浓度的非表面活性物质如金属离子等，但须加入某种表面活性剂（作为捕集剂）和该富集质络合或螯合后，才能分离。当全槽都具有稳定的泡沫时，可利用回流尽可能增加单槽分离能力。泡沫吸附分离的设备和操作十分简单，能耗低。但是，泡沫吸附分离也有一定的局限性，当溶液中表面活性物质的浓度在临界胶束限以上时，泡沫分离槽虽然获得稳定的泡沫层，但分离效率较低。在临界胶束浓度以下，仍能维持稳定的泡沫层的表面活性剂较少。当用以除去富集质时，除去的总量和除去的表面活性剂往往呈化学计量关系，然而后者都是高分子物质，消耗量较大，也会产生回收问题。在泡沫吸附分离设备的设计和操作中，槽中的返混现象严重影响泡沫分离的效率，尤其是泡沫层不稳定的系统。泡沫吸附分离技术在浮选中得到了很好的应用。图4-21是一空气搅拌式浮选机的结构示意图。在底部有高速旋转的叶轮，空气从中

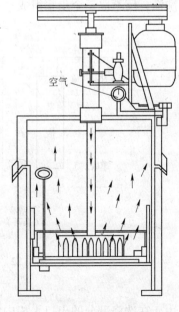

空气

图4-21　空气搅拌式浮选机的结构示意图

空轴吸入被搅拌分散成小气泡。

泡沫吸附分离技术的工业应用领域很广。在环保工程中，它可处理原子能工业中含放射性元素的废水；可处理染料、制革、石油化工等工业污水；可降低化学耗氧量（COD）、色素、有机化合物等；在其他工业废水中，也可富集各种金属离子包括铜、锌、镍、铁、铌等有价的金属。还有，将工业废弃物粉碎到合适粒度后可用泡沫浮选法回收有价成分。泡沫浮选时粒子的粒度应在 $10\sim150\mu m$ 范围内，粒子过大则不能上浮，过小分选指标下降。

4.2.4　萃取分离

4.2.4.1　萃取分离过程及其发展历程

萃取分离是指溶于某一液相（如水相）的一个或多个组分，在与第二液相（如有机相）接触后转入后者的过程。这两个液相是不相混溶或部分混溶的。显然，萃取分离过程是液、液相之间的传质过程。

萃取分离中所说的相，就是系统中有相同物理性质和化学性质的均匀部分。相与相之间有清晰的界面，可以用机械方法将它们分开。应指出，萃取分离一词可以指在任意两个相之间的传质过程，但这里指的是在两个液相之间的传质，这个过程又常称为液-液萃取。又因为用于萃取的试剂常为有机溶剂，故又常称为有机溶剂萃取。萃取时有机相有时由两种溶剂组成，其中之一主要起萃取作用，即萃取剂，而另一溶剂主要起改善有机相的物理性质的作用，称为稀释剂。有时，萃取剂在常温下也可能是固体，它被溶解在稀释剂中起萃取作用。控制不同的条件，使物质从有机相转入水相，此过程常被称为反萃取。在萃取与反萃取之间往往还有一个洗涤操作，其目的是把同时被萃入有机相的某些杂质反萃取出来，而把主要的被萃取物仍保留在有机相内（当然也会有少量被洗入水相）。通常，萃取、洗涤、反萃取三个步骤组成一个萃取循环，图 4-22 为此三个操作的示意图。

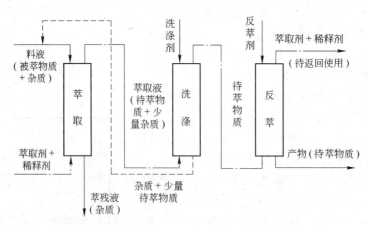

图 4-22　萃取、洗涤及反萃取操作示意图

—，---- 水相；——— 有机相

由于在洗涤部分的出口水相中常含有少量待萃取物质，因此在实际中常把此部分溶液返回到料液中，如图 4-22 中虚线所示。经过这个循环，被萃取组分从水相进入有机相，

再从有机相返回到反萃取后的水相，而待分离的杂质则留在萃取后的水相中。这样，被萃取物质和杂质就由于这个循环而得到分离。

金属萃取分离的起源较早，早在19世纪中叶人们就知道可以用有机溶剂萃取某些无机化合物。例如，1842年用二乙醚萃取了硝酸铀醚，1872年根据经验提出了液-液分配的定量关系，1891年能斯特（Nernst）从热力学观点对此进行了阐明。能斯特定律为萃取分离的发展奠定了最早的理论基础。在这以后的一段时期内，溶剂萃取有了相当的进展。如用液态二氧化硫从煤油中萃取除去芳香烃等。20世纪40年代，萃取分离得到了巨大的发展。萃取分离在原子能工业得到了重要的应用，由于原子能工业的发展，很多元素的分离和纯化问题被提上了日程。其中尤其重要的是从矿石中提取核燃料铀和钍，以及从辐照后的铀材料中提取原子弹的燃料——钚。在这些提取过程中，萃取分离有明显的优越性，如用磷酸三丁酯（TBP）作为核燃料的萃取剂，日益扩大了分离萃取的应用和发展。与其他的分离方法（如沉淀法、离子交换法等）相比，萃取具有分离效果好、生产能力大、便于快速连续操作、过程中物质存储较安全、易于实现自动控制等优点。近年来，萃取分离技术已推广到稀土元素，锆、铪、铌、铜、钴、镍、金、银和铂族元素等有色金属，稀有和贵重金属的生产中。萃取分离也已广泛地用于磷酸的生产、石油工业中。据统计，人们至今已对周期表中的94种元素的萃取性能进行了研究，同时，对萃取过程的机理及技术也进行了广泛而深入的研究，新的萃取剂、萃取设备不断出现。此外，计算机技术也已大量地应用于萃取过程中，并推动了萃取过程热力学和动力学发展。作为一个有效的分离手段，萃取广泛地应用于资源利用、原子能工业、湿法冶金、石油工业、化学工业、医药工业、食品工业、环境保护等领域。

4.2.4.2　液液分离过程机理

液液分离是均相液体物料分离的一种单元操作。此萃取过程中，选择适宜的新溶剂加入到液体混合物中，新溶剂与原溶剂是完全不互溶或部分互溶的。利用加入的溶剂对混合液中各组分的不同溶解能力，使混合液中溶质组分在两液相中进行分配，从而达到分离的目的。在液液传质设备中，液液两相间的传质表面决定于分散相的滞液率和液滴的尺寸。而液液两相间传质面积与分散相的滞液率与液滴尺寸的关系为：

$$a = 6\phi_D/d_p \tag{4-5}$$

式中，a 为滞液率；ϕ_D 为液滴直径；d_p 为颗粒直径。由式可见，相间传质表面积与液滴直径成反比，液体分散得愈细，分散相的滞液率愈大，相际接触表面愈大，传质效率愈高。许多类型的液液传质设备如喷洒塔、筛板塔内分散相液滴的尺寸及其分布，在很大程度上取决于分散装置的开孔尺寸及材料性质。当分散相液体通过分散装置如多孔板或喷嘴时，若液体对分散装置材料的润湿性较连续相液体差，而且孔速低于10m/s，则在开孔处形成尺寸均匀的液滴。液滴尺寸除与界面张力及液液两相密度差有关外，还主要与分散装置的开孔尺寸有关。当孔速度较高时，分散相以射流形式从孔隙喷射而出，然后由于液液两相流动而被破碎成液滴，此时所形成的液滴尺寸不均匀。当开孔处速度增加至某一极限值时，分散相射流形式消失，紧靠开孔处生成许多细小液滴。

通常操作时速度很高，分散相在孔隙处形成许多细小液滴。分散相液体对分散装置的材料有良好的湿润性时，在相同的孔速下将生成不能控制的较大尺寸的液滴。对这种情况最好采用较小的喷嘴以形成喷射。但有些形式的液液萃取设备如填料塔、转盘塔、脉冲筛板塔等，塔内液滴在湍流运动时发生凝聚和再分散。此时塔内的实际液滴尺寸及分布形式取决于液滴凝聚与再分散两种作用的抗衡结果，而与液滴形成的初始尺寸关系很小。这种情况下，分散相液滴尺寸不宜过小，因为太小难以凝聚，使轻重相不易分离，增加澄清所需时间，并且还导致液滴被连续相所夹带，造成返混而降低传质效率。液液分散体系是热力学不稳定系统。大量的液滴生成，形成很大的相表面积，因为任何物系都有减小表面能、减小界面的自发倾向，所以小液滴凝聚成大液滴，最后得到澄清分层是一种自发进行的过程。从传质过程考虑，因液滴凝聚后再分散，必然伴有表面不断更新，这就不难理解液滴的凝聚和再分散对传质的重大意义。促使凝聚与再分散的重要措施是在设备内创造凝聚的有利条件，只要凝聚发生，必然形成大液滴，大液滴易破碎，因而必然会有再分散。在萃取设备内液滴凝聚是一个复杂过程，液滴相互靠拢时，将液滴之间的连续相排挤出后，液滴相互碰撞合并成大液滴。例如在筛板塔内，由于筛板的阻挡，液滴在筛板底下积聚，合并成清液层，再经筛孔分散成液滴。这样每块筛板造成一次凝聚及一次再分散，因而起着强化传质过程的作用。又如各种形式的转盘塔中，液滴在转盘外的环形空间凝聚成较大的液滴，待其流回到转盘塔的混合区时又被破碎成较小的液滴，因此塔内逐段发生液滴的凝聚及再分散过程。因此近年来开发的高效液液萃取设备都采用不同方式促使液滴的凝聚和再分散，作为强化传质设备的重要途径。

液液萃取设备中，相际表面的增加及更新，对提高传质速率有利。液液相间的传质阻力大小决定了传质速率的快慢，传质阻力来自连续相一侧和液滴内部两部分。根据双膜理论，在液液两相界面上，两相呈平衡状态，相界面上没有阻力，紧靠界面两侧，有两层滞流的薄液膜，传质总阻力可考虑为由液液两相膜阻力叠加形成的。连续液相侧的传质阻力主要取决于液液两相的相对传质速率。对无外部能量输入的液液萃取设备（如填料塔、筛板塔），液液两相的相对速度决定于液液两相的密度差。此密度差与气液系统相比当然是很小的，因而分散相液滴外的传质阻力较大，在液液传设备中传质速率的减慢，主要原因在于液滴内的传质阻力较外相的阻力还大，即使输入外加能量也只能改善液滴外相的流动条件、降低外相侧的传质阻力，即不能导致液滴内形成湍动。在逆相流动中，分散相液滴对连续相液体做相对运动，而液相界面上的摩擦力会引起液滴内环流，降低了液滴内传质阻力，这对提高萃取设备的传质速率有很重要的作用。但值得指出的是，在分散相液滴尺寸过小，或在液相中存在少量表面活性剂，就会抑制环流运动，使传质速率降低。在液液萃取设备中，液滴在处于湍流状态的连续相中运动，由于湍流运动的不规则性，连续相向液滴表面传递，或从液滴表面带走溶质的速度也是不规则的。因此，在某瞬间液滴表面的不同点或在液滴表面同一点在不同瞬间，传质速率、溶质浓度及界面张力都不相同，界面张力不同使液滴表面抖动。分散相液滴表面的抖动，增加了两相界面附近的湍动程度，进而减小传质阻力，提高传质速率。界面张力的不均匀，可影响液滴合并和再分散的速率，从而改变液滴的尺寸和相际传质界面的大小。

在液液萃取过程中，组分的分离与其在液液两相的分配也有着密切的关系。萃取剂与原溶液必须是互不相溶或部分互不相溶，这样才能保证形成液液两相，使分离得以实现。互不相溶液液两相的平衡关系可以用直角坐标系表示。部分互不相溶一般用三角形相图或三元相图表示，由于篇幅所限，这里不一一赘述，可以参考有关的文献。

4.2.4.3 液液萃取设备的选择

在资源利用中，对于某物料的液液萃取，选择适当的传质设备，是一件比较重要的工作，也是一项比较困难的工作。这不仅因为各种传质设备具有不同的特性，而且萃取过程及萃取系统中各种因素的影响错综复杂。尽管如此，传质设备的选择仍有某些原则可供参考。

为了完成某一分离任务，萃取设备必须具有所需要的理论级数。如果所需要的理论级数较少（2~3级），无外加能量的萃取设备，就可以满足需要，如选用筛板萃取塔、填料萃取塔。如果所需要的理论级数较多（5级以上），必须选用具有外加能量的萃取设备，如转盘塔、振动塔或脉动筛板塔。当需要的理论级更多时，如稀土萃取过程往往需20~30级，一般只能采用混合澄清器。

在萃取过程中，对生产任务必须给予充分注意。如果所要求的处理量较大，可选用转盘塔、筛板塔、甚至混合澄清器。如果处理量较小，可选用填料萃取塔，甚至离心萃取器。脉动筛板塔、脉动填料塔及振动塔通常适用于中等规模。在某种萃取过程中，因物料稳定性的要求，物料必须在萃取设备中具有很短的停留时间，这时可选用离心萃取器。但若系统发生较慢的化学反应，要求有足够的停留时间，采用混合澄清器是合适的。

一般分散相与连续相的流量比例，也可以作为设备的选择标准。对于塔式萃取设备，为了产生较大的接触面，通常把流量较大的一相作为分散相。如果相比过大，填料萃取塔或筛板萃取不宜采用，应考虑有外加能量的萃取设备。混合澄清器和离心萃取器基本上不受相比大小的影响。

系统的物理性质对萃取设备的选择也有比较密切的关系。如果两相密度差较大，可选用塔式萃取设备。如果两相密度差很小，应选用离心萃取设备。如果系统的界面张力大、黏度高，则应考虑有外加能量的萃取设备，以保证较大的接触面积。如果系统具有强烈的腐蚀性，应优先考虑填料萃取塔，或采用能耐腐蚀的金属或非金属材料（如有机玻璃、塑料、玻璃钢等）作为内衬、内涂的萃取设备。

选用萃取设备时，还需要考虑设备的制造成本、操作费用及维修费用。显然，离心萃取器的设备费用最高。无外加能量的设备，如填料萃取塔、筛板萃取塔费用较低。如果设备的安装场地面积有限，应选用塔式萃取设备；如果设备的场地空间高度有限，应考虑采用混合澄清器。

总之，液液萃取设备的选择，要根据实际需要选择最佳的设备。液液萃取设备的选择框图如图4-23所示。

4.2.4.4　液液萃取设备的中试与工业放大

液液萃取设备的研究还不是很深入，设计放大技术尚不成熟，因此对任何一个新的萃取系统，在设备设计之前，进行中试常常是不可避免的。在萃取设备的中试过程中，中试设备多用萃取塔，一般选用直径在50~1500mm范围。在试验中如果仅研究流体力学条件，则这种试验称为冷模试验。如果以实际过程的料液和溶剂研究过程的传质、通量、萃取效率则称为热模试验。中试主要是为放大萃取设备的设计提供总通过量和搅拌速度、级效率或传质单元高度、分散相和传质方向的选择、流体动力学条件（如液滴的形式、分散相的凝聚、流体速度或特性速度）及其他工艺操作条件（如溶剂、料液比、塔的结构参数，设备材料及其润湿特性）等。在中试中应该注意中试装置应该与工业萃取器的形式相同，结构材料类似。由于实际料液中通常会有杂质、表面活性剂存在。这些杂质即使是微量的，也会显著降低传质速度，因此中试时应采用实际过程的料液和溶剂。每次试验

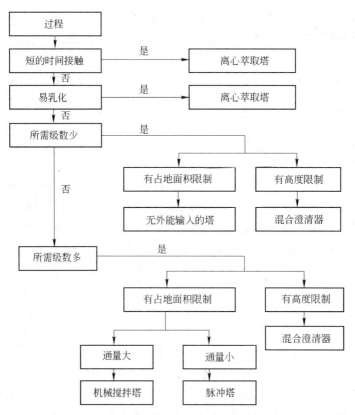

图 4-23　液液萃取设备的选择框图

中，必须待萃取器操作稳定后，方能取样分析，或进行萃取器参数的测定。以转盘塔为例，一般需要置换塔的有效体积 2.5～3 倍的液体量，方认为转盘塔达到稳定操作。试验中应进行溶剂的回收，溶剂需循环使用。由于溶剂的循环使用将会改变溶剂的性质，并对萃取效率产生影响，因此要求溶剂循环使用有一段合适的时间，以证实微量杂质的积累不再影响萃取器效率。

　　工业放大设计时，放大设计程度按图 4-24 和图 4-25 所示的两种方法进行。当使用这两种设计程序时，以中间规模萃取设备的试验数据为依据。另外，也可以按经验设计规律来设计。例如，液液萃取设备的一般经验设计规律有混合器中的停留时间为 2min，混合澄清器的效率为 100%，筛板塔的效率为 15%。对一定类型的萃取塔来说，两相表观速度之和为常数。这种经验设计规律看来有明显的缺陷，但也不是完全不能应用，对某些设备或某些设备参数，特别是以后可以调整的参数，以及在小型设备设计中，这种经验设计规律还是有用的。但是，通过工业化规模萃取设备的数据设计的设备更为可靠。

4.2.4.5　超临界流体萃取

　　在资源利用中，超临界流体萃取是一种正在发展中的新型分离技术。超临界流体萃取简称超临界萃取，它是利用超临界流体作为萃取剂，从资源化物料的液体和固体中提取出某种高沸点的组分，以达到分离或提纯的目的。在有些文献中，它又被称为压力流体萃取、超临界气体萃取、临界溶剂萃取等。早在 1897 年就已发现了超临界状态的压缩气体对于固体的特殊溶解作用。在高于临界点的条件下，金属卤化物可以溶解在乙醇或四氯化

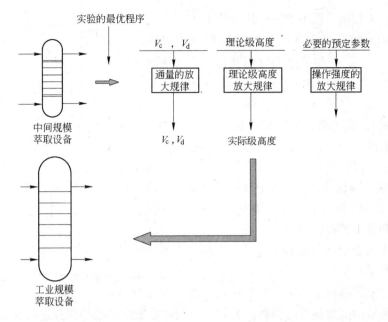

图 4-24   液液萃取工业放大设计

V_c—所需萃取剂的用量；V_d—溶剂的量

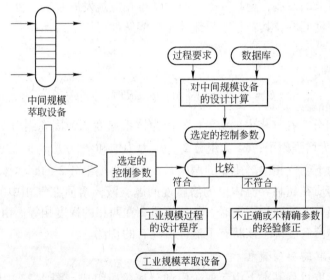

图 4-25   按基本原理的液液萃取工业放大设计

碳中。但直到 20 世纪 60 年代，才开始有了超临界流体萃取工业应用的研究工作。近年来各国都广泛地开展了超临界流体萃取技术的研究，它已成为一门新的分离技术，与其有关的超临界流体的热力学以及超临界流体萃取的工艺和设备等各项研究工作也正在广泛地开展，并已应用于资源化再利用、食品、石油、医药、香料等领域。

A   超临界萃取的基本原理

超临界流体的重要性质是密度、黏度和扩散性。超临界流体是处于临界温度和压力以上的流体。在这种条件下，流体即使处于很高的压力下，也不会凝缩为液体。图 4-26 为

二氧化碳的 p-T 相图，图中的蒸气压曲线 lg 从三相点 R 开始（$T_R = (216.58 \pm 0.01)$ K，$p_R = (5.185 \pm 0.005) \times 10^5$ Pa），在三相点，三相呈平衡态而共存。蒸气压线终止于临界点 C（$T_C = 304.20$ K，$p_C = 73.858 \times 10^5$ Pa）。在临界点以上，液、气形成连续的流体相区（即图上用虚线划出的区域）。此超临界流体相既不同于一般的液相，也有别于一般的气相。它既具有气体的某些性质，也具有液体的某些性质，因此，称其为流体比较合适。图中 ls 及 gs 线分别为熔化压力曲线及升华压力曲线。到目前为止，已用作萃取剂的物质有二氧化碳、乙烯、丙烷、丙烯及甲苯和其他芳香族化合物。

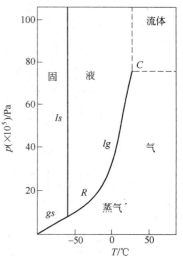

图 4-26　二氧化碳的 p-T 图

超临界流体的密度与液体相近，黏度却与普通气体相近，自扩散系数也远大于一般液体。这表明，与一般液体溶剂相比，超临界流体可更快地进行传质，在短时间达到平衡，从而高效地进行分离。尤其是对固体物质中的某些成分进行提取时，由于溶剂的扩散系数大、黏度小、渗透性能好，因此可以简化固体粉碎的预处理过程。这些特性对资源的可持续利用大有益处。

随着超临界萃取的发展，超临界萃取热力学也相应地发展起来。首先是固体物质的超临界流体中的溶解度问题，其在超临界流体中的溶解度可用下式推算：

$$y_2 = \frac{p_2^s}{p} E \tag{4-6}$$

$$E = \left| \varphi_2^s \exp\left[\int_{p_2^s}^{p} V_2^s \mathrm{d}p / (RT) \right] \right| / \phi_2 \tag{4-7}$$

式中，y_2 为固体组分 2 在气相中的溶解度；p_2^s 为体系温度下纯固态组分 2 的饱和蒸气压；p 为体系总压；E 为增强因子；φ_2^s 为组分 2 在压力为饱和蒸气压 p_2^s 时的逸度系数；ϕ_2 为在体系温度和压力下，气相中溶质 2 的逸度系数；V_2^s 为纯组分 2 的摩尔体积。

其次是液体溶质在超临界流体中的溶解度问题。液体溶质在气相中的溶解度涉及气-液相平衡关系。当气、液两相平衡时，液体溶质 2 在两相的逸度相等。由此可见，超临界流体所具有的特殊溶解度源于该状态下流体所具有的特性。

B　超临界萃取的典型流程

超临界流体萃取过程基本上由萃取阶段和分离阶段组成。图 4-27 中给出了三种典型流程。

图 4-27（a）表示的是等温变压分离流程，这是最方便的一种流程。被萃取物质在萃取器中被萃取，经过膨胀阀后，由于压力下降，被萃物质在超临界流体中的溶解度降低，因而在分离器中被析出。被萃取物从分离器下部取出，萃取剂由压缩机压缩后返回萃取器循环使用。

图 4-27（b）所给出的是变温等压法分离流程。在不太高的压力下萃取物被萃取，而在分离器中加热升温，使溶剂与被萃取物质分离。有时由于操作压力的不同，可能是在升温条件下萃取，而在降温条件下溶剂与被萃物质分离。分离后的流体经压缩和调温后循环使用。

图 4-27（c）所示为吸附法分离流程。在分离器内放置含有被萃取物的吸附剂，被萃取物质在分离器内因被吸附而与萃取剂分离，萃取剂可循环使用。

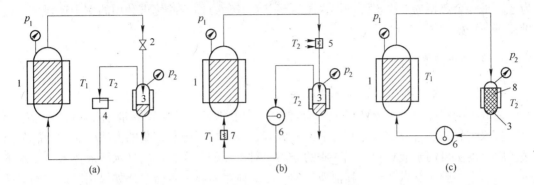

图 4-27　超临界气体萃取的三种典型流程

（a）等温法（$T_1 = T_2$，$p_1 > p_2$）；（b）等压法（$T_1 < T_2$，$p_1 = p_2$）；（c）等温法（$T_1 = T_2$，$p_1 = p_2$）

1—萃取槽；2—膨胀阀；3—分离槽；4—压缩机；5—加热器；6—泵；7—冷却器；8—吸收剂（吸附剂）

C　超临界萃取的特点及应用

超临界萃取在溶解能力、传递性能和溶剂回收等方面具有突出的特点。

（1）由于超临界流体的密度与通常液体溶剂的密度相近，因此用超临界流体来萃取，它具有与液体溶剂相同的溶解能力。同时超临界流体又保持了气体所具有的传递特性，即比液体溶剂渗透得快，渗透得深，能更快达到平衡。

（2）操作控制参数主要是压力和温度，而这两者比较容易控制。在接近临界点处只要温度和压力有微小的变化，超临界流体的密度就会有显著的变化，即溶解能力的变化。因此萃取后溶质和溶剂的分离很容易。精确地控制超临界流体的密度变化，还能实现类似精馏使溶质逐一分离的操作过程。

（3）超临界萃取过程具有萃取和精馏的双重性，有可能分离一些难分离的物质。超临界流体如二氧化碳可用于一些热敏性物料的萃取，还可以消除现有溶剂的毒性。另外，将超临界流体作流动相用于色层分析，可以分析出低挥发度的化合物。

超临界萃取的缺点主要是设备和操作都要求在高压下进行，设备的投资费比较高。另外，超临界流体的研究起步较晚，加之超临界状态物质多是非理想性的物质，物性数据还很缺乏，有待进一步的研究。

超临界萃取是一门综合性学科，涉及化学、化学工程、机械工程、热力学等各方面，存在许多问题，有待人们探索、研究。但作为一种新萃取分离技术，它正越来越受到人们的重视，在资源利用的各领域中得到了广泛的应用。如从木浆废液制取香草醛，香草醛是一种重要的定香剂，广泛用作化妆香料、饮料和食品的增香剂。工业上通常采用溶剂萃取法从木浆中提取香草醛。此法存在一些问题，如溶液稀、处理量大、溶剂易燃、易乳化、产品纯度不高等。近年采用超临界二氧化碳萃取技术，从木浆废液中提取香草醛，采用此法，可使粗香草醛纯化，得到的香草醛纯度可达 90% 以上，而用溶剂萃取法产品纯度仅60%。若将超临界萃取后得到的香草醛在水中结晶二次，可得纯度为 99.58% 的产品，杂质含量很低，适用于食品工业的要求。其工艺流程和通常的超临界萃取流程一样，二氧化碳经压缩机加压后进入超临界萃取器与原料进行萃取过程，然后萃取物经分离器，使二氧化碳再进压缩机循环使用。在我国由于造纸工业的蓬勃发展，木浆废液将大量增加，这为生产香草醛提供了足够的原料。应用超临界 CO_2 萃取法，从木浆废液中制取香草醛，变废为宝，是一个典型的二次资源利用例子。当然在其他方面资源化再利用的例子还很多，这里就不一一枚举了。

4.2.5　膜分离技术

4.2.5.1　膜分离技术的概况与分类

在资源的利用中，用天然或人工合成的高分子薄膜，以外界能量或化学梯度为推动力，将双组分或多组分的溶质和溶剂进行分离、分级、提纯和富集的方法，统称为膜分离法。膜分离法可用于液相和气相物质的分离；对于液相分离，可用于水溶液体系、非水溶液体系、水溶胶体系以及含有其他微粒的水溶液体系。在一容器中，如果用膜把它隔成两部分，膜的一侧是溶液，另一侧是水，或者膜的两侧是浓度不同的溶液，则通常把小分子溶质透过膜向纯水侧移动，而纯水透过膜向溶液侧移动的分离称为渗析（或透析）。如果仅溶液中的溶剂透过膜向纯水侧移动，而溶质不透过膜，这种分离称为渗透。只能使溶剂或溶质透过的膜称为半透膜。如果半透膜只能使某些溶质或溶剂透过，而不能使另一些溶质或溶剂透过，这种特性称为膜的选择透过性。根据膜分离时施加的外界能量的形式可将渗析和渗透的膜分离加以分类，如表4-1所示。

表4-1　膜分离的推动力及膜分离方法

分离动力	能量形式	渗透分离方法	渗析分离方法
浓度梯度	化学能量	渗透分离	渗析分离
温度梯度	热能	膜蒸发、热渗透	热渗析
电场梯度	电能	电渗透	电渗析
压力梯度	机械能	超渗、反渗、微孔过滤	压力渗析

膜分离中所用的膜，是在一种流体相内或是在两种流体相之间有一层薄的凝聚相物质，它把流体相分隔为互不相通的两部分，并能使这两部分之间产生传质作用。此膜可以是固体的，也可以是液体的，被膜分隔的流体相可以是液态，也可以是气态。膜分离所用的膜应具有两个特性：其一，不管膜有多薄，它必须有两个界面，通过两个界面分别与两侧的流体相接触；其二，膜应有选择透过性。膜的分类大体可按膜材料的化学组成、膜的物理形态以及膜的制备方法来划分。按膜的化学组成可将膜分为纤维素酯类膜、非纤维素酯类膜。后者又可分为无机物膜（玻璃中空纤膜、氢氧化铁动态膜等）和合成高分子膜。按膜断面的物理形态可将膜分为对称膜、不对称膜和复合膜。对称膜又称均质膜。不对称膜指膜的断面不对称，它是用同一种膜材料经流涎、纺丝等方法成型，再经过相转变而制成的。这种膜具有极薄的表面活性层（或致密层）和位于下部的多孔支撑层。复合膜通常是用两种不同的膜材料，分别制成表面层和多孔支撑层。

图4-28 示出资源利用过程的各种分离方式与应用范围，但是应当指出各种分离方法应用时并无明显的界限。

4.2.5.2　膜分离技术的特点

膜分离技术在资源分离浓缩过程中，不发生相变化，也没有相变化的化学反应，因而

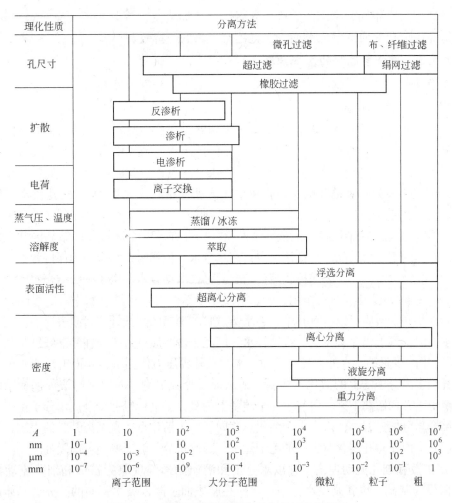

图 4-28 利用过程的各种分离方式与应用范围

不消耗相变能，所以耗能少，尤其反渗透分离更为突出。在膜分离过程中，不需要从外界加进其他物质，这样可以节省原材料和化学药品。在膜分离过程中，一种物质得到分离，另一种或一些物质则被浓缩，分离与浓缩同时进行，这样就能回收那些有价值的物质资源。根据膜的选择透过性和膜孔径大小不同，可以将不同粒径的物质分开、将大分子和小分子的物质分开，使物质得到纯化而又不改变它们原有的属性。膜分离工艺不损坏对热有敏感和对热不稳定的物质，可以使其在常温下得到分离，这对药制剂、酶制剂、果汁等分离浓缩非常适用。膜分离工艺适应性强，处理规模可大可小，操作及维护方便，易于实现自动化控制。在膜分离工艺中，液膜分离也是重要的膜分离技术，其特点是该过程涉及三个液相：料液是第一液相，接受液是第二液相，处于二者之间的是液膜是第三液相。液膜必须与料液和接受液互不混溶。液、液两相间的传质分离操作类似于萃取和反萃取、溶质从料液进入液膜相当于萃取，溶质再从液膜进入接受液相当于反萃取。液膜分离可以看作是萃取与反萃取两者的结合。膜分离过程除膜相以外的两液相可以具有同样的相态和组分，仅在组成浓度上存在差别。被膜分隔的两相之间不存在平衡关系，依靠不同组分透过膜的速率差别来实现组分的分离，所以常称之为速率分离过程。膜分离过程不产生二次污染。膜分离与具有相同分离作用的传统分离操作（如蒸发、萃取或离子交换等）相比较，不仅可避免组分热变质或混入杂质，而且还有显著的经济效益。

4.2.5.3   膜分离过程的基本原理

为了方便起见，这里仅介绍反渗透、超滤、电渗析和液膜分离的基本原理。

A   反渗透基本原理

选择一个水槽，用一张半透膜将水槽分为两室，一侧放废水，而另一侧放纯水。由热力学可知，废水的化学势低于纯水的化学势，因此废水向纯水中的渗透必须在废水一侧施加一定的外力，分离过程才能进行。为了说明水、溶质透过膜的机理，人们曾提出了几种模型，其中主要模型有氢键理论、扩散和细孔流动理论、优先吸附-毛细孔流动理论、细孔理论和溶解扩散理论。

（1）氢键理论。在半透膜（醋酸纤维素膜）中存在着两个区域，即结晶区和无定形的非结晶区。膜的表层为结晶区，在该区内只有结合水。依靠氢键缔合与膜保持紧密结合的结合水称为一级结合水，而与膜保持较疏松结合的称二级结合水。由于一级结合水的介电常数很低（$\varepsilon=2 \sim 6$），没有溶剂化作用，所以溶质不能溶解在一级结合水中。二级结合水的介电常数和水相同，溶质可以溶解其中，随水透过膜。理想的醋酸纤维素膜表层中应当只有一级结合水，但实际上仍含有少量二级结合水，因此少许溶质透过膜。在醋酸纤维素的支撑层（多孔层）中除少量结合水外大量是毛细管水。在外界压力作用下，膜面上溶液中的水分子和醋酸纤维素高分子链上的活化点羧基上的氧原子形成氢键，而原来与该羧基缔结的结合水，随氢键断开而解离下来，再与下一个羧基上的氧原子进行氢键缔合。水分子由于一连串的氢键缔合与分离过程，依次从一个活化点移向另一个活化点，直至离开膜的表层，进入膜的多孔层。又由于多孔层含有大量的毛细管水，因此水分子能通畅地流出膜外。

（2）扩散和细孔流动理论。它以水分子和溶质的透膜现象为扩散和细孔流动并存的结果的假设为基础。也就是说水分子、溶质在膜表面上溶入被水膨润的高分子基体内，再通过扩散而移动，最后向膜的另一侧流出。溶液透过膜内细孔的流速与外界压力成正比。对于选择性高的膜来说，通过膜的溶质量占透过膜的总水量比例极小，即使选择性低的膜，水分子的扩散速度远比溶质的扩散速度快，因此具有脱盐作用。

（3）优先吸附-毛细管流理论。该理论认为水分子透过膜的现象，首先是膜将水分子优先吸附在膜的表面，然后在膜的毛细管中通过。由于膜优先吸附水而排斥溶质，因此在膜的表面形成一层纯水层，纯水层的厚度约为 1 ~ 2 个水分厚，即 9 ~ 10nm。因此，膜的选择性取决于该膜的孔径与膜面纯水层厚度之间的关系。当膜的孔径为纯水层厚度的两倍，此时膜的选择性高，水通量大，是最佳状态。如果膜孔径小于纯水层两倍，虽然具有高选择性，但水通量相应较小。若膜的孔径大于纯水层厚度的两倍，则膜选择性降低，而且溶质将会透过膜。

B   超过滤膜的透过机理

超过滤简称超滤，它的物质分离的基本原理是指被分离的溶液借助外界压力作用，以一定的流速沿着具有一定孔径的超过滤膜面流动，让溶液中的无机离子、低分子量物质透过膜表面，把溶液中高分子、大分子物质、胶体、蛋白质、细菌、微生物等截留下来，从而实现分离与浓缩的目的。超滤与反渗透相比，其分离的物理因素要比物化因素更为重要。超滤介于反渗透与微孔过滤之间，超滤膜在小孔径范围内与反渗透膜相重叠，在大径范围内与微孔过滤膜相重叠，其孔径范围大致在 $50 \sim 10000\mu m$。在阐明超滤透过机理时，既应考虑到溶液中溶质粒子的大小、形状和膜孔径之间的关系，同时还应考虑膜和溶质粒子间的相互作用。综合起来，超滤之所以能截留大分子和微粒，在于膜表面孔径机械筛分机理、膜孔阻塞的阻滞机理和膜表面及膜孔对粒子的一次吸附机理。由于理想的分离是筛分，因此要尽量避免吸附和阻塞的发生。

C 电渗析的基本原理

在物理化学中，溶质透过膜的现象称为渗析，溶剂透过膜的现象称为渗透，对电解质的水溶液来说，溶质是离子，溶剂是水。在电场的作用下，溶液中的离子透过膜进行的迁移称为电渗析。然而，通常所称的电渗析是指使用具有选择透过性能的离子交换膜的电渗析。离子交换膜是由功能性高分子物质构成的薄膜。它是在离子交换树脂的基础上发展起来的，可以把离子交换膜理解为薄膜状的离子交换树脂。离子交换膜按解离离子的电荷性质，可分成阳离子交换膜（简称阳膜）和阴离子交换膜（简称阴膜）两种。在电解质溶液中，阳膜允许阳离子透过而排斥阻挡阴离子；而阴膜则相反，阴膜允许阴离子透过而排斥阻挡阳离子。这就是离子交换膜的选择透过性。在电渗析过程中，膜的作用并不像离子交换树脂那样对溶液中的某种离子起交换作用，而是对不同电性的离子起选择透过作用，因而离子交换膜实际上应称为离子选择性透过膜。以食盐水溶液为例，在阳电极和阴电极之间，阳膜与阴膜交替排列，在相邻的阳膜与阴膜之间形成隔室，其中充满浓度相同的 NaCl 水溶液。通直流电之后，水溶液中离子定向迁移。带正电荷的 Na^+ 向阴极迁移，带负电荷的 Cl^- 向阳极迁移。由于离子交换膜的选择透过性，偶数隔室中的离子透过膜，迁移到奇数隔室中去。结果，偶数隔室中的离子数量减少，含盐水被淡化；而奇数隔室中的离子数量增多，水溶液的浓度增加。电极和膜构成的隔室称为极室，在其中发生的电化学反应与电极反应相同，阳极室发生氧化反应，阴极室发生还原反应。离子交换膜的选择透过性可以用道南平衡理论解释，也可以用双电层理论解释。概括起来电渗析的基本原理就是在直流电场力的作用下，溶液中的离子有选择地透过离子交换膜，进行定向迁移的物料分离过程。电渗析的基础原理如图4-29所示。

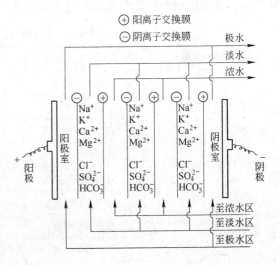

图 4-29 电渗析的基本原理图

D 液膜的基本原理

液膜是一种悬浮在液体中的乳状液薄膜的液体，这一层液体可以是水溶液，也可以是有机溶液。在液膜的典型应用中，如一些水溶液的小滴被一薄油层包封，形成乳状液，然后将此乳状液悬浮在另外的水溶液中，或者小油滴被乳状液悬浮在另外的油相中。前者油相是液膜，称为油膜；后者水相是液膜，称为水膜。液膜分乳化型液膜和支撑型液膜

（固定型液膜）。典型的微滴直径约为 $100\mu m$，这些微滴直径往往聚成平均直径为 $1mm$ 的聚集体。液膜本身的厚度为 $1\sim10\mu m$ 不等，因此液膜至少要比大多数固体膜薄 9/10，从而穿过膜迁移相应地更快一些。驱动物质从连续相到接受相的动力是膜两侧浓度差。选择性是因为各组分在膜内的溶解性不同而造成的。液膜上发生扩散形式主要有在浓度或热力活度梯度作用下的简单透过扩散、推动转移和耦合转移。推动转移是以在膜中溶解的一种添加剂作为载体，与渗透物质相结合，从而加快渗透速率。耦合转移过程是载体能和两种或两种以上的物质相结合，当其中一种物质的浓度梯度相当大时，就可以带动另一种微量物质沿化学梯度移动。

在液膜分离的过程中，乳状液膜液体物料分离后，分离液膜还要进行破乳，一方面回收液膜材料，另一方面回收分离的有价物质。为将分离乳液打破，分出膜相用于循环制乳，分出内相以便加工获得其他产品，从而降低工艺成本。破乳的好坏，直接影响整个液膜工艺的经济价值，所以是十分重要的工序。破乳方法有加破乳剂的化学破乳和离心、加热、施加静电场的物理破乳等。

4.2.5.4 主要膜的制备及膜组件

膜分离的核心部分是膜材料和膜组件。对于膜材料和膜组件的研制除了保证没有死角的良好通道外，还必须考虑其他一些要求。但这些要求往往是相互矛盾的，如清洗的可能性、较大的装置膜面积与压力室体积之比、制造成本低以及更换成本低的可能性。使用场所不同，侧重点也不同。根据膜的形式或排列方式，膜组件可区分为管式膜组件、毛细管式膜组件、空心纤维膜组件平板式膜组件和卷绕式膜组件。几种主要膜分离组件如图 4-30 所示，主要膜材料的化学组成见表 4-2。

表 4-2 主要膜材料的化学组成

膜材料种类	典型膜化学组成	应用类型
纤维素酯类膜	二醋酸纤维素	RO，UF，MF
	三醋酸纤维素	RO，MF
	混合醋酸纤维素	RO，UF，MF
	硝酸纤维素	MF
	醋酸硝酸纤维素	MF
	醋酸丁酸纤维素	RO
	醋酸磷酸纤维素	RO
	氰乙基纤维素	RO，UF
非纤维素酯类膜（无机物膜）	玻璃中空纤维	RO UF
	氢氧化铁、水和氧化锆等动态膜	UF
	金属多孔膜、金属发泡制品	MF
非纤维素酯类膜（合成高分子膜）	聚酰胺类	RO，UF，MF
	脂肪族聚酰胺类	RO，UF，MF
	芳香族聚酰胺类	RO，UF，MF

膜材料种类	典型膜化学组成	应用类型
非纤维素酯类膜 （合成高分子膜）	芳香族聚酰胺酰肼	RO
	聚砜酰胺	RO，UF，MF
	芳香-杂环聚合物系	RO，UF，MF
	聚吡嗪酰胺	RO
	聚苯并咪唑	RO
	聚苯并咪酮	RO
	聚酰亚胺	RO，UF

注：RO—反渗透；UF—超滤；MF—薄膜过滤。

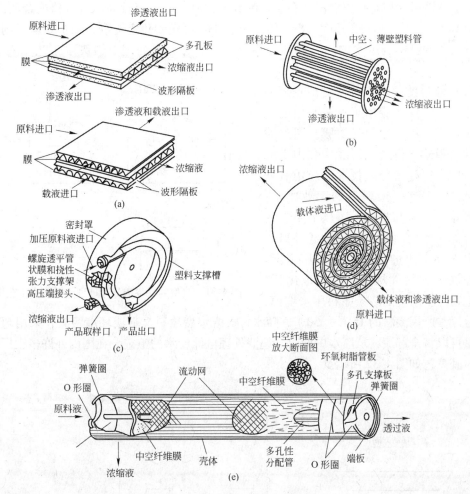

图 4-30　几种主要膜分离组件

（a）板框式；（b）管式；（c）螺旋管式；（d）螺旋板式；（e）中空纤维式

醋酸纤维素膜的成膜制备过程如下：

料液→熟化，氮气保护下过滤脱气泡→刮膜成型，膜蒸发→冷浸凝胶→热处理（退火）→成品膜

4.2.5.5　膜分离在资源可持续利用中的应用

在资源可持续利用中，膜分离技术是一种新兴综合性技术，它涉及流体力学、热学、电学、传质学、化工动力学、高分子物理化学、高分子材料学、机械工程学等多种学科的内容，近 30 年来膜技术已从实验室步入工业化生产，有些膜技术已广泛应用于海水和苦咸水的淡化、环境保护、石油化工、电子工业、食品工业、气体分离、医学、生物工程等领域，且应用范围和规模正在逐年扩大。在资源可持续利用中，膜分离技术的应用更为广泛。以下仅举几例说明膜分离技术在资源可持续利用中的应用。

（1）反渗透技术的应用。反渗透技术广泛应用在海水和苦咸水的脱盐、锅炉给水和纯水制备、处理电镀废水、处理照相洗印废水、处理生活污水以及在食品饮料及医药工业等方面。现以反渗透分离技术处理电镀废水为例说明。金属工件电镀后，对附着在工件表面上的电镀液必须用水加以清洗，在清洗废水中含有各种具有较高经济价值的金属离子，如果对 Cr^{6+}、Ni^{2+}、Cd^{2+}、Cu^{2+}、Sn^{2+} 等回收利用，可做到化害为利，保护环境。利用反渗透分离技术可实现废水的闭路循环，典型的反渗透分离处理电镀废水工艺如图 4-31 所示。

（2）超过滤膜分离技术的应用。超过滤分离技术广泛应用于资源利用的各个领域。它的核心是超过滤膜。超过滤膜组件有板式、管式、卷绕式和中空纤维膜组件。超过滤分离技术的应用有处理电泳漆、造纸、染料等的工业废水，食品工业中精制与提纯，医药卫生中的人工肾等。下面简要介绍超过滤分离技术在电泳漆废水的回收中的应用情况。电泳涂漆后的物件从电泳槽内取出后，必须把物件上附着的多余漆料用水洗掉，

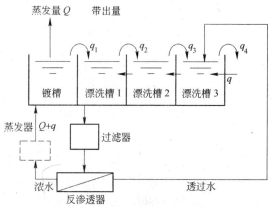

图 4-31　典型的反渗透分离处理电镀废水工艺图

这部分漆占所用漆料的 15% ~ 50%，随水排放既浪费漆料又造成环境污染，采用超过滤法几乎可以将全部漆料从废水中回收。超滤处理电泳废水的工艺，在国内外许多工厂都有应用，其工艺如图 4-32 所示。

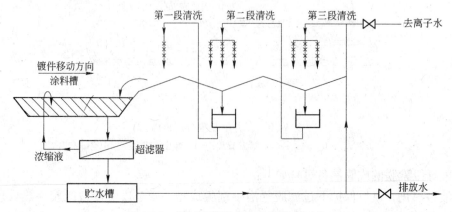

图 4-32　超过滤膜处理电泳漆废水工艺

（3）电渗析技术的应用。电渗析技术在资源利用中多有应用，在水和含盐水的纯化、放射性废水的处理及含镍与铬废水的处理较为成功。下面简单谈一谈利用电渗析技术对镀镍废水回用的例子。电镀废水中含有大量的重金属离子，为防止水污染，必须进行处理。采用电渗析法处理镀镍废水，着眼于回收镀液和回用漂洗水，实现每种镀、漂洗系统的闭路循环，只有这样才能弥补电渗析设备一次投资费用较大的不足。由于镍属贵金属，回收价值较高。镀镍废水属中性废水，处理技术的难度不大，因此电渗析技术处理镍废水发展较快。还有，镍虽然是动物必需的微量元素，但是流行病学调查和动物检验都证明，镍属于致癌物质，主要引起口腔癌、咽癌、肺癌及肠癌，因此含镍废水的排放控制很严，这也促进了电渗析回收镀镍废水处理技术的发展。

电渗析处理镀镍废水的闭路循环系统采用电渗析回收淋洗镀件的槽中镍。采用阳离子交换树脂把漂洗液中的镍回收，水、Ni^{2+}和硫酸重复使用，闭路循环系统回收镍工艺流程如图 4-33 所示。

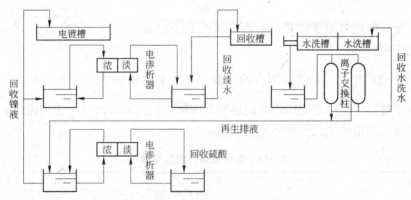

图 4-33　电渗析处理镀镍废水的闭路循环系统

（4）液膜分离技术的应用。液膜分离技术的应用也是十分广泛的。在酶分离、工程医学、环境保护以及资源利用中都有应用。这里简单介绍液膜分离技术在含无机阴离子废水处理和湿法冶金中的应用。液膜分离技术处理含 NO_3^- 废水十分有效。硝酸根离子是一种单纯用化学方法难以从水溶液中除去的污染物，但液膜可以有效地除去它。采用的液膜体系，一般是用各种不同的胺作为流动载体输送 NO_2^- 和 NO_3^- 透过液膜，其中较为有效的是 AmberliteLA-2。它是一种油溶性仲胺，易于从弱酸性溶液中提取阴离子。乳状液膜内相是一种较纯净的酶，或是从脱硝球菌中提取的游离细胞的缓冲盐溶液，它们可以使 NO_2^- 和 NO_3^- 迅速催化还原为不能与液膜中的载体相互作用的产物（非渗透形式），从而被富集在内相，一般最终还原产物大部分是 N_2。此外，细胞被包裹在液膜内相还有利于保持其活性（至少 5d），如果把特殊的营养素与细胞一道封闭在液膜内相还能进一步延长细胞的寿命。液膜分离技术在湿法冶金中的应用是为了克服萃取分离萃取剂用量大的缺点。

液膜分离已用于湿法炼铜的矿物浸出液的加工和含铜工业废水及铜矿坑道水的处理。处理时采用的液膜体系是以目前采用较多的铜的萃取剂如 Lix63、Lix64N、Lix65N 等作流动载体，以聚丁烯、异链烷烃、环己烷、煤油及 S100N 等作膜溶剂，以 Span80（失水山梨糖醇单油酸酯）、Span60（失水山梨糖醇单硬脂酸酯）或非离子性聚胺 ENJ3029 等作表面活性剂，用硫酸、硝酸或盐酸等作内相试剂。液膜分离可用于稀土等稀有元素的分离。

然而，液膜分离技术的应用也有一些问题，如液膜的不稳定性、膜寿命短、液膜体系的专一性弱、多级处理时复杂性、破乳技术尚需开发等。

4.2.6 电化学分离

在电解质溶液中通入电流时，产生化学反应而使物料得以分离的操作过程简称为电化学分离。在资源化利用的湿法处理中考虑利用这一技术的有如下两种情况：

（1）电解精炼，将含有不纯物的粗金属进行精炼（得纯金属）。

（2）电解提取，含金属离子溶液中的回收金属。

通常，电化学分离是在水溶液中进行或在含目的金属熔融盐中通过电极进行电解化学分离。此法应用在非贵金属（易氧化金属）的提取。电解时金属还原反应所需的能量由电力提供，电解时金属的析出量 $W(\text{g})$ 根据法拉第电解法则来确定：

$$W = \frac{M}{ZF}It \tag{4-8}$$

式中，M 为金属的相对原子质量；Z 为金属的原子价；F 为法拉第常数，C/mol；I 为电流，A；t 为时间，s。

$\dfrac{M}{ZF}$ 称为电化学摩尔，是物质固有的常数。几种金属的电化学摩尔如表 4-3 所示。在实际的电化学过程中，由于反应因素的影响，实际上的金属分离量小于理论值。实际所得的金属析出量与理论值之比称做电流效果。

表 4-3 各种金属的电化学摩尔

离 子	M	Z	$\dfrac{M}{ZF}\bigg/\text{g}\cdot(\text{A}\cdot\text{h})^{-1}$
Na	22.98977	1	0.2388
Mg	24.305	2	0.1259
Al	26.98154	3	0.0932
K	39.098	1	0.4053
Ca	40.08	2	0.2077
Fe	55.847	2	0.2894
		3	0.1929
Ni	58.70	2	0.3042
Cu	63.546	1	0.6585
		2	0.3293
Zn	65.38	2	0.3388
Ag	107.868	1	1.1180
Au	196.9665	3	0.6805
Pb	207.2	2	1.0737

4.2.6.1 电解精炼和电解提取

将两枚金属片浸入电解质溶液中，当施加电压时，在金属电极与溶液界面就产生了氧化还原反应。此时所进行的反应情况，可根据溶液中能否析出阳极金属来判断。首先考虑金属的析出情况，以某一金属 M 作两个电极，将其浸入到含有该金属盐 MA 水溶液中，当通上电流时，从阳极中溶出的金属 M 变成金属离子 M^+，而在阴极中析出金属 M。此时在阳极金属 M 中所含的不纯物，从阳极中不能溶出。如果从阳极中溶出组分不能从阴极中析出时，在阴极上只有金属 M 析出。用此种方法从含有杂质的金属中提炼纯金属的过程称做电解精炼。其次，作阳极一般用惰性金属（Pt 等），且电极极板浸入 MA 盐溶液中应表现出惰性。此时，在阳极区溶液中阴离子放电产生气体以代替金属的溶出，而金属离子 M^+ 从阴极中析出金属 M。如果溶液中含有比金属 M 更易析出的金属，则必须预先用沉淀法除去这些不纯物以得到纯金属。因此将从溶液的金属离子中回收金属的过程称做电解提取。

下面以 Cu 对这两种过程进行比较。电解质溶液是硫酸酸性的硫酸铜水溶液。在电解精炼中阳极是 Cu，因此，产生如下反应：

阳极 $\qquad\qquad Cu \longrightarrow Cu^{2+} + 2e \qquad$ （Cu 的溶解）

阴极 $\qquad\qquad Cu^{2+} + 2e \longrightarrow Cu \qquad$ （Cu^{2+} 的析出）

在理想电解槽内反应，能量的总差额为零，反应不需要特别的能量（实际上由于分极等原因需要某种程度的过电位）。

与此相反，在电解提取中采用的不溶性阳极 Pb，因此，其电解反应为：

阳极 $\qquad\qquad SO_4^{2-} \longrightarrow SO_3^{2-} + O + 2e \qquad$ （SO_4^{2-} 的放电）

$\qquad\qquad SO_3^{2-} + H_2O \longrightarrow H_2SO_4 \qquad$ （硫酸的再生）

$\qquad\qquad O \longrightarrow (1/2)O_2 \qquad$ （氧的产生）

阴极 $\qquad\qquad Cu^{2+} + 2e \longrightarrow Cu \qquad$ （Cu^{2+} 的析出）

对电解槽总体而言，其反应式可等价为：

$$CuSO_4 + H_2O \longrightarrow Cu + H_2SO_4 + \frac{1}{2}O_2$$

根据标准自由能变化计算得出的结果表明，当 $CuSO_4$ 和 H_2SO_4 在各自活度为 1 的水溶液中，反应所需的最小电压（理论分解电压）约为 0.9V。也就是说，反应所需的电压必须大于 0.9V。实际上，阳极产生氧所需的过电压也要加进去，这样电极电压就将增加。下面，对两者的电解液组成作一比较。在电解精炼中，从阴极析出 Cu 同时在阳极上产生等当量的氧。在电解提取中随电解的进行同时产生 Cu^{2+} 的析出，因此溶液组成逐渐产生变化。由于溶液中 Cu^{2+} 浓度降低，电解（电极）沉积不稳定，产生杂质在电极上的析出现象。因此，需将电解进行到一定程度的溶液（硫酸浓度较高）送往氟化铜的浸出工序中，其浸出液（Cu^{2+} 浓度高）再作电解液使用。如上所述，在电解提取中如果合理利用溶液组成的变化，则可建立与浸出相结合的闭路流程。

在水溶液中电解析出的金属 M 比氢更容易氧化时，在阴极上发生 $M^+ \rightarrow M$ 的反应之前，先发生 $2H^+ + 2e^- \rightarrow H_2$ 反应，即产生氢，因此，不能析出金属 M。这与以后进行熔融盐电解的必要性有关。Zn 可采用电解提取，这是由于在阴极上析出的 Zn 表面氢过电压的过高而引起的。氢过电压是克服产生氢气时所引起的极化作用所需的电压。Zn 电解时，如果保持适当的电流密度，则氢过电压远大于 Zn 与氢之间的平衡电压，从而使电解成为可能。用电解方法对各种金属进行选择性分离时，要求平衡电位差大于 0.3V，但必须注意由于如前所述的溶液中各种离子浓度和通电时极化作用产生的影响，实际的电位差比理论电位差要高。

4.2.6.2 熔融盐的电解

以上对电解质水溶液的电解作了叙述，但用此法对比氢更容易氧化的金属进行电解是比较困难的。将离子结构的金属盐加热变成熔融状态后，离子与水溶液一样容易移动，因此当插入电极施加一定电压时，可进行电解。也就是说，对比氢更容易氧化和比氢过电压小的金属可以用熔融电解法进行电解精炼和电解提取。此法可应用在制造碱金属、碱土金属的 Al 和稀土类等稀有金属等领域，用熔融电解提取这些纯金属时必须将原料制备出纯金属盐，这一工序是非常重要的。在溶液中的金属离子被极性水分子覆盖，因此各种离子之间能保持分散状态而在溶液中自由运动。另外，熔融盐中的各离子由于热运动而处于不断运动的状态，这就是通常的电解与熔融电解之间的本质区别。因此，在水溶液电解中施加比水的分解压大的电压时就会产生氢和氧，而在熔融盐电解中不存在这种情况，因此对分解压高的金属盐的电解是可能的。在熔融盐电解中为了产生熔融，其电解槽的温度较高（300~1000℃），高温有利于提高电导率和减少极化作用。但是熔融盐本身和电解所产生的气体（Cl_2）等的腐蚀随温度的增加而增加。因此，从设备角度考虑，电解槽在尽可能低的温度下工作为好。为此应采取相应措施将目的金属盐熔解在其他熔融盐溶液中以降低其熔点等。其前提条件是溶剂的分解电压应大于目的盐的分解电压。电解所需的大量热的补偿方法有利用电解时从两极产生电阻热的内部加热法和从电解槽外部加热的外部加热法。

4.2.7 气体还原

通常，在资源利用的湿法处理中气体还原能降低水溶液中金属离子的原子价，从而使金属离子最终还原成金属。所用的还原剂有 H_2、CO、SO_2 等气体。当金属离子为 M^{n+} 时，其反应式如下：

$$2M^{n+}+nH_2=2M+2nH^+$$

$$2M^{n+}+nCO+nH_2O=2M+nCO_2+2nH^+$$

$$2M^{n+}+nSO_2+2nH_2O=2M+nHSO_4^-+3nH^+$$

此反应可看做金属离子 M^{n+} 变成金属 M 的阴极反应（$M^{n+}+ne\rightarrow M$）和与如下阴极反应相结合的电化学反应：

$$nH_2\longrightarrow 2nH^++ne$$

$$nCO+nH_2O\longrightarrow nCO_2+2nH^++2ne$$

$$nSO_2+2nH_2O\longrightarrow nHSO_4^-+3nH^++2ne$$

因此，此反应是由两个半电池构成的电池反应。当标准单位电极为 E°，活度为 A 时，以氢的还原反应为例，则各半电池的单极电位表示如下：

阴极反应 $\qquad E_M=E_M^\circ+(0.0591/n)\lg A_M^{n+}$ $\qquad\qquad$ (4-9)

阳极反应 $\qquad E_{H_2}=-0.0591pH-0.02951\lg p_{H_2}$ $\qquad\qquad$ (4-10)

另外，对一般的稀薄溶液而言，其活度可用容量摩尔浓度表示。从电位-pH 图中知道还原反应进行的可能性，如图 4-34 所示。图中离子和化合物是以实线所包围的范围来表示其物质稳定性，与 Ni 有关的阴极反应是用实线表示，虚线表示氢的阳极反应。因此，在虚线上方 H⁺ 和下方的 H_2 是稳定的，Ni^{2+} 与氢的还原反应必须在 Ni 和 H⁺ 的稳定区相重叠的区域内产生。例如，在 pH>4.5 溶液中氢还原，但 pH 值过高时由于加水分解生成氢氧化镍的沉淀，其反应比较复杂，因此图中没表示出来。在 pH 值较高的区域由于氨的共存而生成氨络合物 $\left[Ni(NH_3)_n\right]^{2+}(n=1\sim6)$，这种氢还原可能生成金属。图中虚线表示氢的分压为 1.01325×10^5Pa 时的情况，如果气压为 1.0325×10^7Pa，虚线往下移到 0.059V。同样实线表示活度为 1 时 Ni^{2+} 的情况，因此实线随其活度值变化而变化。也就是说，用改变这些反应条件来考察与此相应的情况是可能的。另外，采用改变金属或者还原

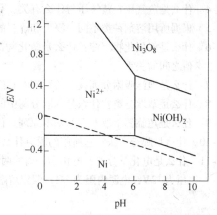

图 4-34　Ni-H_2O 系电位-pH 图

剂的各类方法也同样在进行研究。由此根据对各种图形的比较结果，可得知气体还原的金属离子的最小浓度的标准值和几种金属离子共存时的还原性差异以及选择性还原等问题。除如上所述的从反应平衡角度上讨论外，还有有关反应机理和反应速度及有关粉末生成为目的气体还原的结晶生长问题等，也是很重要的研究课题。但对这些问题的研究应根据每个反应的个别实际结晶果来解决，因为在此省略，下面介绍一下重要实例。

气体还原的工业化典型例是 1954 年加拿大 Sherritt Gordon 公司的硫化镍精矿湿法冶炼厂。该厂将含钴的硫化镍矿在空气加压下进行氨浸，生成氨络合物，然后在 200℃、1530kPa 的氢气下进行加压还原得到镍和钴的粉末。这种选择性还原不是按上述反应平衡的特性进行的，而是根据镍氨络离子还原速度远比钴的还原速度大，即钴的还原在镍氨络离子还原几乎终止之后进行反应速度特性来进行的。

钴的还原是在过剩氨的共存和氧的加压下将 Co^{2+} 变成 Co^{3+}，然后添加硫酸降低 pH 值时，镍以硫酸铵盐的形式进行沉淀分离。其滤液中添加金属钴粉末，使钴再次还原为 Co^{2+}（复杂的预处理）。这种还原钴粉末可用作各种粉末冶金的原料。其特例是世界十几个国家的镍币就是由粉末冶金厂通过用粉末控制和刻印等工序制出来的。气体还原与资源再回收利用有关的实例有美国 Whitaker Metals 公司用加压氢气还原法从铜废料中制出铜粉。其原料是铜和黄铜废料，在含有氧化剂 Cu^{2+} 的碱性碳酸铵溶液中将原料进行浸出，对铅和锡等不溶性残渣经分离后的滤液进行氢还原。还原条件为 165℃，总压力为 6383kPa，此时可利用含锌小于 60g/L 时不能还原的性质，进行选择性还原。另外，用同样的方法可进行钴的还原。还有如果溶液产生沸腾时，溶液中的锌以碳酸锌的形式得到沉淀提取。

除回收金属利用气体学还原外，在石油加工等其他领域，也有利用气体还原技术对渣油等加氢还原，生产高质量燃油的方法。

习　题

4-1　什么是热处理技术？简述干燥和焚烧的目的、方法及技术分类。

4-2　什么是热分解技术？简述热分解的目的、方法和技术分类。

4-3　熔融的目的是什么？具有代表性的熔融冶炼炉种类有哪些？分析各自的优缺点。

4-4 什么是蒸气压？蒸气压与什么有关、有什么关系？什么是挥发冶金？

4-5 根据所用溶剂种类不同，浸出和溶解的分类有哪些？

4-6 什么是氢氧化物沉淀？什么是硫化物沉淀？从图 4-18 中总结所给的金属氢氧化物的溶解度与 pH 值之间的关系。

4-7 什么是泡沫吸附分离技术的原理？它的技术分类有哪些？简述泡沫吸附分离技术的特点和应用。

4-8 什么是萃取分离？什么是萃取分离中的相？液液分离的机理是什么？

4-9 什么是超临界萃取？它的基本原理是什么？它有哪些特点和应用？

4-10 什么是膜分离法？它所用的膜有什么特点？膜分离组件有哪些？

4-11 什么是电化学分离？电化学分离的两种具体情况是什么？电化学分离一种镁熔融盐，外部所加电压为 12V，电源内阻为 3Ω，假定熔融盐的电阻为 1Ω，通电时间为 1min，计算镁的析出量。

5 固体废物处置、 处理与可持续利用的生物技术

学习目标

　　掌握固废资源可持续性利用生物技术的一些基本概念；了解石油固废污染环境资源的生物恢复和利用技术，并掌握这些技术的定义；了解石油固废的微生物脱硫技术；掌握固废资源利用的生物浮选、吸附与特殊物质降解过程；掌握矿业资源的生物再利用以及固废处理过程的生物脱臭技术，主要了解生物冶金技术和生物脱臭处理系统；掌握工业废物的农业性资源化利用；熟悉固废资源的生物恢复技术。

5.1 固体废物处置、处理与资源可持续利用生物技术概述

　　生物技术在资源可持续利用技术中有着十分重要的意义。近 20 年来，生物技术发展十分迅速，分子生物学的发展为我们了解生物学过程和资源可持续性利用提供了新的方法，为生物工程（或称生物技术）的研究奠定了基础。在基因结构与功能的研究基础上，利用 DNA 的重组技术，已把一些真核基因如重金属耐受基因、干扰素及生长激素等基因转移至原核生物细胞中，并生产出一些生物恢复制剂和贵重药品。从 20 世纪 60 年代中期开始，在分子生物学的推动下，随着 DNA 体外重组技术和基因克隆的建立及植物细胞原生质体培养方法日臻完善，一个包括生物化学、细胞生物学、遗传学和分子生物学等学科的新的研究领域逐步形成。生物工程利用细胞学和分子生物学的先进技术，通过特定的基因载体将外来基因或 DNA 片断引入细胞，进而筛选出能生产特殊产物的转化细胞或从转化细胞得到有价值的和新的生物类型。它涉及的研究内容广泛，如基因载体的选择和组建、基因库的建立和特定基因的分离、基因受体系统的建立、转化细胞的筛选以及生物的鉴定等。此外，细胞融合、固定化酶以及微生物工程技术等也已取得许多成果。目前生物工程已逐步进入实用阶段，从分子水平上看生物技术，由于其共性相同或相似技术，因此理工农医的学科界限已经模糊。尽管不少问题尚待解决，但可以相信在本世纪以生物工程为中心的应用生命科学，将形成一个巨大的产业部门，并在固体废物处置、处理与资源的可持续利用过程中发挥更大的作用。

5.1.1 生物技术的产生

　　在固体废物处置、处理与资源的可持续利用过程中，生物技术的应用前景广阔。从生物技术发展的历程不难看出，生物技术是资源利用的产物。在人类历史上，人们对生物的利用和改造大体经历三个阶段，即直接采集（或捕捉）阶段；引种和选种阶段和近一百多年的育种阶段。生物科学和其他自然科学一样，是随农业、医疗及轻工业的发展逐步形

成的。同时，生物技术的发展也促进了农业、医药卫生及发酵等事业的发展。生物技术的发展，早期是对生物的形态解剖的观察描述性阶段，伴随数学、物理及化学的发展，从20世纪开始生物技术逐步划分成实验性和分析性的技术，进入20世纪50年代，在单细胞和分子水平上的研究的深入化，产生了分子生物技术。近些年来，在资源利用的同时，随着细胞生物学、微生物学、生物化学以及分子生物学等分支领域不断发展，学科间相互渗透加强，综合性趋势明显，形成了新的产业性的资源利用研究领域——固废资源可持续利用生物技术。

5.1.2　生物技术的概念与内容

生物技术是指生物科学在固废资源的可持续利用中的技术，具体是指直接利用或模拟生物体或其功能进行物质生产、转化和匹配的工程技术。它是生物学与工程技术结合的产物，也可称为生物工程、生命工程、生物工业技术或生物工艺学等。它所涉及的内容一般有狭义和广义两种理解：狭义理解是指基因重组、细胞融合、固定化酶与细胞以及生物反应器等技术领域；广义理解则包括资源、能量、粮食、饲料生产以及为净化环境的技术，即固废资源可持续利用生物技术。

生物技术的内容一般包括细胞工程、基因工程、酶工程和发酵工程等。也有人将生化技术，如生物反应器的设计、传感器的研制和产品的分离与精制技术也列入这一范畴（见图5-1）。此外，还有人将重组DNA的基因工程、哺乳动物细胞培养、细胞培养、能源、生物催化、废物处理和利用、发酵以及加工工程（工艺）等列入生物技术的范畴。

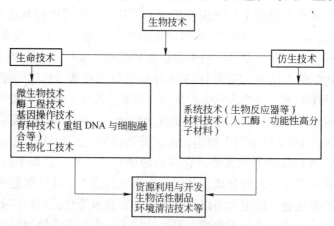

图5-1　资源可持续利用的生物技术研究内容

（1）细胞工程。通常认为，以培养离体细胞的方法，依据人们的意愿，有计划地改变或创造细胞遗传物质的技术以及发展这种技术的研究领域，称为细胞工程学。细胞工程学的研究内容主要包括细胞和组织培养技术、细胞融合技术（体细胞杂交）、细胞器移植技术、染色体工程、染色体组工程、细胞质工程、细胞并合工程等。在细胞工程领域中、细胞融合和大量细胞培养技术占重要地位。由英国的米尔斯旦首创的单克隆抗体技术，近年来已在临床上用于疾病的诊断和治疗。动物细胞培养所得到的疫苗、尿激酶及干扰素等有用物质也已广泛得到应用；利用植物细胞和愈伤组织培养物中合成和生产多种代谢产物的应用范围已涉及药品、色素、香精香料以及食品添加剂等物质。

（2）基因工程。从微生物到人类，遗传物质都是由脱氧核糖核酸（DNA）构成的。所有的 DNA 都具有相同的双螺旋结构（只有极少数特殊的噬菌体例外）。DNA 在复制时产生与原有者完全相同的 DNA，再与基因从亲代传递给子代细胞。在细胞分裂前，基因的复制实质上就是 DNA 的复制。通常生物产生后代需通过有性交配，使精子与卵子结合形成受精卵，受精卵经过不断分裂、增殖、特化形成新的生命体。利用这种方式可改良或选育生物新品种。由于生物存在的种间障碍，亲缘关系远的杂交不易成功。但利用基因工程技术则可排除亲缘关系远的障碍。因此基因工程在理论和应用上都具有极其重要的意义。基因工程是指用人工的方法将不同生物的遗传物质（DNA 分子）分离出来后，在体外进行剪切、拼接和重组，接着再将重组体置入宿主细胞内进行大量复制，进而使遗传信息在新宿主细胞或个体内充分表达，最后得到基因产物。这一过程的本质仍是遗传物质（基因）的重组，其科学术语亦称为"重组 DNA"或"基因拼接"。为便于对基因工程概念的理解，现以获双重抗药性的细菌为例加以说明。例如把大肠杆菌质粒 $P^{SC}101$ 和葡萄球菌质粒 P1258 的 DNA 的放置一起，用 EcoRI 限制性核酸内切酶进行切割，再用连接酶连接，然后转化到大肠杆菌内，在分离出的被转化的细菌中，有的表现出金黄色葡萄球菌质粒编码的青霉素抗生和大肠杆菌质粒编码的四环素抗性，进而发现上述具有双重抗性的细菌含有一种新的 DNA，它是上述两种质粒的重组体。

（3）酶工程。酶工程是指利用酶或细胞的某种特定功能，经生物反应器及其工艺流程生产人类需要产品的一种技术。利用酶的特异性，能够区别一般试剂无法区别的反应。固定化技术是把酶或细胞吸附在固相载体上或用包埋剂包埋，这样可连续使用，其催化效率或酶的利用率显著提高。生物反应器是生物工程技术开发中的一个关键设备，它为活细胞或酶提供适宜的反应环境，以达到细胞增殖或产品形成的目的。在酶工程领域里，生物反应器的类型很多，如活细胞反应器、固定化酶和固定化细胞反应器、游离酶反应器、细胞培养装置及生物污水处理装置等。其特点是灵敏、快速和准确，并能反复应用，为节能型催化剂。

（4）发酵工程。发酵工程是指为微生物创造适宜的生长发育条件，通过微生物某些特定功能，利用现代化技术生产人类需要的产品。发酵工程是在微生物作用下完成的，因此也称为微生物工程。人类利用发酵方法生产酒、醋、酱等产品，已有几千年的历史，不过最初是凭经验进行生产，并不了解是微生物的作用，至于发酵与微生物的关系更不清楚，因此，长期停留于较低的水平上。16 世纪由于显微镜的发明才发现了微生物，19 世纪发酵原理才得以阐明。20 世纪 40 年代第二次世界大战期间，青霉素投入生产；60 年代在发酵法中引进代谢调控技术，制备氨基酸获得成功，由此促进了微生物工业的飞速发展。迄今为止，工业上的发酵和转化产物很多。利用微生物能生产蛋白质和酶，如蛋白酶、淀粉酶、脂肪酶、葡萄糖异构酶、纤维素酶、果胶酶以及半纤维素酶等。微生物发酵产物包括初级和次级产物。初级产物有氨基酸类（如谷氨酸、丙氨酸及赖氨酸等十几种）、核苷酸类（如核苷、核苷酸等）、有机酸类（如柠檬酸、乳酸、葡萄糖酸、a-酮戊二酸、反丁烯二酸、甲义丁二酸及曲酸等）；次级产物有抗生素类（如青霉素、链霉素、四环素、土霉素、卡那霉素、金霉素、红霉菌素、头孢霉素等抗细菌的抗生素，灰黄霉素等抗真菌的抗生素以及抗肿瘤的抗生素等）、维生素类（如 VC、VB_2、VB_1 等）、生物碱及细菌毒素等。此外，微生物工程在降解污染物及采矿等领域也取得一些可喜成果。

上述几个方面的技术体系是相互依赖、相辅相成的。尽管细胞工程、基因工程、酶工程和发酵工程均有各自的技术内容和发展领域，但基因工程是关键。就是说，要想依据人类的意愿获得特定的生物工程产品，并赋予这些技术以新的生命力，只有用基因工程改造的微生物和细胞才可能实现。

5.1.3   生物技术与资源可持续利用

随着社会经济的发展，生物技术在资源和能源的开发和利用中，已经取得了一些可喜的成就，也显示了广阔的应用前景。能源资源的发开，包括能源的深层开发及代用品的研究已进行了一些工作。例如石油开采分三次：第一次开采储量的30%；第二次开采油需经水加压可采油20%，但在岩石间隙的深层原油开采就十分困难了，常被白白浪费；第三次开采是根据油和水在岩层中流度比的不同，向油层中注入聚合物（一种高分子化学合成剂）。一般经过三次采油后采收率可大大提高，能达到70%以上。20世纪80年代初美国用工程菌降解原油中高碳链物质，增加产量达2000万桶，价值为6亿美元。同时，石油代用品研究和生物能量的引入，也使资源可持续利用得到了发展。

生物能量是指生物所产生的物质的直接或间接转化而来的能量。这些生物资源主要指可生产作为能源物质的各种生物，如被称为"石油植物"和生物所产生的生物能量。石油植物即其代谢产物中含有近似石油成分类物质的植物，像原产于澳大利亚等地的桉树以及产于东非的低矮的青珊瑚树等。我国海南、两广等地也有桉树种植，近年来试种面积有所增加。桉树的生长速度快，对大气污染具有很强的耐受力，所含桉树油的辛烷值高，可作为石油的代用品使用。青珊瑚树乳汁中，含有机酸和皂角甘等碳氢化合物。这类植物在干旱荒漠地区生长正常，为干旱地区改造及解决能源供给问题提供可能性。此外，乙醇代替石油是很有希望可持续利用资源，尽管乙醇的发热量比汽油低1/3，且易使引擎金属部分受到腐蚀，但在石油紧缺的今天，用它代替石油还是很有希望的。巴西已用掺入乙醇的汽油作为汽车燃料。近年来，巴西等国已用甘蔗和一些薯类作为乙醇生产原料，也有用稻草、植物秆棵等为原料的，利用超级工程菌生产乙醇等也已获得成功。当然，如用基因重组技术培育出的高效率的工程菌和发酵力更高酵母的配组将使乙醇生产大幅度提高。至于生物对植物材料中木质素的分解，将为利用木屑生产乙醇提供可能。轻化工、食品营养、环境保护等领域，由于基因工程和固定化的技术的引入，也取得一些成果。近年来，英国某化学公司利用基因转移法使产碱杆菌生产聚羟基丁酸，为生物工程技术合成纤维提供了可能条件。作为石油化工的重要原料环氧烃类，如环氧乙烷等，已由固定化催化烯烃类转化得到。还有报道指出，将蚕丝蛋白基因转入大肠杆菌并获得表达，并利用发酵法生产蚕丝成为可能。生物所必需的氨基酸、蛋白质等是生物必需的营养物质，其中有的可作为调味品、饲料添加剂或药品等。资料表明，生物工程技术的应用，为上述重要物质的生产，提供了一条崭新的途径。如用固定化酶和固定化技术，生产的氨基酸每年可达30万吨以上。通过基因重组技术，已培育出生产苏氨酸和色氨酸的"工程菌"。在蛋白质的生产方面，通过生物技术已由细菌、真菌、放线菌以及藻类提取出单细胞蛋白。

生物技术在资源的可持续利用和生物恢复中，具有举足轻重的位置。当前，在"三废"处理中生化处理有重要意义，微生物处理尤其是利用基因重组技术选育出的工程菌在某些领域中的效果更佳，如枯草杆菌、马铃薯杆菌具有清除毒物己内酰胺的作用；溶胶假单孢杆菌有去除氰化物的能力；腐臭假单孢杆菌能降解樟脑、水杨酸酯和苯；甲烷氧化菌能除去煤炭中的甲烷，以防止瓦斯爆炸；红色酵母和蛇皮癣菌类等能降解多氯联苯；等等。美国已应用基因重组织技术筛选出能降解多种烃类的新菌株，将降解芳香烃的质粒、降解萜烃的质粒以及降解多环芳香烃质粒，转入能降解脂烃菌体内，形成三种新菌株（降解多种烃类的新菌株）。该杂菌能将石油中的 2/3 烃类分解，表明其分解速度快，效率也高。此外，利用生物技术在废物及海水提取贵重金属的研究工作，虽属起步但意义重大。已分离出一些菌株能在高浓度的金、铂离子中生长，其中两株细菌 PtR 和 AuR，前者在培养基中能摄取铂，但不能摄取金；后者则只能摄取金，却不能摄取铂。这些研究成果，有助于贵金属和重金属及其共生矿中金、铂、铀等的回收利用。这些低品位的资源的应用，为资源的可持续利用开辟了新的途径。

5.2　石油固废污染环境资源的生物恢复与利用

不可再生资源之一的石油资源是含有多种烃类物质的资源，是含有正烷烃、支链烷烃、芳烃、脂环烃及少量其他有机物硫化物、氮化物、环烷酸类等复杂物质的混合物。石油样品中有的含 200~300 种烃类物质，分子量为 16~1000，其物理状态有气态、挥发性液体、高沸点液体以及固体。全世界石油消费量由发展至今已增长百余倍。大量原油不断自地下开采出来进入消费市场。在开采、运输、炼制和使用过程中，石油及其废弃物常常造成环境资源的污染。近几十年来由于开发海上油田及超级油船，因失控漏油、清洗油船甚至触礁遇难事故时有发生，更使水域的石油污染问题突出。据统计，我国排放入海的污水中主要污染物为石油。为了消除石油污染，揭示在自然界净化石油的规律，人们进行了大量研究，发现微生物降解起着重要作用。

5.2.1　石油的生物降解能力

石油中所含的多种烃类，从最简单的 C_1 化合物至复杂的几十个碳原子的固体残渣，只要条件适宜，均可被微生物代谢降解，只是难易与速度不同。一般言之，C_{10}~C_{18} 范围的化合物较易降解。降解次序为 "烯烃>烷烃>芳烃>脂环烃"。至今发现个别菌株能利用脂环烃。在烷烃中 C_1~C_3 化合物如甲烷、乙烷、丙烷只能被少数具有高度专一性的微生物所利用。石蜡也可被微生物降解，但含碳原子 30 个以上者则较难，部分原因是其溶解度小、表面积小。正构烷烃比异构烷烃易降解，直链烃比支链烃易降解。在芳香物中，苯的降解极难，要比烷基代苯类及多环化合物慢一些。目前对石油细胞平均氧化石油中沥青组分的降解情况了解甚少。据计算，一小细菌细胞平均氧化石油量为 $5×10^{-12}$ mg/h。在每毫升含油的海水中，降解石油细菌可达到 800 万。因油型和环境温度不同，在受油污区域，微生物降油率每年每立方米海水可为 35~350g。当原油接触天然水体时，大部分直链烃 7d 内消失，支链烃需数月，而芳烃则没等到降解已沉入到底泥中。

5.2.2　石油污染的生物恢复过程与微生物

生物对石油污染的恢复，主要是对石油中烷烃、烯烃、芳烃和脂环烃等的生物恢复。由于大多数生物体含有或能产生少量烃类，例如，植物叶面的蜡质、某些动物表皮类脂质组分中的烃、甲烷发酵菌产生的甲烷等，当然烃类也是石油的最主要的成分，因此生物对其具有一定的恢复能力。虽然某些烃类对生物有毒害作用，但经多年来研究已了解石油污染的生物恢复过程。

（1）烷烃类生物恢复。微生物对烷烃分解的一般过程是逐步氧化，生成相应的醇、醛和酸，而后经 β-氧化进入三羧循环，最终分解成 CO_2 和 H_2O。最常见的氧化是烷烃末端甲基氧化。另外，还有两端甲基氧化形成二羧酸及次末端 CH_2 基氧化生成酮类的情况。末端甲基氧化过程如下式：

$$CH_3(CH_2)_nCH_2 \cdot CH_2 \cdot CH_3 \longrightarrow CH_3(CH_2)_nCH_2 \cdot CH_2 \cdot CH_2OH \longrightarrow$$

$$CH_3(CH_2)_nCH_2 \cdot CH_2 \cdot CHO \longrightarrow CH_3(CH_2)_nCH_2 \cdot CH_2 \cdot COOH \xrightarrow{\beta-氧化}$$

$$CH_3(CH_2)_nCOOH+CH_3COOH$$

乙酸在微生物代谢中被解为 CO_2 与 H_2O，剩下的少两个碳原子的脂肪酸以同样方式经 β-氧化再脱下两个碳原子，新生成的乙酸断续分解为 CO_2 和 H_2O 直至在氧的参与下分解完毕。甲烷是最简单的烷烃，它不同于其他的气态化合物，具有两方面的生物学独特性，一是微生物代谢产生大量的气体；二是这一过程由一些对较大分子碳氢化物没有产生活性的微生物推动，并氧化甲烷以合成自身细胞物质，其氧化过程为：

$$CH_4+2O_2 \longrightarrow CO_2+2H_2O$$

其中间步骤亦与上述烷烃氧化类似：

$$CH_4 \longrightarrow CH_3OH \longrightarrow HCHO \longrightarrow HCOOH \longrightarrow CO_2$$

自然界中能使甲烷氧化的微生物主要是一群专性细菌，只能利用甲烷和甲醇作为碳源及能源而不能利用其他脂肪族碳氢化物。这些细菌是一些形状与大小各不相同的严格需氧型革兰阴性菌，有甲基单胞菌属、甲基球菌属、甲基杆菌属等不同属。此外，有某些异微生物除能氧化 CH_4 外，还可利用其他碳氢化物或其他有机物。因此，可以利用甲烷氧化菌的这种功能清除煤矿坑道中的甲烷气体，以确保下采煤的安全。

（2）石油中烯烃类生物恢复。大多数烯烃比芳烃、烷烃易于被微生物利用。微生物烯烃的代谢主要是产生具有双键的加氧氧化物或环氧化物，最终形成饱和脂肪酸，然后再经 β-氧化进入三羧酸循环被完全分解。由此可知，尽管微生物烯烃与烷烃类有所不同，但其恢复降解的起始反应却是相似的，即在氧化的催化作用下将分子氧（O_2）引入基质中，形成一种含氧和中间产物，然后再经氧化进入三羧酸循环被完全分解。其反应为：

$$CH_3(CH_2)_nCH_2=CH_2 \begin{cases} \longrightarrow HOCH_2(CH_2)_nCH=CH_2 \longrightarrow HOOC(CH_2)_nCH=CH_2 \\ \longrightarrow HOOC(CH_2)_n\underset{O}{CH-CH_2}OH \longrightarrow HOCH_2(CH_2)_n\underset{OH}{CH-CH_2}OH \end{cases}$$

$$\downarrow \beta-氧化$$

$$CH_3(CH_2)_{n-1}CHCOOH$$

$$CH_3(CH_2)_{n-2}COOH+CH_3COOH$$

另外，石化产品或汽车中汽油燃烧的产物乙烯是一种主要大气污染物。地球上成百万吨的乙烯扩散于大气中，而大气中乙烯浓度并未见增加，这是由于环境中某些微生物具有转化乙烯的能力。当土壤经灭菌处理杀死了微生物后，它便失去了分解乙烯的能力。

（3）石油中芳香族化合物恢复。其过程是芳香族化合物氧化为双酚化合物，然后再在双氧化酶的作用下，环链上的双键断裂，形成相应的有机酸，最后，有机酸进入三羧酸循环被彻底分解，其反应各过程如图 5-2 所示。

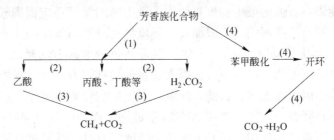

图 5-2　石油中芳香族化合物的生物恢复
(1) 厌氧芳环裂解菌；(2) 产氢产乙酸菌；(3) 产甲烷菌；(4) 氧化类微生物

（4）石油中脂环烃类生物恢复。研究表明，在全部烃类中微生物对脂环烃类恢复能力最弱。然而，已经发现小球诺卡氏菌以环己醇作为唯一碳源和能源而将其恢复的例子。其过程是：

环己醇──→环己酮──→己内酯──→6- 羧基己酸──→己二酸──→β- 氧化──→三羧酸循环

研究证明，所检测的全部微生物种中约有 20% 具有不同程度降解或恢复石油污染的能力。这些微生物普遍属于细菌、放线菌、霉菌、酵母等各类微生物的 100 余属中。通过连续加富培养技术，可以分离得到利用较为复杂石油组分的微生物。对石油微生物计数，学者们建议以最可能数法（MPN 法）为佳。微生物生长可使油水混合乳化，无微生物生长时油水呈分离状态。石油降解微生物广泛分布于自然界、海洋、淡水、陆地、寒带、温带热带等不同地区。因为石油系天然有机物，故而微生物发展利用石油的能力是不足为奇的。在未受石油污染的生态系统中，石油降解菌占不到微生物总数的 0.1%，而在受石油污染的生态系统中可达 100%。

研究已发现多种解烃类质粒，目前通过分子生物学的手段，已经对其进行分子克隆，并构建了石油污染复的工程菌、灰绿葡萄孢霉和曲霉、青霉、枝孢霉等属中的菌株。而酵母菌主要有假丝酵母属、红酵母属、球拟酵母属等属中的菌株。其中假丝酵母的营养要求不高，只要有氨和硝酸根等无机氮素存在，就可以消除石油污染。另外，近年来蓝细菌与绿藻具有可降解芳烃作用，尤其是蓝细菌似乎具有氧化多种芳烃的能力。

5.2.3　石油污染生物恢复影响因素

石油污染生物恢复的影响因素非常复杂。不同石油产地和来源，石油组分差异很大，直接影响石油污染的生物恢复。而其他的物理化学因素，亦对其产生影响。有时，一种石油在某些条件下一点也不能降解；而在另外条件下几天甚至几小时便可被生物代谢利用，环境得到恢复。我们知道，石油降菌主要生长与作用位置为油水界面。在水相体系中，油分散成薄膜，微生物利用的表面积较大，分解速度较快。而在土壤中，油被植物或土粒吸附，扩散受到限制，分解速度较水相体系慢。液态烃比固态烃易降解。如能溶入水或其他烃类中则较易为微生物所利用。由于烃类的溶解度均极低，且在漏油事故中石油量远超过其溶解度，故此种先溶入水中而后微生物降解的情况较为少见。在水体污染石油后，有时会形成"水包在油内"乳胶，即所谓的"奶油冻"。乳化的石油中含有 70% ~80% 的海水，由于表面积小，微生物降解速度大大降低。此时通常使用无毒性的化学分散剂以分散油污并使之下沉，当油滴表面性状改变后，才有利于微生物的降解作用。

温度同样也能影响石油污染生物恢复作用。微生物的温度适应范围较广，在 $0 \sim 70℃$ 环境中均可分离得到石油降解菌。一般而言，环境烃类降解与温度呈正相关，在 $0 \sim 40℃$ 范围内每升高 $10℃$ 其生化反应增加 $2 \sim 3$ 倍。温带及热带地区石油经 $2 \sim 6$ 月降解，寒带要几年，而极地则难以变化。温度与其他因素联系的问题较为复杂。例如温度可影响水分的供应，冻土及冰中因无液态水，石油难降解。温度影响烃类的物理状态，低温时某些烃类呈固态，因而不易降解。例如二苯在 $30℃$ 时呈液态，而 $20℃$ 时为固态，某石油降解假单胞菌在后一温度下对之无作用，$30℃$ 下可使之降解。有时，低温对石油污染恢复有利。

另外，氧气和营养物质也是十分重要的。石油中各个组分完全分解为 CO_2 与 H_2O，需要一定量的氧。据计算，每分解 $1g$ 石油需氧 $3 \sim 4g$。在严重的石油污染环境里，氧有时成为石油分解的限制因子。用 ^{14}C 标记类研究微生物在厌氧条件下对烃的降解，发现微生物可以分解十六烷甲烷等生成 $^{14}CO_2$。试验中有甲烷产生，间接说明该实验条件确系缺氧。在缺氧条件下硫酸盐及硝酸盐可作为氧的补给体而受氢。然而，石油在厌氧条件下降解比有氧条件下有时要低几个数量级。有实验表明，有氧时烃类经 $14d$ 可降解 20% 以上，而厌氧条件下经 $233d$ 降解未及 5%。当环境中还原电位，由 $-220mV$ 升至 $+130mV$ 时，培养 $35d$，可将萘的矿化率由 0.6% 提高至 22.6%。厌氧石油降解在自然界几乎微弱至可忽略不计，但有人以为其对底泥及深水中烃类的降解具有一定意义。

大量实践证明，在众多漏油事故中，氮与磷元素含量常严重地限制了微生物对石油的降解。

如地中海某海域受污染，每升海水中含油 $70mg$，加入 $3.2mgNH_4^+N$ 及 $0.6mgPO_4^{3-}$ 使石油降解率提高了 67%。美国路易斯安那原油泄漏于某海域，在未补充营养物质的情况下几乎无石油降解，而加入氮、磷后水中油污 $3d$ 内降解近 73%。为避免营养物质随水流失，有人研究加入油溶性营养物如石蜡化尿素、分枝杆菌等能利用甲烷、正丁烷、甲苯、正十四烷、环烷酸等作为碳源和能源并分子态氮为氮源，解决水体中石油污染恢复氮素营养的问题。有时一些烃类物质单独存在时不能降解，但在石油混合物中则由于微生物利用其他烃类生长而使该难解烃在酶作用下降解。故此，石油混合物共氧化作用提供了良好的化学环境，许多复杂的分支烃及环状烃多借此途径而得以自环境中除去。有时一种有机物存在还可以抑制另一种有机物的降解，如醋酸盐在可抑制十六烷的降解，而十六烷存在时可抑制其他长链烷烃的降解作用。

5.2.4　今后石油污染生物恢复与利用的研究课题

研究和利用乙烷利用细菌进行石油探查或生物找油。大力开发三次采油的生物制剂，如生物降凝剂、生物假塑剂及多种生物添加剂等。在石油炼制过程中，很多石油产品有特定的要求，如航空燃料需要低凝点燃油。炼油厂脱蜡加工设备复杂，溶剂和动力消耗很大，如能利用生物降解石油蜡的特性进行石油脱蜡，则工艺简单、操作方便。能脱蜡的微生物有解脂假丝酵母、球拟酵母、诺卡氏菌和粉孢霉等。另外，有人正在从事石油非水相体系的生物催化研究，一方面利用分子克隆技术进行石油非水相体系直接脱氮和硫的生物催化剂的研究，另一方面利用生物催化剂技术进行生物石油精细化学品的研制，目前已取得了一定的阶段性的成果。还有，世界上的许多国家正在研究从石油微生物体内获取蛋白质、脂肪、核酸等物质及开发新的石油的生物代用资源。

5.3 石油固废的微生物脱硫技术

在资源的可持续利用中，石油污染控制技术的开发一直令人们关注，石油中硫的控制与消除，可以使环境资源得到有效的恢复和控制。最近，人们在微生物遗传学方面的探索，如基因的合成与传导，使人们对利用生物技术生产新产品替代常规石油加工工艺过程生产的产品十分重视。遗传工程的发展，使清除石油中硫物质的工艺过程成为可能。生物技术由于能产生有益于生物和人类健康的药品、工业产品和无害化工艺过程，因此引起了人们浓厚的兴趣。此外，生物技术在石油和矿业的开采、金属的回收、污染物的控制上得到了运用。然而，这些流程在很大程度上取决于适合微生物生长特点的环境和实际工程的技术经济能力。

微生物脱硫技术过程作为一种系统式被采用，很大程度上取决于生物过程是否具有商业价值，即包含于过程中的生物学和经济学方面的限制因素。

脱硫的主要原因是高质量原油的减少和高含硫原油加工量的增加，加之环境质量限制石油中硫的氧化物排放标准越来越苛刻。石油中硫是以脂肪族和芳香族的有机化合物的形式存在的，相比之下，煤中硫则以有机和无机硫化物形式存在。因此，生物脱硫反应过程是一个较为复杂的过程。

5.3.1 生物过程脱硫的可能性

近30年来，对原油或石油产品进行脱硫反应的微生物鉴定，已经进行了许多工业的和学术性的工作。这些工作主要限制在从自然界中寻找具有脱硫作用的微生物，这些工作用商业的观点评价是没有实用价值的，因此可得出这样的结论：对于商业脱硫反应过程来说在自然界没有适合的微生物。

最近，基础和应用生物工程技术已有新的进展，创造了许多新的生命形式。因此，遗传学上的工程微生物快速高效地执行相应的化学反应现在已经成为可能，从而可以实现具有经济价值的石油生物脱硫生产过程。

在资源利用中的石油脱硫工作的所有目的是在回答两个问题：（1）能否创建出具有从石油中把硫转化成为可去除形式的微生物，这种微生物在脱硫过程中要具有特异性和一定的反应速率；（2）这些微生物能否用于进行大规模石油生物脱硫，是否具有竞争能力的替代技术的基础。

微生物脱硫途径，其一是含硫质与空气接触，在微生物的作用下，转化为可溶性物质，并通过过滤方法去除这些化合物，尽管这种方法造成石油燃烧值或碳化物的损失，但是，由于适合微生物的脱硫过程（见图5-3），因此在工业上具有一定的使用价值；其二是对石油彻底脱硫且又不会造成石油的燃烧值或碳化物的损失，该途径应成为微生物方面研究探索的目标。

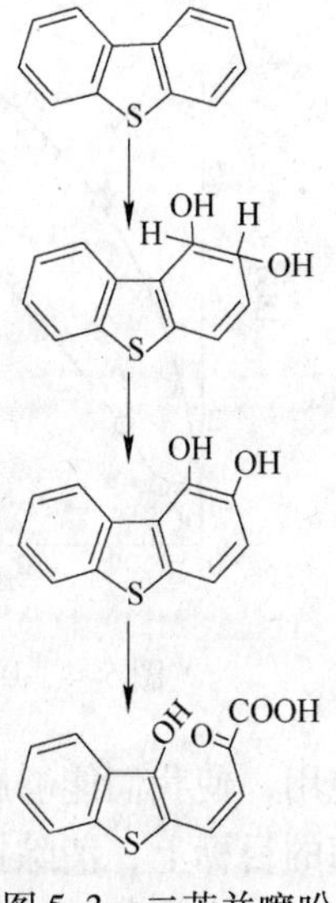

图5-3 二苯并噻吩代谢途径

　　生物学和工程学评价表明，尽管生物脱硫过程存在机会，但也存在经济上的限制。在很大规模的应用中，生物方面的限制可能远超过传统工艺过程投资方面的限制。严密的经济预算评价，应该在开发脱硫技术前进行，有些计划的生物过程虽然技术是成功的，可是最终的工程经济性较差，导致很多技术没有任何商业价值。因此，必须认真地选择方案。

5.3.2　利用 DM220 的基因修饰

　　石油中难去除硫化物的主要成分是芳香族硫化物，而在芳香族硫化物中以苯噻吩为主，生物脱硫的模型化合物通常选择石油中含量较高且难用其他方法去除的二苯并噻吩（DBT）。目前的试验多考查 DBT 的氧化和溶解性生物。

　　用分离的产碱假单杆菌菌株，经过基因组成的表征与修饰，达到了脱硫的技术目的。这种微生物被命名为 DM220，DM220 与含硫和非含硫芳烃化合物混合培养。表 5-1 表明了 DM220 代谢 DBT 类化合物的能力和区别含硫与非含硫化合物微生酶系的能力。在天然环境中，分离的菌株具有氧化 DBT 类化合物的能力，但是反应速率可能不同。含硫和非含硫芳香族化合物的芳香族化合物氧化生物具有相同的特性，而 DM220 的酶系统表现出对含硫化合物的代谢能力。另外，氧化含硫有机化合物的能力与代谢控制基因数量密切相关，例如，增加基因的拷贝数，代谢能力加强。研究结果表明脱硫酶系统的基因密码通过质粒转移确立，并通过基因的修饰处理来发展脱硫能力。

表 5-1　培养基的特性

基　质	反　应
苯并噻吩	++++
苯噻吩	+++
硫筛	+++
噻吩	+++
菲	+
蒽	+

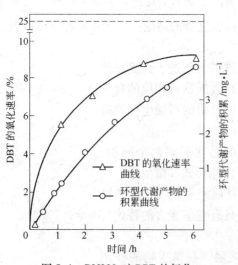

图 5-4　DM220 对 DBT 的氧化

　　图 5-3 表明 DM220 氧化 DBT 的途径。图 5-4 表明 DBT 的氧化速率。在此条件下，DBT 氧化速率在反应完成前下降。在下降期内，环状化合物开环量大于线性产物的积累量。这里 DBT 的进一步氧化涉及前面 DBT 氧化的碎片并使这些也进一步氧化。使用在萘和水杨酸盐生长的细胞，没有分离出氧化 DBT 酶，反应体系中除了 DBT 或石油没有其他因子，由此表明氧化反应是简单的，不需要其他协同因子。

　　DBT 的氧化取决于 DBT 最初的水溶性，脱硫过程最初反应十分重要。在传统的生物学中，产物积累产业的抑制可能影响了 DM220 的商业价值。最近遗传技术的使用，使我们能够删除产生抑制产物积累的酶与基因密码，在建立去除这些抑制产物形成酶的目标上，消除抑制 DBT 氧化反应的产物。DBT 氧化速率，可以用在离子交换树脂的存在下去除抑制性的羧化物的方法来测定。表 5-2 所列为离子交换树脂存的条件下，促进 DBT 代谢反应的结果。

表 5-2   DBT 氧化反应速率与离子交换树脂的关系

树　脂	链环数	结　　　构	速率/g·h⁻¹
AG1	2	ψ- CH$_2$N⁺(CH$_3$)$_3$	6.3
A-2	4	ψ- CH$_2$N⁺(CH$_3$)$_2$C$_2$H$_4$OH	11.6
BioRex5	—	R- N⁺(CH$_3$)$_2$ R- N⁺(CH$_3$)$_2$ +C$_2$H$_4$OH	10.3
无树脂	—	—	0.9
无细胞	—	—	0.0

5.3.3 生物固定化技术应用

DBT 氧化反应的酶的特性与 pH 值和温度有关（见图 5-5 和图 5-6），曲线轮廓表明生物过程的最佳活性区域。微生物脱硫的优点是它不需要加氢脱硫化工过程所需的高温、高压。氧化 DBT 在细胞镜检表明这个过程是一个表面反应，也就是 DBT 氧化酶存在于细胞表面，而不需要将 DBT 传输到细胞内部。然而，仅在可溶的基础上酶才表现其活性，因此需要对 DBT 进行预溶解反应。DBT 的氧化使 DM220 的细胞的浓度增加，如表 5-3 所示。单细胞氧化速率的下降与细胞浓度的关，当细胞增加至 100 个时，总的氧化速率与细胞 40 个时氧化速率相近。下降的原因可能与限基质传到细胞表面的因素有关。

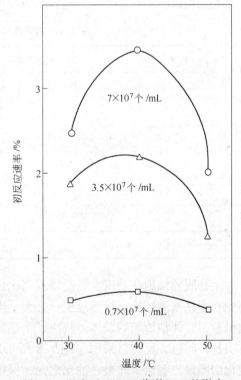

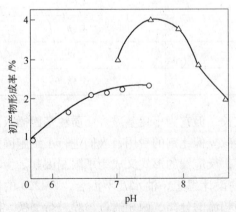

图 5-5   pH 值对 DBT 代谢产物的影响
（○和△代表的是在相似条件下做的两次实验）

图 5-6   温度对 DM220 代谢 DBT 的影响

石油中 DBT 的氧化在亲水环境下，通过亲水特性物质催化产生亲水性分子，因此在整个反应的混合物中亲水化合物种类与亲水性的比率影响和限制了人们对此问题的理解。把 DBT 加到轻质油中去，并用 DM220 进行氧化，图 5-7 表明了油水比的变化情况，从图中明显看出当油加入超过8%，反应速率戏剧性地呈下降趋势，加入30%，这种趋势更为明显。

表5-3　细胞浓度对产物形成速率的影响

细胞数(×10^6)/个	10^{6}个细胞的产物形成速率/%
70.0	0.036
35.0	0.047
7.0	0.071
3.5	0.083
0.7	0.093

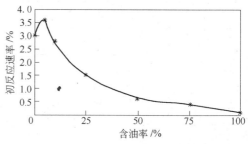

图5-7　油的浓度对DBT反应速率的影响

在试验和生产过程中，催化剂的保存时间是重要的，在一定的时间内，传统上是利用真空冷冻干燥法来保持细胞的活性，而用离心鲜细胞在4℃上保存，仅有2/3的细胞保持它的活性。

利用固定化技术时，需要对重复利用的细胞活性进行考查。在不同时间长度下，氧化DBT的细胞，通过离心和冲洗恢复其活性按上述过程反应3h后产物积累与延长反应时间长度结果相似。在0~4h时，细胞的回用见表5-4。

表5-4　不同反应时间内细胞的回用情况

初反应期/h	产物在第一周期的积累/g·L^{-1}	产物在第二周期的积累/g·L^{-1}
0	—	5.46
1.5	3.44	5.24
2.0	4.21	5.07
2.5	4.89	4.61
3.0	5.46	4.86
3.5	5.97	4.32
4.0	6.66	5.53

生物脱硫细胞在萘或水杨盐培养基上也能生长，但它为不良基质。而质粒基因插入的细胞在不良基质环境下可迅速生长。为了进一步减少催化剂的费用，人们进行了细胞固定化试验，并评估传统的载体。解决了上述问题后，反应器的形式又成为了限制因素。为了解决这一问题，反应器采用了图5-8所示最新的设计思想，油水互不混合，DM220的固定化细胞像三明治一样夹在油水之间，保持其两相流的分离，两相通过渗膜进行交换。因此不需要产物的油水分离，而直接得到两相的产物，一相是脱硫石油，另一相是含有机硫化物的水相。这种一体化的过程可以增加反应速率，去除中毒产物的积累。

5.3.4　费用限制因子辨析

生物脱硫技术的探索清楚地表明了生物过程的改进能力和需要，然而，最初的努力源于生物学方面和化学系统的费用分析，客观性是辨别费用限制因素并指导进一步生物学脱硫技术的方法。由于费用分析，确定生物脱硫目标非常敏感。表5-5所列为工程花费和已经改进了的过程参数。

理想的石油生物脱硫过程用微生物脱硫的费用比加氢脱硫过程有一定优越性，但比起直接购买低含硫石油价格仍十分昂贵。由于石油供给已变成十分复杂的问题，经济性评价似乎过于简单。生物脱硫过程必须与方便的氢制造技术竞争，以使生物脱硫过程较加氢脱硫过程更省费用。此外，生物化学过程处理高含硫石油依赖于其过程的副产品创造的价值，可见这一过程的改造是可能的，因此，目前的主要研究目的应转变以往的只重石油烃化物的燃料价值观点。

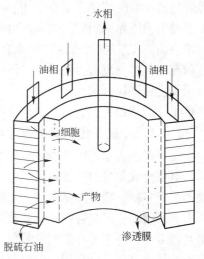

图5-8　石油脱硫生物反应器

表5-5　假设费用预算影响因素

项目	内　容	项目	内　容
1	高含硫油（3.0%）转变为低含硫油（0.7%）	4	1/1的油/水比率
2	固定化细胞的固定床反应器	5	年处理量34000万桶
3	45℃，pH为7.0	6	提取含硫芳香族化合物氧化反应的产物苯和酚

由技术和经济评价表明，微生物对石油脱硫与对煤的脱硫一样，作为大规模的生物化工程，石油生物脱硫有很大的潜在价值。初期不可能有充满希望的实验结果，工程分析可证明这一过程的最终商业重要性。然而，早期的分析可以辨析和消除经济应用中的限制因素。

5.4　固废资源利用的生物浮选、吸附与特殊物质降解

5.4.1　资源利用的生物浮选

随着固废处置与处理及资源可持续利用技术的发展，多学科交叉现象越来越多，生物学与其他学科的交叉尤为普遍。在二次资源利用领域里，一门新兴的工艺技术——生物浮选法最近悄然问世。所谓生物浮选法，是将微生技术与传统的浮选工艺结合，利用微生物技术改变气液固三相关系，达到处理各种二次资源目的的一种方法。在二次资源利用中，生物浮选用以改变某些选别对象的表面性质（特别是润湿性），增加可浮性的差别。利用微生物协同作用的特性及其代谢产物处理传统浮选药剂，提高药剂的功效和对二次资源的利用效率。

5.4.1.1　微生物对二次资源表面性能的影响

一般来说，微生物的表面既带正电荷，又带负电荷。然而大多数微生物所带的阴离子型基团，特别是羧基，因为在水溶液中呈负电性，微生物表面润湿性与其表面的 R-COOH

等官能团在空间的位置有关，其亲水区面积范围变化比较大，接触角在 15°～70°之间。如果微生物体和选别对象表面的电荷及其疏水性有助于吸附的话，微生物可能吸附在选别对象表面上，并改变选别对象原有的表面性质，尤其是润湿性。例如，氧化亚铁硫杆菌等菌与硫化矿物短暂接触（2～10min）后，即引起矿物表面性质（润湿性、电性）改变。由于氧化亚铁硫杆菌有非生物氧化的吸附作用，电位发生变化，硫化物受到强烈抑制，失去疏水性，增加了多金属复合矿物的选别效率，选别效率提高 90%。

5.4.1.2 微生物絮凝及资源再利用

用于资源再利用的絮凝剂有三类：无机絮凝剂，如聚合化铝（PAC）和聚合硫酸铁等；有机合成絮凝剂，如聚丙烯酸、聚丙烯酰胺衍生物和聚乙烯亚胺等；天然絮凝剂，如脱乙酰壳多糖、精氨酸钠和微生物絮凝剂等。人工合成的有机絮凝剂由于絮凝效果好而使用率有所增加，但是合成有机絮凝剂高分子聚合物所需的单位化合物，如丙烯酰胺等，均是神经毒物，对人类有强烈的致癌毒性。无机絮凝剂的使用同样存在二次污染的问题，最终影响到废物的综合利用。微生物絮凝剂易被生物降解，无毒无害具有安全性。它有较好的脱色功能，絮凝对象广泛而有效，容易在生产上使用。微生物絮凝剂的发展十分迅速，如革兰氏阳性菌红平红球菌，它具有产生体外絮凝剂的能力，能消除污泥的膨胀、澄清浑浊废水、处理纸浆黑液废水、对染料废水脱色和处理微生物菌液等，与无机絮凝剂和有机合絮凝剂相比有很强的竞争力。

微生物的絮凝机理较为复杂，其解释有荚膜学说、菌体外纤维素纤丝学说、电性中和学说、疏水学说和胞外聚合物架桥学说等，但它们都只能解释特定条件下的絮凝过程。目前已经得出结论，具有絮凝功能的微生物表面主要有黏多糖、蛋白质、脂类、糖蛋白、纤维素核酸以及离子化的葡萄糖和胞核酸等物质，这些物质与絮凝的关系很密切。细菌的内源呼吸主要排泄的是高分子聚合物，这些聚合物与悬浮颗粒间以离子键结合，起桥连作用，促使絮产生。又如草分枝杆菌，它是一种表面高度荷负电而又高度疏水的微生物，其表面具有多种基团，可用作煤、磷矿、赤铁矿、高岭土等矿物的选择性絮凝剂。在pH4.5、菌浓度 0.1g/L 的条件下，处理含全硫 2.5%（黄铁矿硫 1.5%）、灰分 12.1%的煤粉，结果煤形成絮团，而黄铁矿和灰分仍分散在矿浆中从而分选得到精煤。精煤全硫降至 1.2%、灰分 5.8%；煤回收率 86%，全硫、黄铁矿硫和灰分的脱除率分别在 60%、88%和 60%以上。此外，在弱酸性介质中，用该菌预处理石英型赤铁矿，赤铁矿絮凝出来，而石英呈分散状。还有其对佛罗里达白云质磷矿处理 4cm，絮凝使用非常显著。最近，有人使用从加拿大锰矿中分离出的酵母菌及其衍生物作为絮凝剂，处理赤铁矿、方解石和高岭土，也取得了很好的效果。pH 值在 3～11 范围内，赤铁矿的絮凝效率均在 90%以上。pH 值 6～8 时，高岭土的效率也达到 80%～90%。还要指出的是，经草分枝杆菌等絮凝后的物料，由于具有疏水性，沉淀和过滤效率大大提高，有利于再资源化产品的脱水。

5.4.1.3 微生物与传统浮选药剂相互作用关系

微生物可利用它的协同作用的特性，对有机物进行改性，可赋予传统浮选药剂新功能，改善常规浮选药剂的性能，把其他有机物加工成新的浮选药剂。有人研究用青霉菌Expansam698 预处理由微生物脂肪和类脂得到的脂肪酸类再生资源捕收剂，将饱和脂肪酸变为不饱和脂肪酸，从而提高了捕集能力。使用这种经预处理后的脂肪酸浮选萤石，可降低药耗2/3，提高回收率2.6%~4.2%，还可提高精矿品位。用青霉菌 Expansam698 处理绿藻，获得了一种具有选择性的氧化铋矿石后，再进行离子浮选（不另加药剂），铋精矿品位由直接浮选（加油酸350mg/L）的0.32%提高到0.76%，回收率由42.1%提高到92.9%。无机浮选药剂也可用微生物预处理来改善浮选分离效果。例如，用胶质芽孢杆菌代替高价金属离子处理水玻璃溶液后，用于某萤石-重晶石型矿浮选。当加入 Al^{3+} 和水玻璃10mg/L作抑制剂时，在矿浆浓度5%、捕收剂油酸用量20mg/L的条件下浮选，萤石精矿中萤石的回收率为90.4%，重晶石、方解石和石英的分布率分别达到11.4%、13.4%、4.6%。改用芽孢菌预处理（10^6个/mL）水玻璃后，仍加同量的水玻璃和油酸浮选，萤石精矿的萤石回收率仍达到89%，而以上三种杂质的分布率分别下降到4.4%、5.1%和0.6%。由此可见，改性后的水玻璃的选择性抑制效果明显增强。除直接作为浮选药剂外，还可以作为浮选抑制剂、絮凝剂、捕收剂、活化剂等。研究表明，草分枝杆菌可作赤铁矿的捕凝剂、捕收剂、活化剂等。pH 值在2~3且初始浓度0.075~0.2g/L条件下，每克赤铁矿对菌的吸附量达到3.5~4mg，浮选回收率为70%~80%。该菌的捕收性能是由它们表面高度疏水性引起的。硫酸盐还原菌的代谢产物可用作氧化铝、氧化锌的硫化剂；还可作为多金属硫化物精矿的脱药剂，有助于混合精矿的分离。还有人研究用硫杆菌预处理硫化铅锌矿石，结果改善了方铅矿和闪锌矿的分离效果。目前作捕收剂、活化剂的研究还很少，许多基础性研究工作有待进行，特别是微生物对矿物表面改性。可以预见，在众多的微生物中，将会找到具有更高功能的微生物。

5.4.2　资源利用中的生物吸附

在资源利用中，生物吸附为一种经济有效的新分离方法。随着工业活动的增加，重金属、合成材料和废弃的核物质等废弃物的排放，加剧了资源的消耗，对环境与人类健康也产生了严重的危害。目前主要采用沉淀、离子交换、电化学处理和（或）膜技术处理这些排放的废弃物。但是，这些处理技术的应用有时受工艺和经济条件的限制，因此生物吸附技术以其经济高效地回收排放的废弃物中的有效成分而备受关注。例如对重金属的吸附处理，主要是基于微生物金属的亲和力的强弱来回收有价金属。细菌、真菌、酵母和微藻都是有价金属潜在的吸附剂。研究表明微生物回收金银十分有效。微生物具有低密度、低机械强度和低刚性，这些小颗粒组成的微生物群在容器中与大量含金属溶液接触，在微生物表面实现对金属的吸附。若在吸附柱中生物以一种合适的粒度、机械强度、刚性和孔隙率固定化时，能洗脱金属的珠粒或微粒，固定化细胞可以像离子交换树脂和活性炭一样，被吸附—解吸循环使用，使生物吸附剂具有很高的经济性。如果使用废弃的生物代替专门生产的生物，则可提高该工艺的经济性。生物吸附法已经成为废弃物和废水处理的重要方法。

5.4.2.1　生物吸附机理

微生物的结构复杂，吸附分离的方式多种多样。因此，生物吸附法的机理也是变化的，有时甚至不很清楚。根据不同标准可将生物吸附法分成不同类型，如根据细胞依赖新陈代谢的程度，生物吸附机理可分成依赖新陈代谢型和不依赖新陈代谢型；根据在溶液中脱除废弃物和废水金属的方式不同，生物吸附法可以分成细胞外富集/沉淀、细胞表面吸附/沉淀和细胞内富集。

在金属和细胞表面的官能团发生物理化学反应时，由于物理吸附、离子交换的络合反应，在细胞表面发生吸附，这种吸附不依赖新陈代谢微生物量的细胞壁，主要由多糖、蛋白质和类脂物组成，尤其能提供丰富的金属结合官能团有巯基、羧基、硫酸盐、磷酸盐和氨基。这种不依赖新陈代谢的生物吸附废弃物和废水的金属的物理化学现象，相对速度较快，并能可逆进行。这种机理最常见，此时生物具有离子交换树脂或活性炭的化学特性，在生物吸附的工业应用中具有优势。在离子交换的络合反应产生沉淀时，其机理也不一样。实际上，废弃物和废水的金属沉淀，可以发生在溶液中，也可以发生在细胞表面。如果存在有毒金属，可能会依赖细胞的新陈代谢产生沉淀。但是，沉淀也可能不依赖细胞的新陈代谢，而是在废弃物和废水的金属和细胞表面发生化学反应后产生。

生物吸附的机理是：

（1）穿透细胞膜，这种现象和细胞的新陈代谢有关。不幸的是，一些废弃物和废水中的金属元素的毒性不允许进行高浓度金属的生物吸附试验。事实上，关于这种机理没有多少有用信息。重金属穿透细胞膜的机理与传递代谢的基本离子如钾、镁和钠的机理相同。金属传递系统由于存在同样荷电和离子半径的重金属离子而变得混乱。这种机理经常和生物吸附现象同时发生，和代谢活动无关。文献中有许多例子，活的微生物的吸附包括两个基本步骤。第一步，不依赖新陈代谢而与细胞壁结合，第二步依赖新陈代谢，金属离子穿透细胞膜进入细胞内。

（2）物理吸附，这一类现象与范德华力有关。在海水中存在的放射性元素，可以由海水中的微生物直接从水中吸附富集。真菌对钍和铀的生物吸附，就是基于细胞壁上的物理吸附。真菌和酵母通过溶液中离子和细胞壁间的静电作用而发生物理吸附。细菌和海藻对铜的吸附是静电作用，真菌对铬的吸附也是静电作用，还有海藻对镉的吸附也是静电作用。真菌对铜镍、锌、铅的生物吸附是物理吸附。

（3）离子交换，是利用微生物细胞表面的化学特性，对所分离物质的选择性交换的分离方法。多糖是微生物细胞壁的基本组成成分，它具有离子交换性质，对二价金属能进行可逆离子间的离子交换，如对铀、铅、铜、镉等的离子交换。

（4）生物络合，是指金属离子与生物表面的活性基因发生络合吸附反应。金属离子可以通过配位键或通过螯合作用结合，也可以通过金属和细胞壁上的氮配位或金属与细胞壁多糖上的氨基和羧基形成配位键共同作用发生络合。假单胞菌富集钙、镁、锌、铜和汞就是这一机理。

（5）吸附沉淀作用。沉淀可以依赖细胞的新陈代谢，也可以不依赖新陈代谢。在前一种情况，溶液中金属的脱除常与微生物的代谢产物有关，在存在有毒金属时，反应后生成易于沉淀的化合物。在不依赖细胞的新陈代谢沉淀的情况下，可能是由于在金属和细胞表面发生了化学反应。这种现象如用假单胞菌吸附铀的过程，铀与生物壳质间发生络合，在细胞壁上氢氧化双氧铀形成络合沉淀。这一过程可以有效地分离铀。

5.4.2.2　生物吸附的应用

在资源再利用中，生物吸附的应用主要以游离活动细胞和生物固定化两种形式进行生物吸附。

游离活动细胞指的是水溶液中没有被固定的微生物。在常规单元操作中用微生物和含有金属的大量水溶液接触是不实际的，主要是因为固液分离问题。但是，对于生物吸附法的工业应用而言，研究游离活动细胞的性能是很重要的，这对于设备的设计也是必要的。吸附率参数常用每克生物吸附材料富集金属的克数来表示。不同生物的吸附率从 $5 \sim 160mg/g$ 不等。如藻类吸附 Co，在 pH 值为 $4 \sim 5$、t 为 23℃时，吸附率为 $156mg/g$。

生物固定化吸附是指利用载体将活动细胞固定的生物吸附方式。载体在消毒和接种之前，与培养物一起加入塔式发酵器中，消毒和接种后连续培养一段时间，直到在载体表面出现一层微生物膜，待分离离子在载体上被吸附分离。载体有活性炭、玻璃质拉希格环、藻阮酸钙、聚丙烯酰胺、聚乙烯亚胺、聚甲基丙烯酸羧乙酯。固定化技术与切向流膜过滤技术结合，在金属吸附富集过程中的应用取得了很好的效果。另外，利用泥炭藓的吸附特性分离金属、浮油的方法也有许多应用。

5.4.3 资源利用中特殊物质降解与恢复

资源利用中，有很多特殊物质，如橡胶、塑料、纤维以及玻璃等，这些物质的生物降解与恢复，对生态环境的恢复很有意义。

（1）矿物建筑材料和玻璃的分解恢复。当湿度适合时，微生物可使石灰石和混凝土分解。石灰石和混凝土被分解的机理是不同的，并且只是部分的被研究过。在雨水中存在的氨可通过硝化细菌把亚硝酸盐氧化为硝酸盐，并把 $CaCO_3$ 转化为具有坚硬外壳的粉末状物质。通过氧化硫的细菌，主要是硫杆菌，可形成 $CaSO_4$。曾有报道说，在某教堂里的玻璃被分解的微生物学分析，被确认为有 10^3 到 10^6 个硫杆菌孢子，此外也存在相当数量的硝化细菌和大约 10^7 的产铵细菌。在条件适宜的情况下，玻璃也可被真菌当作底物分解。

（2）炸药的微生物分解。当加入合适的营养物，有充分的氮源时，10^{-8} 的三硝基甲苯（TNT）可被铜绿色假单胞在 48h 内分解。而三次甲基三硝基胺（RDX）和苦味酸铵却不被假单孢菌分解，棒状杆菌可分解苦味酸。

（3）皮革制品的分解。皮革制品含有蛋白质、脂肪和结缔组织物质，在加工的前后都可能受微生物的破坏，通过用 NaCl 加工可能使好盐性细菌；如玫瑰色微球菌、藤黄微球菌及鳕微球菌生长并产生红的和黄的颜色。在制革厂里棘孢青霉或者拟青霉，可在皮革上产生红颜色。在软化加工过程中杜草杆菌、巨大芽孢杆菌、炭疽杆菌、短小芽孢菌、铜绿色假单孢菌也能腐化皮革。革制品如皮鞋，很容易被短梗帚霉、轮枝孢霉、球毛壳霉和尖孢镰刀菌所破坏。当温度和湿度合适时，皮革制品中的蛋白质可直接被微生物水解。

（4）橡胶和塑料的分解与恢复。橡胶和硫化橡胶产品（如汽车轮胎）特别易被链霉菌分解。得氏链霉菌和暗黄绿链霉菌以及诺卡氏菌属，已经被证明对橡胶和硫化橡胶产品有分解作用。此外，氧化硫的细菌对硫化产品也有分解作用，如硫杆菌、那不勒斯硫杆菌、排硫硫杆菌、氧化硫硫杆菌。通风机里的橡皮密封圈，会由于真菌的作用其寿命从 $12 \sim 18$ 个月降为 $1 \sim 6$ 个月，这些真菌是短柄帚霉，圆弧青霉、绿色木霉等。合成橡胶不易被微生物分解，丁基橡胶、苯乙烯-丁二烯橡胶（SBK）以及氯丁二烯，也是微生物不能分解或者很难分解的物质。这当中表面性质和聚合的类型肯定起了一个重要的作用。以往塑料由于对微生物有抗性而受到重视，许多塑料在纯的高分子聚合物情况下，不易被微生物侵蚀。但也正是这种不易分解性，塑料对环境造成了危害。目前人们正转而重视能分解的生物塑料（PHB）。但在生物塑料中，由于微生物对附加入塑料中的添加物，如软化剂、稳定剂、有机填充剂的剩余单分子和小分子的分解，产生了高分子被分解的假象，塑料或其他合成物质仍难以分解，这主要是因为其构成的单体不是微生物的生物合成中所必需的物质。微生物对上述物质的分解可能从根本上改变产品的性质。此外，微生物的分解作用可能对塑料产生间接的影响，例如通过堆放垃圾产生热量以及微生物产生的代谢产物，如 H_2O、H_2SO_3、H_2SO_4、NH_3、CO_2、有机酸等，会引起聚合物的分解，分解出的寡聚物或单体则可能被微生物利用，从而造成了塑料分解的假象。当然，由于物理因素如紫外线、化学条件和动物的破坏，聚合物也可能被分解产生寡聚物。但到目前为止，聚乙烯仍不能通过微生物法进行分解。如果能成功地分离出对特定塑料有分解作用的酶，那么就可能较好地解释微生物对塑料的分解作用以及破坏塑料的能力和废塑料的处理问题。

5.5　矿业资源的生物再利用

近年来，随着生物技术的发展，矿业资源的生物再利用技术有了长足的进步。在废矿、老矿的再生和低品位矿石的利用，以及矿物加工过程的采选、冶炼过程中的污染物控制，都有生物技术成功应用的实例。由于内容较多，本书仅以生物冶金加以阐述。

生物冶金是近代湿法冶金工业的一种新工艺。它主要是应用生物溶浸贫矿、废矿、尾矿及冶炼的炉渣等，以回收各种贵重有色金属和稀有金属，防止矿产资源流失，最大限度地利用矿藏，以达到资源的可持续利用的目的。在金属矿物开采的过程中，由于客观的原因，会有少部分矿石残留在矿床中。采掘的矿石，经过选矿选出高品位矿石送去冶炼，而留下的废弃尾矿中仍含有少量有用金属。此外，有些不适于用一般方法开采与冶炼的低品位矿，以前往往被当废弃物遗弃了，不仅污染了环境，同时也造成资源的浪费。上述这些残留的与废弃资源的回用，对社会经济发展十分有利。

据记载，早在 17 世纪西班牙的罗廷图就利用生物进行硫化铜矿的生物选铜工作。1922 年发表最早的关于生物溶浸金属硫化物的报道，但机理尚不清楚。生物冶金研究始于 1947 年，即从酸性矿水中分离出一株氧化亚铁硫杆菌，并发现细菌产生的酸性溶液参与矿床的氧化。以后相继从不同酸性矿水中分离得到了其他氧化亚铁或氧化硫的细菌，由此逐步发展了生物冶金的技术。生物冶金技术以其工艺操作条件缓和方便、设备要求简单、成本比较低廉而日益受到重视。真正的生物冶金开始是在 1958 年，利用细菌产生的硫酸高铁溶液溶浸贫矿石，成功地回收了铜。20 世纪 60 年代末，世界利用生物法溶浸得到的铜量占整个采铜量的 20%；在美国，约 10% 的铜是应用生物冶金技术生产。

在生物选冶铜基础上，生物冶金技术已发展成能浸提多种贵重与稀有金属的技术，包括铀、钴、钼、钒、锌、锰、铅、硒、砷、铌、钽、铊、镓等。在加拿大、印度等国广泛应用细菌法溶浸铀矿，依靠细菌浸矿，可以从其他方法不能作用的低品位铀矿石（0.01% ~ 0.05% U_3O_8）中回收铀，而其所耗成本仅及其他方法的一半。用生物冶金技术浸溶镍矿石 5 ~ 15d，可浸出镍 80% ~ 96%，而无菌的浸提法镍浸得率仅为 9.5% ~ 12%。生物冶金技术浸出含锰矿的锰达 69%。生物浸矿的另一个用途是从煤矿中浸溶除去其中所含黄铁矿型的硫。当使用高含硫煤时，煤的燃烧生成大量的 SO_2，引起严重大气污染，因而很少使用。但是，煤的贮存量是有限的，当高质煤渐被开采殆尽时，人们不得不应用含硫量高的煤。因此，利用生物从煤中去除煤中的硫，对保护环境、提高经济效益就显得十分重要了。

5.5.1　生物冶金技术原理

关于生物冶金浸出金属技术的作用原理，有的学者认为细菌是间接作用，或谓为纯化学反应浸出说。该学说指出通过细菌作用产生硫酸和硫酸铁，然后通过硫酸或硫酸铁作为溶剂浸出矿石中的有用金属。硫酸和硫酸铁溶液是一般硫化矿物和其他矿物化学浸出法（湿法冶炼）中普遍使用的有效溶剂。例如黄铁矿（FeS_2）、辉铜矿（Cu_2S）中，细菌均可引起如下反应：

$$2S+3O_2+2H_2O \longrightarrow 2H_2SO_4$$
$$4FeSO_4+2H_2SO_4+O_2 \longrightarrow 2Fe_2(SO_4)_3+2H_2O$$
$$Cu_2S+2Fe_2(SO_4)_3 \longrightarrow 2CuSO_4+4FeSO_4+S$$

细菌在生化反应中产生的硫酸及硫酸铁，配合矿石自然化学氧化中产生的硫酸及硫酸铁，使有用金属浸出来。在细菌浸出硫化铜矿石以回收铜时，投入铁屑后，溶解中的硫酸铜通过下列反应而沉淀出铜，其反应为：

$$CuSO_4+Fe \longrightarrow FeSO_4+Cu\downarrow$$

有的研究者报道了细菌对矿石的直接浸出作用。曾发现细菌不依赖于硫酸铁的作用而直接侵蚀金属，电子显微镜清晰地显示一株氧化硫硫杆菌在硫结晶的表面集结后，对矿石侵蚀的痕迹。此外，在矿石表面微生物菌体产生的各种酶，也支持细菌直接作用浸矿的学说。

更多的学者认为，上述两类作用同时发挥效能，协同作用的说法是比较适合的。矿山中因微生物作用形成酸性矿水有时也会引起环境污染问题。而生物冶金则正是利用细菌的这一作用浸出矿石中的有用金属，化害为利综合利用的。

5.5.2　生物冶金技术的常用方法

根据矿物资源的配置状态，生物冶金技术主要分为两类方法。

（1）生物堆浸法。这种方法通常是在矿场地面上，铺上混凝土或沥青等防渗透材料，将矿石堆置其上，高 $10\sim20\text{m}$，自矿堆顶面上浇注或喷淋含菌的溶浸液。在此过程中注入生物生长所需要的空气，菌液散布矿堆并自上而下浸润，经过一段时间后，浸出有用金属。含金属的浸出液积聚在矿堆底部，集中送入收集池中，而后根据不同金属性质，采取适当办法回收有用金属。例如溶浸铜时，在沉淀槽中置有大量废铁屑，通过化学置换作用使铜析出而加以回收。含菌浸液经用硫酸调节 pH 值后，可再次作为矿石的浸液而循环使用。图 5-9 示出生物冶金技术堆浸采矿情况。这种地面堆浸方法占地面积大，物料搬运的能量消耗较大。

（2）矿床内浸出法。这是一种直接在矿床内浸出金属的方法。它对于矿床相当集中而不分散的矿区为宜，也可用于坑内开采或露天开采后的废矿坑作为进一步溶浸处理。方法是在开采完毕的场所和部分露出的矿体上，浇淋细菌溶浸液。另外，还有进行细菌法地下浸出的，即当矿区钻孔至矿层，将细菌溶浸液由钻孔注入，通气，待其溶浸一段时间，抽出溶浸液进行回收金属处理。矿床内浸出法的优点是，由于矿石不需要运输，亦不需开采选矿，故可节约大量人力物力，亦可减少环境的污染，是投资较少的一种生物冶金技术。因为有大量的细菌不知疲倦地在矿井或场内工作，矿坑内维护和操作工作减少，保障了矿业开采工作人员的人身安全，因此，该生物冶金技术受到了广泛的重视，有较好发展前途。

在生物冶金技术中，有很多精细化学品与生物与生物技术结合起来应用，如应用非离子表面活性剂吐温20，以扩大矿石与细菌的接触面积，增加生物浸矿溶剂的渗透性，促进有关矿石的生物渗滤，增加金属的回收率。生物冶金技术存在的问题是其浸出作用时间或金属回收周期过长，有时回收率不高。其影响因素除生物菌种外，也与矿石堆中矿粒的直径以及矿粒间的空隙有关。矿粒平均直径较小、矿石间隙为20%～25%的空隙度时较为适宜。此外矿堆裸露面越大，其浸出速度越快。由于矿石中存在着杂质，如脉石等，亦耗费一定量细菌浸液中的酸量，也影响了生物冶金的效果。

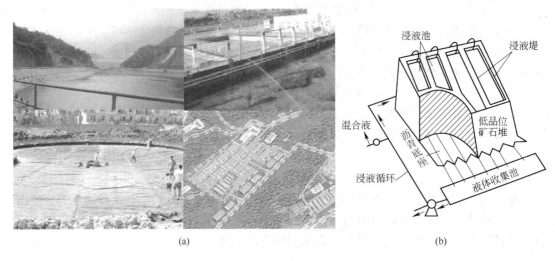

(a)   (b)

图5-9　生物冶金技术堆浸采矿示意图

5.5.3　生物冶金技术中的常见生物及反应过程控制

生物冶金技术中的常见生物多为化能自养型微生物，它们一般多耐酸，甚至在 pH<1 的环境下仍能生存。有的细菌能氧化硫黄及硫的化合物，从中获取能量以供生存，如氧化硫硫杆菌。还有的细菌可氧化铁及铁化物，如氧化亚铁硫杆菌。表5-6列出了一些微生物对金属的吸收作用情况。表5-7列出了几种生物冶金中几种细菌的特征。

表5-6　一些微生物对金属的吸收作用情况

种　类	微　生　物	金属及吸收量（每千克生物）/kg
细菌	芽孢杆菌	U,Cu,Cd(0.01)
	铜绿假单孢杆菌	U(0.1)
	恶臭假单孢杆菌	Cd(0.2)
	施氏假单孢杆菌	Zn
	阴沟乳杆菌	Cs
	诺尔施氏链霉菌	Ag(0.04),Pd,Cr,Cu
	硫化杆菌	As(0.03)
	柠檬酸杆菌	Am,Pu,Np,La,Th(0.01)
	产碱杆菌	Cd,Zn,Ni,Cu,Co

种 类	微 生 物	金属及吸收量(每千克生物)/kg
霉菌类	粗糙脉孢霉	Co(0.003)
	少根根霉	U(0.2),Th(0.2)
	青霉	Cu,Cr(0.001)
	小刺青霉	Cu(0.002)
	产黄青霉	Cu,Cr,Zn,Pb,Cd
	黑曲霉	Cu(0.002)
	有柄曲霉	U(0.02)
	赭色曲霉	U(0.001)
	曲霉变种	Cr(0.005)
	木霉	U
酵母藻类	啤酒酵母	U(0.1),Cu(0.8),Co,Cd(0.1)
	藻类生物质(红枣,绿藻)	Au(0.4),Co(0.2)
	海藻(褐藻类)	Co(0.004)
	耐酸微藻	Ni,Zn,Co,Cu(0.05)
	无柄无隔藻	Cu(0.3)
	绿藻	Au(0.1)
	螺旋蓝藻	Au(0.1)
	盘状螺旋蓝藻	Se(0.0001)
苔藓类	泥炭湿藓	Cd,Cu,Fe,Mn,Ni,Pb,Zn

表 5-7 生物冶金中几种细菌的特征

特 征	氧化硫硫杆菌	蚀固硫杆菌	氧化亚铁硫杆菌	氧化亚铁杆菌	氧化硫亚铁杆菌
大小/μm	0.5×1.0	0.5×(1.5~2.0)	0.5×1.0	(0.6~1.0)×(1.0~1.6)	0.5×(1.0~1.5)
运动性	+	+	+	+	+
鞭毛	单生	端生	端生	端生	端生
G 染色	−	−		−	−
最适温度/℃	28~30	28	30	15~20	32
最适 pH	2~3.5	6	2.5~5.5	3.5	2.9
需氧情况	+	+	+	+	+
NH_4^+ 利用	+	+		+	+
NO_3^- 利用	+	+	+	+	+
硫黄利用	+	+	+	+	+
亚铁利用	−	+	+	+	+
硫代硫酸盐利用	+	+	+	+	+

　　生物冶金技术中反应过程控制，首选应根据矿石种类及其中各种组分与杂质情况的不同，选出适宜的菌株。必要时，可通过分子育种技术使菌株增强对金属的耐受性及溶浸效

率。其次配置适宜培养基，以扩大培养所需细菌。由于所用者主要为自养型生物，培养液中不需加入碳源，但需加入硫酸铵或硝酸钾、磷酸钾、硫酸镁、硫酸铁、硫等作为氮源及矿物质来源。培养液的 pH 以 3~4 为宜。生物反应过程温度为 28~30℃，反应过程中必须通气以利细菌繁殖。一批新的培养生物，每毫升培养液应获得细菌细胞（2~4）×10^8 个，这些生物应用于工业较为适宜。

5.5.4　生物冶金技术应用

在工业上得到应用的微生物浸出技术有 Cu、U、Zn 等金属的微生物浸出。

（1）铜：在工业应用微生物浸出技术的有美国的犹他州（7000t/a）、印第安纳州（27000t/a）、马里兰州（13000t/a）和日本的同和矿业公司小权矿山、田中矿业公司等。铜矿石的微生物浸出如图 5-10 所示。

（2）铀：加拿大塞蓝岩石公司用微生物浸出法每月可生产 5~7.5tU[308]。

（3）锌：日本的同和矿业公司小板矿业所应用微生物浸出法回收铜冶炼的烟灰中的 Zn，每月可回收 50tZn。

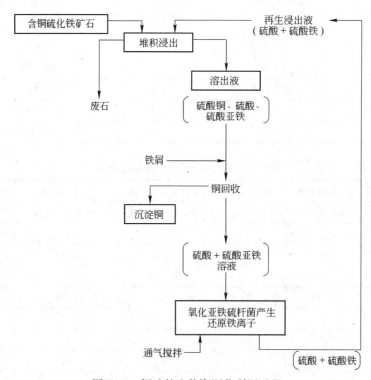

图 5-10　铜矿的生物资源化利用过程

5.5.5　今后矿业资源的生物再利用技术进展

随着生物技术在矿业资源再利用方面的应用，人们将不断地利用分子克隆技术，创造出新型高效的重组 DNA 的生物工程菌，并利用水文地质学、水文地理学、采矿工艺及微生物学，电子、化工等技术，实现核废料、废矿、老矿的再生和低品位矿石的利用，以及矿物加工过程中的采选、冶炼过程中的污染物控制。

5.6 固废处理过程环境的生物脱臭技术

人类很早以前就知道了微生物的脱臭作用，如垃圾填埋后地表面就感觉不到强烈的恶臭气味，根据这一原理，Pomerog 于 1957 年提出利用土壤脱臭法处理 H_2S 并获美国专利，从此开始了微生物的脱臭技术在工业上的应用。此外也有利用堆肥代替土壤微生物脱臭的方法。废水处理设施中活性污泥等存在和栖息着很多土壤和其他微生物。人们进行了这样一项试验，即往生物尿液中吹入空气，就会产生强烈的恶臭气味，用清水稀释也没有效果，而将生物尿液与活性污泥混合曝气，恶臭气味就产生得很少，从而证明活性污泥具有脱臭作用。对于以硫化氢、氮氧化物、硫化物、芳香族碳氢化合物为主的恶臭污染物，用活性污泥曝气槽净化恶臭气体方法已有报道。有人研究了防止猪粪、鸡粪等畜产废弃物产生恶臭气体接种微生物混合培养的方法，当向畜产废弃物混入锯末或稻谷壳时，能抑制恶臭的产生，而向畜产废弃物中接入微生物可缩短无臭化作用时间。本节介绍一下利用活性污染泥的微生物脱臭作用处理恶臭气体的方法。将大量的恶臭气体洗涤，用生物脱臭反应脱除臭气，这种方法高效、低成本，节省资源和能源，日益得到各界的关注。某公司铸铁厂该方法装置运行三年，结果表明该方法稳定高效，是一种极有价值的资源环境可持续性恢复的方法。

5.6.1 生物脱臭机理

利用微生物脱臭机理虽然不是很明确，但是现在人们普遍认为微生物吸附被吸收到水中的臭气化学组分，并作为营养物质摄取至生物体内，最终分解为无臭成分。

（1）将含有恶臭成分的气体与水接触，恶臭物质首先溶解于水；

（2）溶解于水中的恶臭物质与微生物絮体发生吸附反应，从液相中去除掉；

（3）被吸附的恶臭组分作为微生物的营养，为微生物利用。

上述的三个过程是连续进行的，通过这些过程维持系统的脱臭作用。图 5-11 所示为微生物脱臭机理模式，恶臭组分在水中溶解过程由图中①表示；②表示微生物对恶臭成分的吸附过程，如果①和②联合起来，类似于化学吸附的生物吸收过程。而③是微生物对恶臭物质的分解过程。一般作为废水处理的微生物进行这些过程，结束分解的微生物，又吸附新的恶臭物质，重复②和③的过程，清洁化的水质①成立。

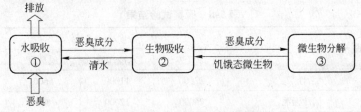

图 5-11 微生物脱臭机理模式图

通常土壤脱臭法中干土脱臭效率很低，而难溶性恶臭物质的活性污泥脱臭作用效率也同样很低，实验表明：过程是必然的，像二甲苯等不溶于水成分的处理，若强化不溶物质与水混合的过程，被吸附和净化的效率增加。过程中恶臭物质与微生物直接发生吸附作用，水中的恶臭物质在微生物作用下发生分解，有助于恶臭组分的降解。从废水处理的作用看，过程对恶臭物质的降解起到了十分重要的作用，因此，利用微生物可净化全部恶臭物质和部分人工合成有机物质。

污水处理场或粪尿处理场设施中的活性污泥是呈絮体状态的微生物菌团，这些微生物菌团，主要由动胶菌等微生物组成，也存在着一些具有分解特定污染物能力的微生物，如将氨氧化为亚硝酸，进一步氧化为硝酸的亚硝酸杆菌和硝酸杆菌和将硫化氢氧化为硫酸的硫杆菌属微生物。通过在废水或恶臭吸收液中驯化，逐渐培养成为适应处理对象的微生物菌团，可以更好地分解废水或恶臭吸收液中的污染物质。

从脱臭效果上看，值得注意的是整个处理过程无二次异臭发生，因为很多有机物被转化为 CO_2、H_2O、氮气，而硫化物被转化为硝态氮和硫酸。污水处理场的气味主要来源于废水的气味，而活性污泥自身几乎无臭味。

5.6.2 生物处理系统

生物脱臭技术是将活性污泥微生物菌团的泥浆在刮板洗涤器上与循环的恶臭气体充分接触，通过前述的三步脱臭过程，进行恶臭气体的处理，在刮板洗涤器内进行吸收，接着过渡到吸附过程，在塔底循环水槽中结束吸附过程，在微生物菌团的作用下，水变成清洁水，然后循环至塔顶刮板洗涤器内重复前述的过程。在吸附和分解转化段，微生物消耗氧气，可在臭气通入期间的排气供氧，其后续处理如下：

（1）剩余污泥的有效利用；

（2）添加粉末活性炭产生的相乘效果；

（3）处理大风量的过滤塔应用。

剩余污泥的有效再利用是指利用污水处理场排出的剩余污泥，接种恶臭脱除系统，进行脱臭处理。原则上使用哪种污泥无严格限制，因为经过驯化后一般可形成微生物菌团，而接种剩余污泥可节省驯化时间，因此剩余污泥的利用有助于节省资源和能源，降低运行成本。添加活性炭粉末可以使活性污泥和活性炭发挥相乘的效果，脱臭和运行稳定性均有显著提高。表5-8 所列为某喷漆厂的 ED 干燥炉废气脱臭试验结果。实验排风量 $1 m^3/min$，活性污泥浓度 6000mg/L，活性炭浓度 1000mg/L。另外，某食品厂谷类干燥废气处理也取得了同样的脱臭处理效果。试验参数为排风量 $1 m^3/min$，活性污泥浓度 8000mg/L，活性炭浓度 1000mg/L。活性炭溶液的吸附效果与冷却后水的去除率几乎相同，只有活性污泥

表5-8   脱臭试验结果

脱 臭 剂		臭气浓度/mg·L^{-1}			除去率/%
		原气体	水冷却后	脱臭后	
某涂装厂	活性炭	22000	11000	5600	49
	活性污泥	26000	12000	800	93
	活性污泥+活性炭	26000	12000	180	99
食品厂	活性污泥	75000	5600	560	90
	活性污泥+活性炭	75000	5600	100	98

时的去除率为93.90%，而加入活性炭粉末的活性污泥处理液恶臭物质去除率达到99.98%。

人们对恶臭气味有本能的敏感性，这也是人们讨厌恶臭气味的主要原因。以前的脱臭技术很难去除恶臭物质，而生物脱臭试验表明生物系统对恶臭物质有很好的去除效果。从脱臭处理的稳定性方面看，生物系统对恶臭物质的负荷变动有较好的缓冲作用，提高了对难分解物质的降解作用。由于微生物菌团自身的黏性物质，可引起未驯化污泥在曝气时产生泡沫或废气中表面活性剂引起泡沫，此时只需添加少量粉末状活性炭就可达到抑制泡沫或消泡的效果。此外，泥浆中的活性炭还可以反复吸附再生，以维持系统的脱臭效率。

5.6.3　生物脱臭装置及应用

土壤脱臭技术土壤层过滤速度取 $0.5 \sim 1.0 \text{m}^3/$ $(\text{m}^2 \cdot \text{min})$，若处理 $2000\text{m}^3/\text{min}$ 的风量，需要用 $4000 \sim 2000\text{m}^2$ 的大面积土地，应用上受到很大限制。对比之下，采取洗涤器生物脱臭方式，即使在风量很大的情况下，也可用小型的设备进行处理，若处理 $2000\text{m}^3/\text{min}$，仅需 50m^2 用地面积。一般成分浓度非常稀的废气脱臭，气液接触效果好，而有黏性或生物黏附性的活性污泥洗涤器不能使用这种结构，主要是容易引起洗涤器的堵塞。吸收塔的结构简单，同时可以保持高效的气液接触，用活性污泥可处理大气量吸收洗涤器产生的恶臭气体吸收液。该塔内的基本构造如图5-12所示。

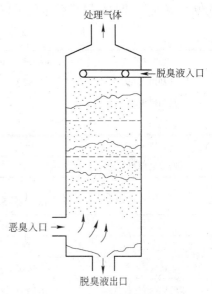

图5-12　生物脱臭装置

（1）A厂生物脱臭装置运行情况。在A厂中，以内部造型机为重点，吸引主造型机、混炼机和其他周围产生恶臭气体，收集后送入脱臭塔中，如图5-13所示。此系统运转条件为：风量

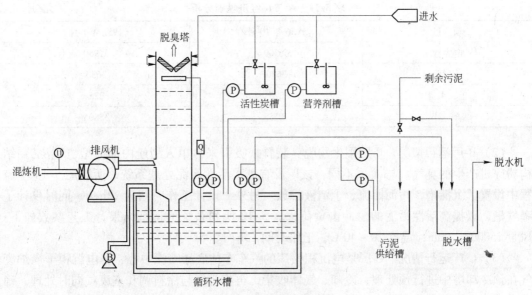

图5-13　脱臭系统流程图

2100m³/min，温度10～35℃，工作时间16h/d（泵只在工作日运转），污泥更换5m³/回×1回/d。

吸收塔顶分离器分离烟雾后，处理气体被排放到大气中，污泥交换部分补充活性炭，使槽内浓度保持一定。作为营养源一般提供氮和磷，但该厂废气中含氮，因此仅需添加适量的磷源。该厂内生活废水处理系统产生的剩余污泥的一部分作为交换用污泥，总污泥负荷不变，不增加脱水机的负荷。运行开始驯化20天，表5-9所列为一个月后的处理结果，表5-10所列为以后的处理结果。另外，表5-11所列为系统最初设计与运行稳定时的经济分析。最初设计时鼓风机静压剩余较多，事实上没有必要，减小后电费降低一半左右。

表5-9　处理结果（1个月后）

检测位置	风量/m³·min⁻¹	臭气浓度/mg·L⁻¹	效率/%
冷却塔入口	930	60000	
冷却塔出口		55000	
电解槽及调和室集合处	720	25000	
脱臭塔入口	1650	42000	99
脱臭塔出口		320	

表5-10　处理结果（最终）

项　目	原气体	处理气体	效率/%
臭气浓度/mg·L⁻¹	1000	150	98
粉尘/g·m⁻³	0.02	0.01	50
苯酚类/mg·L⁻¹	2.6×10^{-6}	0.17×10^{-6}	93
甲醛/mg·L⁻¹	1.1×10^{-6}	0.04×10^{-6}	96
氯/mg·L⁻¹	12.5×10^{-6}	0.15×10^{-6}	98

表5-11　A工厂经济性能分析　　　　　　　　　　元/月

项　目	1956年10月	1957年1月
电力费	66300	31950
药剂费	3630	3630
工、水费	225	225
合　计	70155	35805

（2）B厂运行情况。B厂用生物脱臭装置来吸引来自单人划艇内部造型机和浇铸-结构粉碎机产生的臭气。与A厂不同，该厂没有废水活性污泥处理系统，所以图5-14中流程中设置了沉淀槽，污泥回流，上清液排放。另外，设计工作时间为22h/d，同时设计了曝气槽，以提高活性污泥的耐冲击负荷。表5-12所列系统的运行结果，工艺参数如下：风量15000m³/min，温度20～40℃，工作时间16h/d。

（3）C厂运行情况。C厂是电沉积喷漆的汽车车体底漆喷涂中心，将电沉积干燥炉废气在预冷却塔中进行预处理、冷却、气体收集，再将排气与涂料调和室废气同时处理，确定在喷漆中心污水处理装置的贮液槽或加压浮上槽上吸引废气，同时处理。运转操作条件：风量 1650m³/min，干燥炉排气温度 180℃，工作时间 16h/d。由于镀漆、干燥产生的独特的恶臭气体，生物脱臭技术也显示出了非常好的处理性能。捕集的溶剂或树脂的热分解化合物被活性污泥很好地降解，可以说没有未分解的组分。图 5-15 所示为系统的流程。表 5-13 所列为正常的处理结果。恶臭物质被完全去除，只残留一点点信纳水的臭味。

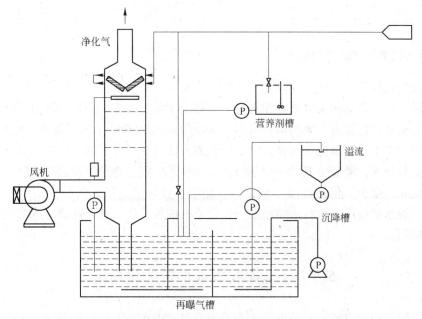

图 5-14　B 厂脱臭工艺流程

表 5-12　B 厂脱臭性能结果

项　目	原 气 体	处理气体
粉尘/mg·m⁻³	0.09	0.006
苯酚/mg·L⁻¹	1.4	0.1
氨/mg·L⁻¹	12.5	0.2 以下
臭气浓度/mg·L⁻¹	1300	100

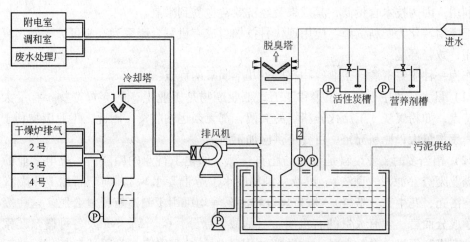

图 5-15　C 厂脱臭工艺流程图

表 5-13　脱臭性能

时　间	臭气浓度/mg · L⁻¹		效率/%
	臭气塔入口	处理气体	
10 月	42000	320	99
11 月	31000	310	99

5.6.4　生物脱臭技术的发展趋势

利用微生物代谢的净化作用进行工业性的恶臭气体处理不产生二次异臭，可得到高效的脱臭效果，对于恶臭物质的处理作用显著。剩余污泥的有效再利用，可节省能源和资源的消耗，大幅度降低脱臭系统的运行成本。从处理量（2100m³/min）和处理装置上看，A 厂运行实例表明了大气量处理规模，生物脱臭的方法是稳定可靠的。微生物脱臭技术是一种新式的脱臭技术，需要研究的问题还很多，其技术一定会逐渐普及起来。目前虽然实施该技术的企业还很少，但是可以看到饲料、化肥、食品制造厂，油脂加工厂，皮革加工厂，印刷、墨水制造厂，涂料、喷漆工厂，合成树脂加工厂，粪尿处理厂等均适合生物脱臭技术的应用。

5.7　工业废物农业性资源化利用

随着我国工业的发展和人们生活水平的提高以及中小城市建设的兴起，工业废渣和城市垃圾至 1990 年积累达 67.5 亿吨，占地 5.6 万公顷。我国的废渣综合利用率仅为 29% 左右。1989 年我国废水量达 252 亿吨，80% 未经处理直排江河，使我国大部分河流受到不同程度污染。1998 年来，随着国家污染整治计划的实施，我国环境质量得到很大改进。工业废弃物的农业性利用技术也有了很大的提高。

工业废物的农业性资源化利用是个重要的工业废弃物利用途径。我国对工业废物的综合利用率较低，利用水平也不高。以农用开发为例，很多可以用于作肥料资源的废物如粉煤灰、污泥、垃圾、禽畜粪便、酒精废液等，不仅利用率很低，而且多为直接利用或简单加工利用，因为技术含量低，其效果及经济效益也受到限制。

把废物转化为肥料资源，应用现代科技加工成有机复合肥系列产品可大大提高废物综合利用，减轻环境压力。

作为一种肥料资源，工业废物有以下几个明显的优点：

（1）量大、集中，便于收集和加工。工业废物是工业生产的弃置产物，有量大、集中的特点，如粉煤灰，工厂化养猪场的粪便，都无须运输收集。因此，工业废物利于加工处理。废物量大，原料充裕，可稳定供应加工所需。

（2）相当多的工业废料是很好的肥料资源。如化工行业的糖醛渣、火电工业的粉煤灰、糖业废渣（滤泥、蔗渣）、废液（酒精废水、造纸废水）、农副产品加工业废渣（肌醇渣、浴壳、花生壳、烟渣）、城市垃圾和污泥等均可用于制造有机复合肥。这些废物就其化学成分而言，含有大量的有机质、氨基酸、糖分、Ca、Mg、Si 及各种微量元素，是很好的有机和无机养分。此外，这些废物因其各自的理化特点，还具有有利于加工的特性，如黏结性、遇水分散或硬度增强等，即具有对颗粒肥料性状的调理作用。认识和利用废物的这些调理作用，对于肥料生产是十分有利的。

（3）废弃物为农用开发提供了大量的廉价原料。另外利用废物制成的产品可享受国家的优惠政策，还可得到企业的资助，但是需要一些特殊的技术。

农业性利用时，废物的安全性问题很重要。在一些废物中，含有较高的重金属或其他有害物质如病虫卵等，在用作制肥原料时，应该采取必要的技术措施，以保证安全使用。高温发酵堆肥，应用添加剂以及配方调节等技术都是有效措施。污泥垃圾常规的高温堆肥处理需要一定时间，一般在 10 ~ 20d。这样需要较大的车间，也难形成流水生产线。采用原能辐射或加热方法，可以缩短时间在 1h 以内，但费用较高。据研究，采用化学添加剂办法简单易行，耗时短，在 24h 内可达到杀菌除虫卵目的，而且成本也不高，与有关工艺和设备配套，在生产上应用的前景很好。

污泥和垃圾的重金属含量是作为肥料资源应用的一个重要限制因子。我国对直接施入农田的垃圾和污泥的重金属含量作了规定。这一规定是以直接和大量施用为依据制定的。但是，若把垃圾、污泥制成有机复合肥，则施用量与普通复合肥相近，而且污泥、垃圾成分仅占有机复合肥一定比例（10% 左右）。这种情况下即使重金属超标的垃圾和污泥，也可能作为原料使用。初步研究结果也证实了这一点。

现在的一些研究成果表明，对污泥垃圾这类重金属含量高的废物资源进行安全应用的技术开发，是一个值得重视的新的研究领域。除了注意短期的安全应用技术外，还需注意长期施用的环境（水体、土体）效应，需要有长期定点试验以了解长期施用后重金属在环境中的迁移、积累规律。今后，还应根据垃圾污泥利用方式的不同（大量直接施用和少量加工后施用），制定相应的原料重金属含量标准。

可以作为农业肥料的工业废弃物主要有以下几类：

（1）粉煤灰。粉煤灰是燃煤电厂或工厂燃煤动力车间排放的废物，是一种松散的固体集合物，含有 Al、Si、Fe、Ca、S、B、Zn 等元素（见表 5-14）。粉煤灰大多数为极细的海绵状和空心玻璃体，还有一些结晶物质和未燃炭。粉煤灰的理化性质取决于煤的品种、产地、煤粉的细度、燃烧方式和灰渣的收集（水冲洗沉淀或干排）。粉煤灰一般为微碱性，pH 值 8 ~ 9，也有的呈酸性。作为肥料资源，粉煤灰可提供 Si、Ca 及一些微量元素，通常把它作为一种 Si、Ca 肥应用。有机复合肥配方中加入一定量的粉煤灰，还可能以提高压粒机的造粒速度，并改善粒状肥料的某些理化性能。利用粉煤灰一些有机废物并配以添加剂，还可以制成改土剂、人造营养土等系列产品。

表 5-14　粉煤灰的化学成分　　　　　　　　　　　　　%

城市	烧失量	SiO	Al$_2$O$_3$	Fe$_2$O$_3$	TiO$_2$	CaO	MgO	K$_2$O	Na$_2$O	SO$_3$
广州	3.52	52.9	26.0	7.2	—	2.2	0.8	1.8	—	0.78
西安	3.35	48.91	29.75	10.13	1.05	3.12	1.02	1.11	0.18	0.37
南宁	—	48.72	35.82	5.14	1.32	2.75	0.92	0.54	0.22	—
苏州	6.25	51.87	28.52	4.56	1.30	3.70	0.98	1.4	0.42	0.69
杨浦	8.35	46.51	30.31	10.45	1.05	2.65	0.76	0.87	0.42	0.41
石家庄	2.0	50.22	25.97	4.58	—	3	0.11	—	—	1.78

我国 1992 年原煤产量超过 11 亿吨，大部分用于发电。1990 年全国燃煤电厂粉煤总产量达 7467 万吨，且排放量以 10% 速度递增，到 20 世纪末粉煤灰累积量达 6 亿吨左右，占地面积为 3.35 万公顷。我国粉煤灰综合利用率为 20% 左右，50% 存放于贮灰场，30% 排入河流湖泊，引起污染。因此，开发粉煤灰作制肥原料，对于提高粉煤灰综合利用率具有重要意义。

（2）污泥与垃圾。污泥是城市污水处理的产物。目前我国年排放污泥量约 20 万吨，湿污泥 380～500 万吨，大量未经稳定处理的污泥无正常出路，已成为污水处理厂沉重的负担，对堆放及排放区又造成新的污染。

污泥一般经过稳定化（生物稳定法、化学稳定法）和无害化处理，以达到消除臭味和杀死虫卵病菌的目的。为减少污泥的水分以减小其体积需采取压缩脱水工艺。

污泥一般含有较高量的重金属，尤其是排水系统接纳不加控制的工业污水时，问题更为严重。要防止污泥的重金属过高造成危害，应注意限制重金属工业废水排放。另外，应根据重金属的种类及其含量，从配方添加剂、农艺措施等方面采取相应对策。

污泥的颗粒很细，富含有机质，含水为 20% 左右时有明显的弹性，黏结性很好。在干燥过程中，污泥会变得很硬，在 50% 左右水分时，污泥颗粒极硬，很难粉碎。干燥过程由软至极硬的过渡阶段的含水量很窄，这给应用污泥原料制肥带来了困难，一般采用掺入其他合适原料的方法解决。

污泥原料制成的肥料，作林地用肥或花卉肥是安全的，经过严格检测控制，也可以作食用作物用肥。

污泥用于填海是一个普遍采用的处置措施。但是，填海会引起海洋污染，而可供填地的土地也会越开越少。因此，资源化处置将日益重要，用于制肥将会发挥重大的作用。

垃圾也含有较多的重金属和虫卵病菌，需要经过无害化处理。与污泥不同的是，垃圾成分复杂，粗细不等，需经过分拣后方可使用。垃圾的处置一直是困扰城市建设的问题，广州原有填埋场多已填满或已将填满，不得不向更远的郊县寻地填埋，运垃圾的费用进一步增加。垃圾资源化的优越性也会进一步受重视。经分拣、发酵处理的垃圾，配制成有机复合肥或改土剂施用，肥效和经济效益均优于直接施用。应注意，污泥、垃圾的养分及重金属含量均因地因时而异。

（3）糖厂废渣。糖厂废渣主要是由滤泥、蔗渣、蔗髓组成。100t 甘蔗可产糖 12t、蔗渣 23t（含水 50%）、干滤泥 0.7t。我国大陆 500 余家糖厂在 1990～1991 年榨季产出泥折干为 65 万吨左右。蔗渣纤维可以造纸及制纤维板。抽取纤维后剩下的蔗髓利用价值不高，即使燃烧其热值也很低，有的糖厂用于制糖醛，但相当一部分蔗髓无出路。蔗髓也可以作为制肥的有机原料，若经过堆放发酵将效果更好。或加入促进其熟化的添加剂，可在 24h 内快速熟化，无须发酵。蔗渣、蔗髓无机养分含量很低，主要用作补充有机质。

两种不同的制糖工艺滤泥为双碳酸法滤泥和亚硫酸法滤泥。前者黄白色，含 Ca 高，有机质和糖分较少；后者灰褐色，有机质和残糖相对较高，而 Ca 则相对较低。亚硫酸法滤泥养分含量较高，直接施用也有较好肥效。碳酸法滤泥直接施用效果较差。各种滤泥的养分含量依土壤、品种、工艺等条件不同而有很大变化。表 5-15 所列数据可供参考。但是，若作有机复合肥原料，两种滤泥都有很好的效果。滤泥发酵后易发臭，故需及时干燥，干燥后也便于运输及存放。

表 5-15　不同制糖工艺滤泥的成分　　　　　　　　　%

工艺方法	pH	有机质	N	P_2O_5	K_2O	CaO	MgO	水分
碳酸法	8.0	23.51	0.69	0.65	0.27	35.97	4.72	55.91
亚硫酸法	6.0	58.66	1.19	1.24	0.52	5.59	1.07	69.55

（4）禽畜粪便。工厂化禽场产生大量的粪便废物，靠附近的农民取用难以全部处置。这些废物有恶臭，运输受时间、地点限制，因此很有必要加工处理为肥料产品或干粪原料出售。

这类废物同样存在虫卵病菌的消毒问题，可采用化学法消毒，也可在高温干燥过程中同时解决。

禽畜粪便有机质丰富，含有较高的 N、P、K 及微量元素，是很好的制肥原料，但有臭味，难以作为一种商品肥料出售，因此，需要进行除臭处理。可采取发酵除臭、膨化除臭、化学除臭及物理化学除臭法进行除臭。人们研制的除臭剂，加入肥料中即可脱臭，而且除臭剂还有一定养分，价格也不高，曾在鸡场和猪场应用，效果良好。

各类不同动物的粪便，有不同的特性，在配方时应予注意，如鸡粪较"热"易烧苗，而牛粪则较安全，但牛粪可能有杂草种子，用于水田易生稗草等杂草。禽畜粪便的养分含量依饲料、发育阶段而有较大变化。需要指出的是，由于饲料添加剂普遍使用，近年来禽畜便的 Cu、Zn 等到微量元素含量增高，连续大量使用时，要考虑过量积累的可能性。

（5）农林产品加工废物。全国各地农林业每年产生种类繁多、数量极大的植物性废物，是一种很好的肥料资源。其中，木屑约占木材加工量 10%，数量极其可观；在我国某些产棉区，正急待寻找一条棉秆合理利用的新途径；全国每年被抛弃或做燃料的 140 万吨花生壳资源也有待充分利用；近年来，在食用菌生产迅速发展的同时，食用菌废物料（菇渣）也急剧增加；而我国剑麻主要生产加工基地湛江地区，每年有大量加工剩余物——剑麻渣可供利用。上述农林废物中菇渣含 N 和 K_2O 均在 1% ~ 2% 之间，含 P_2O_5 为 0.3% 左右，养分含量较高。其他废物中木质素、纤维素含量一般较高，直接施用效果不佳，一般需经发酵后使用。但发酵沤制过程耗时多（一般 15d 甚至更长）。不便于工业化连续生产。用化学处理方法可以在 1d 左右完成熟化，制肥后获得好肥效。

农林产品加工废物分布广、廉价易得，是制有机复合肥产品的好原料，配成复合肥比废物直接施用有更好肥效和更高效益。

（6）高浓度有机废液。酒精、味精厂产生很多高浓度有机废物。这些废液数量大，排放时污染严重，尤其对河流污染严重，是一种重要的污染源。由于其浓度高，采用稳定塘办法处理运行费用高；难以承受。近年来，人们研究废液浓缩技术，使之成为可供制造有机复肥的原料，以此配制成的颗粒肥及改土剂，肥效很好，而且还可以配制成具有各种生理调节功能的液肥。

酒精、味精废液作为一种肥料资源，除含有 N、P、K 微量元素等养分外，还具有另一特殊的优点，即含丰富的氨基酸、激素类、糖分、维生素等物质及其他生理活性物质，具有较高生物活性，可以开发具有生理调节功能的新产品。这些特点与这类废液所经历的微生物发酵过程有关，也与浓缩处理的技术（生物处理、酸法处理）有关。应用这类浓缩原料配制肥料，应该注意其有机碳的生物活性高的特点，掌握肥料的适量 C/N 比，应该略低于一般有机复合肥的 C/N。

（7）冶金废渣及尾矿。钢铁工业的炉渣是一种主要的冶金废渣，1992 年全国钢铁废渣积存量达 1 亿多吨。钢铁废渣含 Ca、Si、Mg 较高，此外还含有一定量微量元素，是一种碱性肥料，对于改良沿海咸酸田、南方红土壤和补充 Si 与 Ca 等养分，有重要利用价值。欧洲、日本均有几十年甚至百年的应用钢渣历史。

炼铝工业的红泥，也是一种碱性废渣，可用作 Si 肥和改良土壤。

尾矿是我国矿山的主要废渣，我国每年尾矿排放量达 3 亿吨以上，占去耕地 200 万平方米以上，耗堆放费达 10 亿元以上。1989 年尾矿总量占全国固体废料的 30%，目前存放已超过 40 亿吨。1990 年中国地质科学院成立了全国第一家尾矿利用技术中心。尾矿的农用资源化，是尾矿综合利用的一个重要方面。很多尾矿可作为微量元素肥料资源被开发利用。例如，钨矿山的尾矿含 Si 很高，只要重金属含量不太高，且达到农用标准可作 Si 肥开发。通过农用途径综合利用，可大大降低采矿成本，又能充分利用资源。

此外，还有啤酒厂滤泥、中药废渣、天然橡胶乳精等的利用。啤酒厂滤泥硅藻土与过滤留下大分子有机物的混合物，具有一定养分，又能调节复合肥理化性状。中药厂的废渣、植物性农药厂的药渣，如烟叶、苦参等废渣和糠醛渣、木糖醇等均可作为有机肥原料使用。天然橡胶的废胶乳精含有大量的蛋白质和糖，也可用于制有机肥。还有很多工业废物可以作制肥原料，在此不一一细述。应根据各类原料的具体特点进行开发利用。例如，糠醛渣具强酸性，宜在配方中加入碱性物质以中和之；中药渣应根据原料种类进行分类利用，软细茎叶和粗硬根茎宜分开处理。糠醛渣和中药渣经高温处理，均可考虑作无菌材料利用，作营养袋基质材料。

5.8 固废资源的生物恢复技术

固废资源的生物恢复技术是资源化利用技术的一个重要分支。最早的资源生物恢复应用是污泥农业性利用，即将煤油废物施入土壤，并添加营养，以促进降解碳氢微生物的生长。这之后采用生物恢复技术来处理有毒有害污染物污染的土壤才逐渐引起人们的重视。

多数环境存在天然的微生物降解净化有毒有害有机污染物的过程，研究表明大多数下层土含有可生物降解的浓度芳香族化合物，如苯、甲苯、乙基苯和二甲苯，只要地下水中有足够的溶解氧，污染物的生物降解就可以进行。但是由于在自然环境中存在着溶解氧（或其他电子受体）不足、营养盐缺乏和高效降解微生物生长缓慢等限制性因素，微生物自然净化速度很慢。因此需要采用各种方法来强化这一过程，例如提供氧气或其他电子受体，添加 N、P 营养盐，接种经驯化培养的高效微生物等，以便能够迅速去除污染物，这就是生物恢复的基本思想。

生物恢复是指用生物工程方法，将土壤、地下水和海洋中的有毒有害有机污染物"就地或原位"降解成 CO_2 和水，或转化成为无害物质的方法。这项技术是近年来发展起来的崭新的资源恢复技术。

土壤污染主要为重金属污染和有机污染。随着有机污染物向土壤中的不断排放，土壤有机污染日益严重。这些污染物包括农药、石油及其产品、垃圾渗滤液、固体废物及其渗滤液等。有机污染物进入土壤后造成了一系列的环境问题，如土壤物理化学性质的改变，土壤生物群落的破坏，污染物在农作物和其他植物中积累，进而威胁高营养级生物的生存和人类健康。

鉴于土壤污染的严重危害，世界各发达国家纷纷制定了土壤恢复计划。荷兰在 20 世纪 80 年代就已花费了约 15 亿美元进行土壤的恢复工作，德国在 1995 年投资约 60 亿美元用于净化土壤，美国 90 年代在土壤恢复方面的投资约有上千亿美元。目前恢复技术的主要方法有物理方法、化学方法和生物方法，但是以物理化学的热解法和生物恢复方法治理最彻底。

利用微生物分解有毒有害污染物的生物恢复技术是恢复治理大面积污染区域的一种有价值的方法。

在美国生物恢复技术多被用于清除由于有毒化学品泄漏或是处置化学废物而被污染的一些场地。美国政府制定有利于绿色技术的政策法规是推动生物恢复技术发展的关键因素。尽管生物恢复技术还被某些人认为是不成熟方法，但目前已有的研究结果表明，生物恢复技术具有以下优点：

（1）费用省。生物恢复技术是所有处理技术中最便宜的，其费用约为焚烧处理费用的 1/4 ~ 1/3。20 世纪 80 年代采用生物恢复技术处理每立方米的土壤需 100 ~ 260 美元，而采用焚烧或填埋处理需 260 ~ 1000 美元。

（2）环境影响小。生物恢复只是一个自然过程的强化，其最终产物是 CO_2、水和脂肪酸等，不会形成二次污染或导致污染的转移，可以达到将污染物永久去除的目的，使土地的破坏和污染物减少到最小程度。

（3）最大限度地降低污染物浓度。生物恢复技术可以将污染物的残留浓度降到很低，如某一受污染的土壤经生物恢复技术处理后，BTX（苯、甲苯和二甲苯）总浓度降为 0.05 ~ 0.10mg/L，甚至会低于检测限。

（4）在其他技术难以使用的场地，如受污染的土壤位于建筑物或公路下面不能挖掘和搬出时，可以采用就地生物恢复技术，因而生物恢复技术的应用范围有其独到的优势。

（5）生物恢复技术可以同时处理受污染的土壤和地下水。

因此，在环境科学界生物恢复技术被认为比物理和化学处理技术更具发展前途，它在土壤恢复中的应用价值是无可估量的。根据预计美国对生物恢复治理技术服务及其产品的需求，在今后的若干年中的年均增长率为 15%，到 2015 年整个行业的收入将超过 8 亿美元，如果生物恢复治理技术能继续健康发展的话，上述预测结果将远低于实际市场的需求。

美国国家环保局积极地推进生物恢复技术的研究和应用，根据 1989 年的统计，在美国超级基金地区采用生物恢复技术进行土壤处理的项目已占全部土壤处理项目的 8.4%（见表 5-16）。在其中一处，由于航空油的泄漏，该地的地下水被苯、甲苯和二甲苯所污染，在生物恢复过程中加入过氧化氢作为氧源刺激微生物的生长，经过 6 个月，地下水符合美国饮用水的标准。

生物恢复的发展甚至影响到美国等国家对永久性废物的定义。美国过去一贯的政策是，在资源保护和回收法（PCRA）中规定的废物必须永久地作为废物受 RCRA 法的管理。目前由于有些废物经生物恢复处理后可以成功地脱除毒性，因此美国环保局已采取了一些措施对其原来的政策进行修改。

表 5-16　1989 年美国超级基金场地土壤恢复技术分类

技　术	项目数/个	比例/%	技　术	项目数/个	比例/%
真空/蒸汽抽提	17	17.9	固定化/稳定化	23	24.2
土壤洗涤	3	3.2	化学处理	6	6.6
土壤冲洗	5	5.3	高温热解	30	31.5
生物恢复	8	8.4	总　计	95	100
热解吸	3	3.2			

当然，生物恢复技术也有其自身的局限性，即微生物不能降解所有进入环境的污染物，污染物的难生物降解性、不溶性以及与土壤腐殖质或泥土结合在一起常常使生物恢复不能进行。

生物恢复需要对地点的状况和存在的污染物进行详细而昂贵的具体考查，如在一些低渗透性的土壤中可能不宜使用生物恢复技术，因为这类土壤或在这类土壤中的注水井会由于细菌生长过多而阻塞。

特定微生物只降解特定类型的化学物质，状态稍有变化的化合物就可能不会被同一微生物酶破坏。

微生物活性受温度和其他环境条件变化的影响。有些情况下，生物恢复不能将污染物全部去除，因为当污染物浓度太低，不足以维持降解细菌和群落时，残余的污染物就会留在土壤中。

在我国，土壤和水体资源中的有毒有害有机污染同样十分严重，随着经济的发展和人们生活水平的提高，这一问题必将会日趋突出。借鉴国外的经验，及时研究相应处理技术对于防治有毒有害有机污染，保护土壤和水资源以及人民的身体健康有着积极的意义。

5.8.1　资源生物恢复技术原理

资源生物恢复的生物来源主要有土著微生物、外来微生物和基因工程菌三类。

微生物降解有机化合物的巨大自然容量是生物恢复的基础。土壤中经常存在着各种各样的微生物，在遭受有毒有害有机物污染后，实际上就自然地存在着一个驯化选择过程，一些特异的微生物在污染物的诱导下产生分解污染物的酶体系，进而将污染物降解转化。

目前在大多数生物恢复实际工程中应用的都是土著微生物，其原因一方面是由于土著微生物降解污染物的巨大潜力，另一方面也是因为接种的微生物在环境中难以保持较高的活性以及工程菌的应用受到较严格的限制。引进外来微生物和工程菌时必须注意这些微生物对土著微生物的影响。

当处理包括多种污染物（如直链、环烃和芳香烃）的污染时，单一微生物通常不会有太大的效果。土壤微生物试验表明很少有单一微生物具有降解所有这些污染物的能力。另外化学品的生物降解通常是分多步进行的，在这个过程中包括了多种酶或微生物的底物。因此在污染物的实际处理中，必须考虑要接种多种微生物或者激发当地多样的土著微生物。土壤微生物具有多样性的特点，任何一个种群只占整个微生物区系的一小部分，群落中的优势种会随土壤温度、湿度以及污染物特性等条件发生变化。

由于土著微生物的生长速度太慢、代谢活性不高，或者是由于污染物的存在造成土著微生物的数量下降，因此需要接种一些降解此类污染物的高效菌。例如：处理 2-氯苯酚浓度从 245mg/L 降到 105mg/L 而同时添加营养物和接种单胞杆菌纯培养物后，4 周内2-氯苯酚的浓度即有明显降低，7 周后 2-氯苯酚的浓度仅为 2mg/L。

采用外来微生物接种时，会受到土著微生物的竞争，需要用大量的接种微生物形成优势，以便迅速开始生物降解过程。研究表明，在实验室条件下，30℃时每克土壤接种 10^6 个五氯酚（PCP）降解菌可以使 PCP 的半衰期从 2 周降低到小于 1 天。这些接种在土壤中用来启动生物恢复的最初步骤的微生物被称为"先锋生物"，它们能催化限制降解的步骤。

有一些重大的研究项目正在试图扩展用于生物恢复的微生物的范围，科学家们一方面在寻找天然存在的、有较好的污染物降解动力学特性并能攻击广谱化合物的微生物，另一方面也在积极地研究将在极端环境下生长的微生物，包括可耐受有机溶剂、可在极端碱性条件下或高温下生存的微生物应用于生物恢复工程中。后一种微生物的重要性在于许多污染物是不溶于水，并存在于不利于大多数微生物生长的环境。

随着生物技术的发展，基因工程菌的研究引起了人们普遍的兴趣。采用细胞融合技术等遗传工程手段可以将多种降解基因转入同一种微生物中，使之获得广谱的降解能力。例如将甲苯降解基因从单胞杆菌转移给其他微生物，从而使受体菌在 0℃ 时也能降解甲苯，这比简单地接种特定的微生物使之艰难而又不一定成功地适应外界环境要有效得多。

基因工程菌引入现场环境后会与土著微生菌群产生激烈的竞争，基因工程菌必须有足够的存活时间，其目的基因方能稳定地表达出特定的基因产物——特异的什生酶。如果在环境中转基因工程菌最初没有足够的合适能源和碳源，就需要添加适当的基质促进其增殖并表达其产物。引入土壤的大多数外源转基因微生物在无外加碳源的条件下，不能在土壤中生存与增殖。目的基因表达的产物对微生物本身的活力并无益处，有时还会降低转基因菌的竞争力。

现已分离出以联苯为唯一碳源和能源的多株微生物，它们对多种多氯联苯化合物有着共代谢功能，相关的四个酶由四个基因编码，这些酶将多氯联苯转化为相应的氯苯酸，这些氯苯酸可以逐步被土著菌降解。由多氯联苯降解为二氧化碳的限速步骤是在共代谢氧化的最初阶段，联苯可以为降解菌提供碳源和能源，但其水溶性低和毒性强的特点给生物恢复带来困难。解决这一问题的新途径是为目的基因的宿主微生物创建一个生态位，使其能利用土著菌不能利用的选择性基质。

理想的选择性基质应有以下特点：对人和其他高等生物无毒、价廉以及便于使用。一些表面活性剂能较好地满足上述要求。选择性基质有时还会成为土著菌的抑制剂，增加基质的可利用性，对有毒物质的降解更为有效。环境中加入选择性基质会造成土壤微生物系统的暂时失衡，土著菌需要一段时间才能适应变化，转基因菌就利用这段时间建立自己的生态位。由于土著群中的一些成员在后期也可以利用这些基质，因此含有现场应用性基因质粒的转基因特别适合于一次性处理目标污染物，而不适于反复使用。

尽管利用遗传工程提高微生物降解能力的工作已取得了巨大的成功，但是目前美国、日本和其他大多数国家对工程菌的实际应用严格的立法控制，如在美国工程菌的使用受到"有毒物质控制法"的管理。因此尽管已有许多有关工程菌的实验室研究，但至今还没有现场应用的报道。

5.8.2　生物恢复过程的调控

调控是生物恢复控制的关键。土壤和地下水资源中，尤其是地下水中，N、P 都是限制微生物活性的重要因素。为了达到完全的降解，适当添加营养物常常比接种特殊的微生物更为重要，例如添加酵母膏或酵母废液可以明显地促进石油烃类化合物的降解。对于一些微量营养素（如微量元素和维生素等）在生物恢复中的作用也做了相应的研究，但并未取得较大的进展。

为达到良好的效果，必须在添加营养盐之前确定营养盐的形式、合适的浓度以及适当的比例。目前已经使用的营养盐类型很多，如铵盐、正磷酸盐或聚磷酸盐、酿造酵母废液和尿素等。尽管很少有人比较过各种类型盐的具体使用效果，但已有的研究表明营养盐的施用效果随地点的特点而变化。虽然可以在理论上估计 N、P 的需要量，但一些污染物降解速度太慢（不可预见的因素较多），且在同地点 N、P 的可得性变动很大，计算值只能是对实际值的一种估算，与实际值会有较大偏差。例如同样的石油类污染物的生物恢复，不同的研究者得到的 C∶N∶P 的比值分别是 800∶60∶1 和 70∶50∶1，相差近一个数量级。

鉴于上述原因，在选择营养盐类型、浓度和比例时通常要进行小型试验。一些农业公司针对特定的应用环境开发出相应的强化生物恢复的肥料，如用石蜡包埋的尿素或正磷酸盐，这种配方的营养物可以溶于油相，缓慢释放这对于处理使用传统的水溶性营养无济于事的海上溢油尤为理想。在发生了世界著名的爱克森·维尔兹号油轮海上溢油事件以后，这种肥料曾被用于受溢油严重污染的海岸，处理结果表明效果是显著的。

此外，微生物的活性除了受到营养盐的限制外，土壤中污染物氧化分解的最终电子受体的种类和浓度也极大地影响着污染生物降解的速度和程度。微生物氧化还原反应的最终电子受体分为三大类，包括溶解氧、有机物分解的中间产物和无机酸根（如硝酸根、硫酸根和碳酸根等）。

土壤中溶解氧浓度有明显的层次分布，存在着好氧带、缺氧带和厌氧带。研究表明好氧有利于大多数污染物的生物降解，溶解氧是现场处理中的关键因素。然而由于微生物、植物和土壤微型动物的呼吸作用，与空气相比，土壤中的氧气浓度低、二氧化碳浓度高。微生物代谢所需的氧气要依赖于来自大气的氧传递补给。当空隙充满水时，氧传递会受到阻碍，呼吸消耗的氧超过传递补来的氧量，微环境就会变成厌氧。黏性土会保留较多水分，因而不利于氧传递补给。有机物质会增加微生物的活性，也会通过消耗氧气造成缺氧。缺氧或厌氧时，兼性厌氧微生物会转而利用硝酸盐或硫酸盐，从而成为土壤中的优势菌。

为了增加土壤的溶解氧，可以采用一些工程化的方法，例如：（1）曝气。即在被处理的土地下布设通气管理道，将压缩空气送入土壤，一般可以使溶解氧浓度达到 8 ~ 12mg/L，如果用纯氧，可达 50mg/L。（2）向土壤中添加富氧剂，通常是用 H_2O_2。其浓度在 100 ~ 200mg/L 时，对微生物没有毒性效应，如果经过驯化，微生物可以耐受 1000mg/L 的过氧化氢，因此可以通过逐渐增大过氧化氢浓度的方法避免其对微生物的毒性作用。除了过氧化氢之外，一些固体过氧化物如过氧化钙也用作原位生物恢复时的富氧剂，将这些富氧剂包裹在聚氯乙烯的胶囊中能够降低其生物毒性。另外一些控制溶解氧的方法如防止土壤被水饱和、对土壤进行适度的耕作、避免土壤板结和限制土壤中的耗氧有机物含量等，都是行之有效的方法。

苯及一些低碳烷基苯在水中有较大的溶解度，汽油或有机溶剂泄漏等会造成这类污染物在水中有 $10 \sim 100mg/L$ 的溶解量。这样大量的化合物若在好氧条件下分解，大约需要 $20 \sim 200mg/L$ 的氧才能将碳氢化合物全部氧化为二氧化碳和水。然而，一般土壤和地下水中通常只有 $5mg/L$ 的溶解氧，因而一旦土壤和地下水受到污染，这些污染物进行好氧生物降解就会消耗大量的氧气。事实上，土壤和地下水中的氧量是不够的，这些污染的生物降解过程势必处在厌氧状态下。

在厌氧环境中，硝酸根、硫酸根和铁离子等都可以作为有机物降解的电子受体。厌氧过程进行的速度太慢，除甲苯以外，其他一些芳香族污染物（包括苯、乙基苯、二甲苯）的生物降解需要很长的启动时间，而且厌氧工艺难以控制，所以一般不采用。但也有一些研究表明许多在好氧条件下难以生物降解的重要污染物，包括苯、甲苯和二甲苯以及多氯芳香烃等，都可以在还原性条件下被降解成二氧化碳和水。另外，对于一些多氯化合物，厌氧处理比好氧处理更为有效，如多氯联苯的厌氧降解在受污染的底泥中已被证实。尽管在一些实际工程中已有采用厌氧方法对土壤和地下水进行生物恢复的实例，并取得良好效果，但目前还只是些例外。应用硝酸盐作为厌氧生物恢复的电子受体时还应注意地下水对硝酸盐浓度的限制。有机污染物在厌氧条件下的生物降解途径、机理和工艺研究的报道目前还很少，这可能与其降解速度太慢，难以收集到足够量的代谢中间物进行分析有关。

土壤中溶解氧的情况不仅影响污染物的降解速度，也决定着一些污染物的最终降解形态，如某些氯代脂肪族的化合物在厌氧降解时，产生有毒的分解产物，但在好氧条件下这种情况就较为少见。因此利用协同作用也可以有效地提高难降解污染物质的降解作用。

处理各种化学性质不同的污染物常需要保持特殊的和复杂的微生物种，并维持其降解活性，但实际应用中通常难以保持这些微生物种群的持久性，因此需要监测微生物的数量和活性。

一种新型的监测微生物活性的方法是在降解基因中融入编码以检测生物活性的基因。当微生物表现出降解活性时，也就表现出相应的生物学活性。例如美国田纳西大学塞勒开发出一种微生物发光检测技术，用于监测微生物的降解活性。他首先用遗传工程得到微生物，然后将发光基因融入萘的生物降解基因，这样生物降解活性的表现会引起发光。使用这一技术能够实时地监测特殊的细菌群落，并根据监测结果调节环境因子使微生物的活性达到最大，也可在需要时重新加入微生物。

目前，在美国约有几百家公司出售用于环境生物治理的微生物，但有许多这类产品的价值值得怀疑。因为常常是受污染地点的天然土著细菌已将污染物生物降解，再添加这些微生物产品虽然无害，但也未必有益。大多数出售的生物降解菌没有增强本地微生物的生物降解速度。一些环境工程师和企业人员急于使用这些微生物产品，是要表明他们对环境是负责的。

有些情况下微生物产生的酶被直接应用于土壤的生物恢复之中。霉菌的酚氧化酶是一种多酚氧化酶，能够通过氧化偶合反应催化酚类污染物与土腐殖质的结合，从而将其固定并解毒。

当然也应看到生物恢复的调控中，地理、地貌、水力、气象、污染物的理化特性，都将影响其生物恢复的过程。

5.8.3　工程生物恢复技术

就土壤来说，目前实际应用的工程生物恢复方法分为原位处理、挖掘堆置处理和反应器处理三类。

（1）原位处理。原位处理是指在受污染地区直接采用生物恢复技术，不需要将土壤挖出和运输。它一般采用土著微生物处理，有时也加入经过驯化和培养的微生物以加速处理。此过程需要用各种工程化措施进行强化，例如在受污染地区钻井，井分为两组，一组是注入井，用来将接种的微生物、水、营养物和电子受体等物质注入土壤中，另一组是抽水井，通过向地面上抽取地下水造成所需要的地下水在地层中的流动，促进微生物的分布和营养等物质的运输，保持氧气供应。通常需要的设备是水泵和空压机。在系统的地面上有时还建有采用活性污泥法等手段的生物处理装置，将抽取的地下水处理后再注入地下（见图 5-16）。

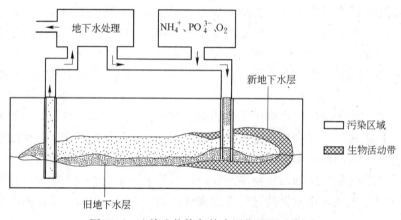

图 5-16　土壤生物恢复技术原位处理示意图

该工艺是较为简单的处理方法，费用较省，不过由于采用的工程强化措施较少，处理时间会有所延长，而且在长期的生物恢复过程中，污染物可能会进一步扩散到深层土壤和地下水中，因而适用于处理污染时间较长、状况已基本稳定的地区或者受污染面积较大的地区。

（2）挖掘堆置处理。该法又称处理床或预备床，就是将受污染的土壤从污染地区挖掘起来，防止污染物向地下水或更广大地域扩散，将土壤运输到一个经过各种工程准备（包括布置衬里、设置通气管道等）的地点堆放，形成上升的斜坡，并在此进行生物恢复的处理，处理后的土壤再运回原地。复杂的系统可以用温室封闭，简单的系统只是露天堆放。有时首先要将受污染土壤挖掘运输到一个堆置地点暂时堆置，然后在受污染原地进行一些工程准备，再把受污染土壤运回原地处理（见图 5-17）。从系统中渗流出来的水要收集起来，重新喷洒或另外处理。其他一些工程措施包括用有机块状材料（如树皮或木片）补充土壤，如在受氯酚污染的土壤中，用 $35m^3$ 的软木树皮和 $70m^3$ 的污染土壤构成处理床，然后加入营养物，经过三个月的处理，氯酚浓度从 $212mg/L$ 降到 $30mg/L$。添加这些材料,一方面可以改善土壤结构,保持温度,缓冲温度变化;另一方面也能够为一些高效降解菌(如白地霉)提供适宜的生长基质。将多氯联苯降解菌接种在树皮上或包裹在高分子聚合物材料中,能够强化微生物的降解能力,增加微生物对污染物毒性的耐受能力。

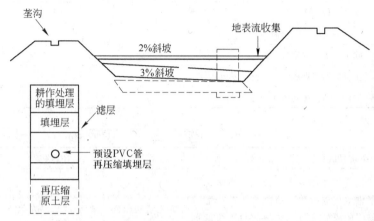

图 5-17 土壤生物恢复技术挖掘堆置处理示意图

这种技术的优点是可以在土壤受污染之初限制污染物的扩散和迁移,减小污染范围。但用在挖土和运输方面的费用显著高于原位处理方法。另外在运输过程中可能造成污染物暴露,及挖掘而破坏原地点的土壤生态结构。

(3)反应器处理。这种方式是将受污染的土壤挖掘出来,和水混合后,在接种了微生物的生物反应装置内进行处理,其工艺类似污水的生物处理方法,处理后的土壤与水分离后,脱水处理再运回原地。处理的出水视水质情况,直接排放或送入污水处理厂继续处理。反应装置不仅包括各种可以拖动的小型反应器,也有类似稳定塘和污水处理厂的大型设施。在有些简单的情况下,只需要在已有的稳定塘中装配曝气机和混合设备就可以用来进行生物恢复处理。处理时必须慎重,以防止污染物从土壤转移到水中。

地下水生物恢复工程技术也可以分为三类。(1)原位处理,与土壤基本相同,参见上文所述。(2)物理拦阻,即使用暂时的物理屏障以减缓和阻滞污染物在地下水中的进一步迁移,该方法在一些受有毒有害污染的地点已取得成功的经验。(3)地上处理,又称为抽取处理技术。该技术是将受污染的地下水从地下水层中抽取出来,然后在地面上用一种或多种工艺处理(包括汽提去除挥发性物质、活性炭吸附、超滤、臭氧/紫外线氧化或臭氧/过氧化氢氧化、活性污泥法以及生物膜反应器),然后再将水注入地层。但实际运行中很难将吸附在地下水层基质上的污染物提取出来,因此这种处理方法的效率较低,只是作为防止污染物在地下水层中进一步扩散的一种措施。

进行地下水生物恢复处理时,应注意调查该地的水力地质学参数是否允许向地上抽取地下水和将处理后的地下水返注,地下水层的深度和范围,地下水流的渗透能力和方向,同时也要确定地下水的水质参数如 pH 值、DO、营养物、碱度以及水温是否适于运用生物恢复技术。表 5-17 和表 5-18 列出了硝酸性氮污染地下水的恢复对策及主要去除技术的特征。

表5-17 硝酸性氮污染地下水的恢复对策

第一种对策	减少产生污染物质的使用量
	减少地下水的硝酸性氮的供给量
第二种对策	停止被污染地下水的使用
	确保代替水源
	和污染水源的混合使用
第三种对策	除去地下水的硝酸性氮
	生物学的处理法和物理化学的处理法
	原位置净化法和净化场净化法

表5-18 主要硝酸性氮去除技术的特征

方法	异养性脱氮法	自养性脱氮法	离子交换树脂法	RO法	ED法
原理	把有机物作为氢供给体进行生物学的硝酸性氮还原	把无机物作为氢供给体进行生物学的硝酸性氮的还原	用阴离子交换树脂把硝酸根离子吸附除去	用RO膜进行离子过滤，去除硝酸根离子	用电渗透膜去除硝酸根离子
处理后的氮形态	氮气	氮气	硝酸性氮	硝酸性氮	硝酸性氮
优点	硝酸性氮变成氯气，运转费便宜	硝酸性氮变成氮气，运转费便宜	反应速度快无副生成物，维持管理容易	维持管理容易，无副生成物，药剂用量少	维持管理容易，无副生成物，药剂用量少
问题	残留有机物的去除，剩余污泥多，维持管理很难	维持管理很难，反应速度慢	作为再生剂使用大量的NaCl再生废液中含高浓度的NO_3^-	其他的盐类也除去，在浓缩液中含有高浓度的NO_3^-	其他的盐类也除去，在浓缩液中含有高浓度的NO_3^-

5.8.4 可处理性试验及评价过程

环境中的污染物多是混合物。例如，原油含有数以千计的不同结构的碳氢化合物，加工后的油有数以百计的组分，多氯联苯类污染物有数十种的衍生物。有些地点中污染物不能确定，可用零级或一级动力学方程式来拟合，从而得到用以评价生物恢复可行性的重要参数——污染物半衰期。零级反应与污染物浓度无关，取决于其他因素。当污染物浓度与生物活性相比较低时，一般采用一级反应动力学方程式拟合，此时反应速度与污染物浓度成比例。

在进行可处理性试验时必须设置非生物因素的对照，以便测定物理和化学过程（如水解、取代、氧化和还原等）引起的污染物的减少，从而间接证明生物恢复技术对污染物消减的贡献。另一种能够准确评估生物降解的方法是进行物料衡算和矿化计算。物料衡算需要测定母体化合物和转化产物，矿化计算需要测定二氧化碳、甲烷或氯、溴等基团的释放。进行可处理性评价时可以采用多种方法，如土壤柱试验、摇瓶试验以及反应器试验等。

实验室规模的反应器可由一个 2000mL 的容器构成，污染物或基质通过恒流泵输入容器内，用适当的温控器控制温度，通过与恒流泵和流量计相连的几个控制器来维持容器中的 pH 值和氧化还原电位，容器内有搅拌装置可以保证容器内泥水混合液的物理、化学和生物特性的均一。定期通过注射器或微孔取样管从容器内取出样品进行分析，取样时要保持无菌状态。容器内微生物的量可以用 ATP 来表示，污染物母体化合物的消失以 CO_2 等产物的形成来标识着污染物的转化和降解。

为了确定生物恢复技术是否适于某一污染地区和某一污染物，需进行以下研究步骤。

（1）数据调查。

1）调查污染物的种类、化学性质、在土壤中的分布和浓度、受污染的时间。

2）当地正常情况下和受污染后微生物的种类、数量和活性及在土壤中的分布，分离鉴定微生物种，检测其代谢活性，从而确定该地是否有合适的微生物种群完成生物恢复。具体的方法包括镜检（染色、包埋和切片）、生物化学法测生物量（测 ATP）、测酶活性以及平板技术等。

3）了解土壤特征，如温度、孔隙度、渗透率。

4）调查受污染地点的地理、水力地质和气象条件以及空间因素，如可用的土地面积和沟渠等。

5）了解有关的管理法规，根据相应的法规确立净化的目标。

（2）技术咨询。在掌握当地的情况后，应向有关住处中心咨询是否在相似的情况下进行过生物恢复处理。例如，在美国要向"新处理技术信息中心"提出技术查询。

（3）选择技术路线。对包括生物恢复在内的各种土壤恢复技术以及它们可能的组合进行全面客观的评价，列出可行的方案，并确定最佳技术。

（4）可处理性试验。假如生物恢复技术可行，就要设计小试和中试试验，在试验中收集有关污染物毒性、温度、营养和溶解氧等限制性因素的资料，为工程的具体实施提供基础操作参数。小试和中试可以在实验室进行，也可以在现场进行。在进行可处理性试验时，应选择先进的取样方法和分析手段来取得实际的数据，以证明结果是可信的。进行中试时，不能忽视规模因素，否则根据中试数据推出现场规模的设备能力处理费用可能会与实际出入很大。

（5）实际工程设计。如果小试和中试试验均表明生物恢复在技术上和经济上可行，就可以开始生物恢复计划的具体设计，包括处理设备、井位和井深、营养物和氧源（或其他电子受体）等。

5.8.5　生物恢复技术的发展趋势

现代生物恢复技术在美国和欧洲主要处于实验室小试和中试阶段，实际应用的例子也有一些。为了将生物恢复技术发展成为可靠而成熟的技术，需要在以下方面进行深入的研究。

（1）评价生物恢复技术是否适合某地时需要考虑哪些因素？

（2）实行有效的生物恢复计划时需要采取哪些步骤？

（3）如何确定生物恢复技术彻底降解污染物所需要的运行周期？

（4）如何通过大量的现场实验获得可信的实际应用数据和跟踪记录？

（5）怎样向土壤和地下水有效地注入微生物、营养物和提供氧气？

（6）怎样保证微生物与污染物有良好的接触，使污染物能为微生物迅速降解？

（7）如何监测生物恢复计划的进展和污染降解的过程？

（8）土壤污染的生物恢复计划中是否会造成新的污染或导致污染物扩散？

（9）是否可以建立有关生物恢复技术应用的统一评价程序和标准？

（10）在生物恢复工程中运用遗传工程技术的安全性怎样？

（11）如何将生物降解恢复技术与物理和化学处理方法组成统一的技术体系？

另外，发展成熟的生物恢复技术，还需要多方面的研究人员合作，因为该技术不仅需要有关微生物的知识，还需要工程科学、化学测试分析方法和污染物（包括其代谢产物）生物毒性的知识。因此，美国国家环保局下属的五个实验室确定了四个主要的研究领域以深化对生物恢复技术的研究。

（1）工程科学。生物恢复技术的最终成功依赖于微生物与待降解基质（污染物）的密切接触和适当的微生物生长环境，但有些工程技术并不能保证这一点，因而降低了处理效率。工程科学研究的目标就是要为生物恢复技术中的微生物提供最合适的微环境，并促进污染物与微生物细胞的相互接触。

（2）微生物学和分子遗传学。在细胞和分子水平上研究微生物对污染物的降解作用以及污染物降解的生化过程，将有助于建立特定微生物物种降解具体污染物的资料，以用于针对具体污染地点的情况选择合适的微生物物种建立基因文库，构建新的高效降解的工程菌种。同时对污染物降解过程的了解能够帮助判定污染物的不完全降解产物是否会造成的环境问题。

（3）测试和分析方法。测试和分析是生物恢复研究中的重要组成，只有适当的采样和分析才能精确地判断是否发生了生物恢复过程和生物恢复进行的程度。

（4）生物毒性。为了保证受到公众关注的生物恢复技术的安全性，评价接种微生物和分解产物对人类和生态系统的卫生效应和毒性效应是必要的。一些污染物是致癌和致突变化合物，而另一些是前致癌物，只有经过微生物代谢后才会有遗传效应，因此需要发展可靠的试验方法去除这些污染物的毒性和致癌特性。

生物恢复技术具有广阔的应用市场，但它并不是对所有的情况都适用。它不具有同热处理和化学处理一样的高速度，因污染物、微生物和工程技术的不同，其处理周期可以从短短的几天到几个月。只有与物理和化学处理方法组成统一的处理技术体系，生物恢复才能真正为人类解决目前所面临的环境问题。在有些情况下，最经济有效的组合是首先用低费用的生物恢复技术将污染物处理到较低的水平，然后采用费用较高的物理或化学方法处理残余的污染物。

习　题

5-1　什么是资源可持续利用生物技术？资源可持续利用生物技术的研究内容主要是什么？

5-2　石油污染的生物恢复过程主要发生的化学反应是什么？石油污染生物恢复的影响因素有哪些，是如何影响的？

5-3　2010 年 4 月，发生了震惊世界的墨西哥湾漏油事件，其污染面积达到 155 万平方米，污染海水深度大约 1500m，漏油量大约 2500 万加仑。如果一个细菌细胞平均氧化石油量为 5×10^{-12} mg/h，降解石油细菌可达到 800 万/mL，那么在微生物作用下，需要多久才能恢复这次石油泄漏对环境的污染？（1 加仑 = 3.78L）。

5-4 微生物脱硫有哪两条途径？为什么生物脱硫过程是可行的？

5-5 什么是生物浮选和生物吸附？生物浮选和生物吸附的机理分别是什么？生物浮选对资源利用有什么影响？

5-6 生物冶金技术的原理是什么？常用的生物冶金技术方法有哪几种？

5-7 如何对生物冶金技术的反应过程进行控制？控制时应注意哪些问题？

5-8 生物脱臭的机理是什么？请用图示的方法画出整个过程。与其他脱臭技术相比，生物脱臭的优点是什么？

5-9 某化工厂向某河流直接排放大量工业污水，造成大约 25 万吨的污泥污染，严重影响下游居民生活和渔业资源。为了减少直接经济损失，现使用 A 厂脱臭装置处理该污染污泥，大约需要多长时间才能恢复？

5-10 作为肥料资源，工业废物有什么优点？可作为农业肥料的工业废弃物有哪些？各自有什么样的特性，应如何再资源化？

5-11 什么是生物恢复技术和工程生物恢复技术？生物恢复技术的优点是什么？生物恢复技术的发展趋势如何？

5-12 资源恢复的生物来源主要有土著微生物、外来微生物和基因工程菌三类。这三类生物分别是如何进行生物恢复的？为了让这三类生物更好地进行生物恢复过程，应该怎样对其恢复过程进行调控？

6 金属固体废物处置、处理与可持续利用技术的应用与实践

学习目标

本章介绍了金属固废资源可持续利用技术的分类和国内外典型金属固废再资源化的应用实践。要求了解贵金属、催化剂、电镀污泥、磁性材料和稀有金属的再资源化过程，掌握废旧汽车的再资源化过程，并熟悉铝的回收和利用过程，了解废电池的再资源化过程。

6.1 概　　述

在介绍金属固废资源可持续利用技术应用实例之前，先从不同主体角度来概括一下金属固废资源可持续利用的应用。企业首先注意的是金属固废资源化物质从何处用何种方法进行回收，资源化后的产品卖给谁以及售价是多少，以及能获得多少利益等问题。公共组织要考虑环境保护和掩埋场地的占用等问题。而政府则要掌握资源寿命的延长和高质量废弃物再回收政策等，即从资源战略的立场出发考虑资源可持续利用问题，而且必须要从全国范围内的环境保护角度来考虑。

如上所述，对资源可持续利用的立场不同，则采取的对策也不相同，在目的、方法和结果上存在多样性，也就是说资源可持续利用是涉及社会和技术二元系统的复杂问题。

6.1.1 金属固废资源可持续利用对象的分类

金属固废资源可持续利用包括收集方法、处理方法、出售收益、环境保护、资源和能源的节约等方面，这些方面是支配整个金属固废资源可持续利用的重要因素。金属固废资源可持续利用与单纯的一次资源利用不同，其具体分类如下：

（1）按形态分：固体、液体、气体和混合物（原材料与能源）。

（2）按含量分：数、量、品位（杂质量、有害元素量）、元素的集合状态。

（3）按处理的配置分：产生场所、规模、再生场所、输送问题。

（4）按方式分：资源化利用的方式和再资源化处理技术的难易性。

（5）按需要性分：寿命、代用品开发状况、必需性、国际性、国民性（历史风土）。

（6）按效益分：社会效益即经济性、再资源化的最佳水平和环境保护。

与此相反一次资源利用技术是根据（1）、（2）来进行分离、浓缩等的处理技术。

以下从这两个方面分别进行叙述并与一次资源利用进行对比。

（1）金属固废资源的赋存状态。再资源化对象的性质，如气、固、液、泥浆等存在的状态，往往决定处理方法和收集方法。绝大部分再资源化对象主要是固体，也有电镀废

液、废油、废酸、废碱等液体，还有固液混合物，如下水道污泥和化工厂的泥浆等。另外，以气体状态存在的再资源化对象有从焚烧场排出的水银、卤气和从冶炼厂排出的SO_x、NO_x等。对这些气体再回收的目的是保护环境或者进行有效利用。此外，再资源化时将这些对象作为原材料或者作为能源，有时也是很重要的。例如，可将废轮胎那样的原材料作为能源来利用。

（2）金属固废资源的再资源化特殊性。除了上述的分类方法之外，还有用品位、不纯杂质含量或再资源化对象复合性程度以及数量、重量、容积等确定处理的因素。从经济角度而言，很有前途的再资源化对象是大量消费的铁和铝。再资源化所处理的物料和天然的物料不相同，它并不像一次资源那样具有较高的品质性或易处理性，也就是说，虽然含有同一元素，其性质却有很大的差异，因此难以实现处理方法和收集方法的一体化，如废旧钛金属、氧化钛泥或者TiO_2系及陶瓷的处理方法是完全不相同的。因此可将再资源化对象分成金属、陶瓷、有机物和复合材料。再资源化就是相当于对自然界中不存在的许多新物质的资源化。当需要资源化物质的容积（或体积）、重量较大时，将其进行减容和减重是很重要的。另外，对含量很低的稀溶液的处理也存在问题。例如，应考虑经济和保护环境的问题，对贵金属的溶液和其他有害废液等进行处理。目前，处理低浓度稀薄水溶液在经济上是不合算的，今后的发展方向是采取细菌处理等生物技术。

6.1.2　再资源化收集和最佳资源化处理途径

（1）再资源化收集。像一次资源一样，再资源化物质的产生与储存有明显的不均匀性。根据产生的场所不同可分为新废料和旧废料。新废料是指加工和装配车间等厂内废料，这些废料大部分是在厂内进行再回收使工厂的总成本下降。旧废料是指消费者使用制品后的废弃物，它广泛分散于消费场所，因此对其进行收集和分离是很困难的。具体而言，关于金属方面，例如铝板可以在厂内进行再熔解和再生。但是铝制罐、铝制窗框等的合金成分不同，因此需要分别回收，并进行成分调节等精炼处理。可见分别回收技术是不可缺少的。由于塑料多种多样，在厂内对其组成可以确定和再生，但出市场后，塑料逐渐变成低品位物质，低质量的塑料，再回收时很有必要采用简便的选别方法和分离技术。

（2）最佳资源化处理途径。最佳资源化处理途径的确定一直是人们关注的焦点。当资源再生时，设定的资源化目标之一就是资源化对象还原到何种程度。若将废弃物还原到原形，即以再生资源再回收为真实目的，则将其称为固有原形的复原。如前所述，较低级原料的再回收，废旧金属经高度提纯后作为原材料使用以及作为化合物提高附加值后又返回到市场的资源化称为联合资源化处理途径。再资源化通常指联合资源化处理途径。在新废料的再资源化时，将废料变成原制品的占多数，而旧废料的资源化多属于联合资源化处理途径。从处理技术和最佳处理水平上看，再资源化资源与一次资源相竞争的实例也较多。广义上的再资源化包括这两者的涵义，而资源化技术的落后状态也普遍存在。

6.1.3　制品的寿命、有关代用品以及消费形态

（1）制品的寿命及有关代用品。决定再资源化的因素有耐用年数和寿命。汽车用蓄电池的使用周期为2~3年，因而容易推测它的处理量。也可以进行持续不断的稳定操作，

故它是再生率较高的二次资源。另外，由于技术发展和代用品的开发，在市场上很快消失的制品如果没有大量的相同质量的物品，则再生率不会太高，如旧型催化剂和废旧合金等。

（2）消费形态。消费后废弃的废旧金属和废弃物，基本上都是分别集中到某一数量以上后再进行处理。在扩散型或者消耗型消费之中再资源化是不可能的，如果能回收，那么对环境污染的意义比再资源化的意义更大。例如：杀虫剂、化妆品、洗涤剂、气溶胶、喷雾用氟利昂以及作为抗震爆用的四乙基铅等，将这些物质从消费形态中回收是比较困难的，其他作为分散剂的例子，还有油品中的氧化钛颜料和电器制品中的焊药等。它们被广泛但少量使用，其资源化技术尚未达到从汽车和电子零件中回收氧化钛和焊药的水平。另一种消费形态是永久保存消费、废弃，这里仅限于指放射线遮蔽用混凝土和铝、原子反应堆、使用过的核燃料、电路板等不可缺少或者非常有害的废弃物。其余的就是可再资源化物质，经消费废弃之后可以补充一次资源，其收集和处理的难易性是再资源化处理过程的重要影响因素。

6.1.4　社会效益和再资源化能成立的条件

再资源化无论是固有型的复原还是联合资源化处理途径，如果没有任何的社会效益就不可能进行再资源化处理。目前，在节省资源和能源方面最有利的再资源化对象为消耗型制品（金属、塑料、纸和核燃料）或者储量极少的高价稀有金属（含贵金属和稀土）。当二次资源的价格变动时，再回收特别要求有可见经济效益，并且需要与一次资源的交易相适应。如果再回收能防止环境污染和保护环境，则可补偿再资源化不利的一面。例如从干电池中回收水银和铁、锰、铅等金属，对电镀废液进行二次处理等，都是从无害化的角度进行再资源化的。各种工厂的污泥处理除特殊情况外（稀有金属、贵金属、新型陶瓷）一般都是从后者来考虑的。再资源化的最佳水平除了上述考虑外，还要注意国际性（废料的进出口）、地区性、国民性、是否有一次资源、对再资源化的意识以及对再资源化生产的认识程度等社会和心理上的因素。在世界各地进行的再资源化不可能在同一水平上，也不能随意进行。另外还存在资源化过程中耗能大等问题。

日本废弃物再资源化实例的汇总见表6-1所列。表中表示的是已确定和处理技术意义较大的实例。处理技术包括已经应用的处理技术和新技术以及处理更复合化的废弃物的技术。处理技术有湿式和干式或两者联合的处理技术。在每种处理法中联合使用溶剂萃取、螯合物、离子交换树脂、氯化冶炼、等离子体冶炼、膜分离等尖端技术以及磁选、浮选、重选等物理方法。

根据以上内容，再资源化成立的条件是必须在量、质、技术和资本上都符合以下要求，即：（1）有再生品的需求；（2）能够再资源化；（3）含有有用成分；（4）废弃物量大。再资源化的效用如下：（1）延长资源的寿命；（2）减少环境污染；（3）减少填埋场地的需求；（4）降低废弃物处理费用；（5）减少资源的进口量；（6）创造新的就业机会。

高质量稀有金属的再资源化，对资源战略和高附加价值产品的开发意义重大。但是，这些技术的开发均带有高技术本身的技术转移。例如薄膜技术不仅包含成膜技术，还包括膜的剥离技术的开发。锌的再资源化技术可以应用于锌表面的防腐蚀，因此要充分认识新材料的开发和再资源化之间存在相互一致的关系。

表6-1 日本废弃物再资源化实例的汇总

废弃物种类	产生源	赋存状况	构成元素	形态	年产量（日本）	年产量（世界）	平均品位	废金属价格	再利用技术实例（Ⅰ→Ⅱ→Ⅲ）	处理成本
贵金属	电器、电子、石油、汽车工业	铜、镍共存	Ag、Pt、Au、Pd、Rh	合金、溶液、块状	少	少	低	高	选分→溶解→电解 KCN、HNO₃	高
催化剂	化学工业、汽车	存在于载体上	Pt、Pd、Rh、Ni、Ti	合金、单独、块状	少	少	低	低	溶解→分离→还原	高
电镀污泥	电镀工业	溶液、泥浆、混合盐、氧化物	Ni、Zn、Cr贵金属	化合物、粉末、泥浆	少	少	低	低	溶解→分离→电镀溶（泥浆返回冶炼厂）	高
超耐热合金	制造厂、用户（加工厂）	W（Co）C、超硬工具、涡轮	稀有金属合金	粉末、块状	少	少	高	高	溶解→萃取→电解	高
磁性材料	家电、汽车解体业	Co、Ni基合金、电线、零件	Sn-Co、Fe、Cr、Co、Nd-Fe-B	合金、氧化物、块状	多	少	高	高	磁选→溶解→还原（氧化还原）	高
电子材料	电器制品、电子工业、半导体	与其他零件混合在一起、加工屑	稀有金属、铜、陶瓷	化合物、单体	多	少	高	高	浮选→溶解→还原（重选）	高
电池（干、铝、锂、水银）	自冶体收集、制	Pb-PbSO₄-PbO₂；Zn-MnO₂-NH₄Cl	Fe、Zn、Pb、Mn、Li、Hg	氧化物、金属的混合物	多	少	高	高	破碎→焙烧→返回冶炼厂	中
粉煤灰	火力发电厂	混合氧化物、化合物	碱金属、碱土金属、稀有金属	粉末	多	少	高	低	浸出→分离	中
汽车	解体业	零件、集合体	Fe、Cu、Al	块状	多	少	高	低	破碎→磁选→返回冶炼厂	中
家电、电视机等	家电商店	印刷电路基板、电动机、铁板	Zn、稀土元素、金属	块状	多	少	高	中	破碎→磁选→返回冶炼厂	中
铝制品（铝罐、铝窗框）	自冶体、制造厂	与钢制共存	Al与添加元素（Si、Mg、Mn、Zn）	块状、板状、块状	多	少	中	中	溶解→脱末处理→成分调整	中
玻璃制品	自冶体、制造厂、玻璃商店	多品种共存、特殊玻璃	SiO₂基稀有金属氧化物	块状瓶	多	少	中	中	选分→溶解→返回冶炼厂	中
废纸、纤维	废纸业者、自冶体	低质纸量大	纤维素与油墨、塑料	纸状、布状	多	少	高	中	选分→脱色→溶解	中
城市垃圾	自冶体	金属、有机物、塑料、其他	Fe、Al、Cu、Si、热源	混合物	多	多	低	负	选分→焚烧→灰分处理填埋（热回收）	中
废油、废轮胎	加油站	油、橡胶、泥浆	C、H、O、热源	液体、固体	多	多	高	负	选分→脱色→成分调整热源、碳源	低
核燃料	原子能发电厂	混合氧化物、气体	C、Pu、I、Xe、Kr	固体、气体	少	少	高	高	破碎→溶解→萃取	高

6.2　贵金属的循环利用

6.2.1　贵金属概述

贵金属一般指金、银和铂族金属（钌、铑、钯、锇、铱、铂）等八种金属。其中金、银的历史最悠久，具有较好的物理和化学性质以及美丽的光泽，自古以来人们就将其用作装饰品和财宝。历史上金的最重要的需求是货币，现在国际上黄金也是硬通货。银也一样，在古代主要的需求是货币，但如今其主要需求则是装饰品。在所有金属的回收利用上，金银的回收率是最高的。

自古以来白金用作合金，18世纪人们在南美发现砂金的同时也发现了叫做铂的白金。铂的词源来源于西班牙的银，其意为小银。天然的白金通常含有其他的金属元素，如铁、铜、金等。白金可以任意比例与铁、铜、金形成固溶体，其硬度比一般金属大。牙科中所用的白金Pt约含有10%的金，钢笔尖是含有10%铱的白金合金。除此之外，在铂-铑热电偶、白金海绵、白金催化剂等诸多范围都使用白金。近来在汽车工业、石油化学工业、电业的燃料电池、玻璃工业等领域对白金也有需求。在电子器件和半导体领域所用的贵金属最显著的则是金和银。

由于金、银以及白金等贵金属在复合材料方面取得了较大的进展，对其进行回收就需要综合性的技术。

6.2.2　含贵金属废弃物的回收再利用

回收金、银、白金以及含一般金属的废弃物并精炼回收其中有价金属时，究竟是采用干式方法还是采用湿式方法，取决于废弃物的性质。对金银废弃物的处理，以往多采用氯化法，现在也有采取干式方法的实例，不过湿式方法仍然很普遍。

图6-1是从电子零件、金银电镀液、印刷电路板、胶卷屑以及其他含金银的废弃物中回收金银的工艺流程图。从图6-1可知，先用氰化物溶液对金银电镀液和银催化剂进行剥离，将剥离液与含金银的废液合在一起进行处理，印刷电路板则在另一系统中进行处理。从胶卷、电影胶片以及其他的含银废弃物中回收银时，须将它们置于焚烧炉中进行焚烧，再从燃烧后的灰烬中回收银。将以上工序中得到的沉淀物焚烧灰等与从外加入的银污泥以及氯化银等混合在一起，经过溶解、熔铸和电解从而回收银。

虽然银用途最多的是感光材料。但另一种废弃物对环境危害比较大的是氧化银电池。从市场中收集到的纽扣式氧化银电池，先用筛子筛选，后手选将其中的氧化银电池挑出，再将其进行残留电量的漏电处理。在进行回收工序之前须进行以下预处理：用切割机在电池上切口或甩锤碎机将其破碎或在高压釜中加热到400℃进行自爆。

图6-2是湿法回收废银电池的一种流程。经过预处理后的电池投入到硫酸和硝酸的混合液中进行加热溶解，将溶液过滤，往过滤液中加工业盐酸使其中的银生成氯化银，此时铁、锌等金属被完全分离。用还原剂将氯化银还原，洗净并离心分离后便可得到纯度为99%的还原银，将还原银用干式炉熔融，铸成银阳极进行电解便可得到99.99%的银块。对排出的液体可通过调整pH值使其中各种金属变成氢氧化物后凝聚并沉淀形成污泥，将

污泥干燥后便可从中回收各种金属。对于水中残留的水银等金属可用树脂进行吸附处理后排放。

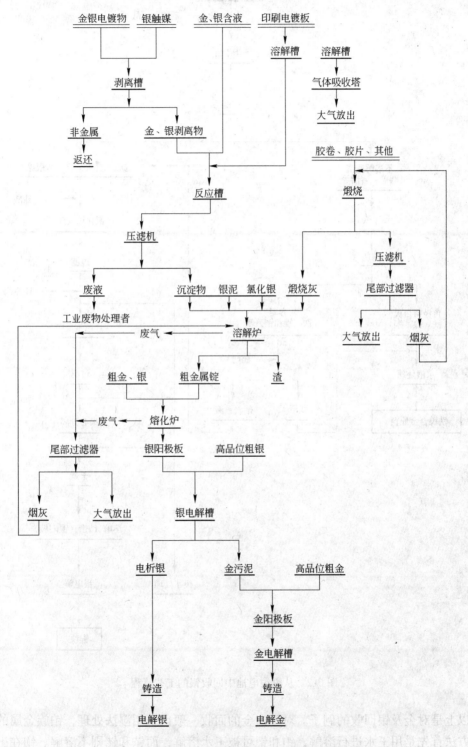

图 6-1 从含金银的废弃物中回收金银的工艺流程

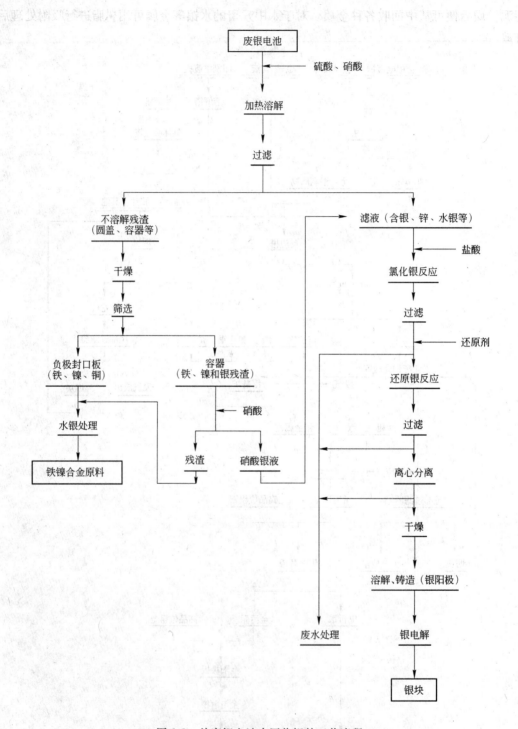

图6-2　从废银电池中回收银的工艺流程

以上是对金及银回收的例子。对于白金的回收一般也采用湿法处理，铂族金属的互相分离方法首先是用王水进行溶解，铂和钯可被王水溶解，而铱和铑则不溶解。铂在王水中溶解的反应如下：

$$3Pt+18HCl+4HNO_3 \longrightarrow 3H_2PtCl_6+4NO+8H_2O$$

用锌、镁、铝、甲醛、甲酸等还原剂将生成的氯化白银酸还原可得铂。要得到高纯度的白金则需要更多的处理工序，通常是在净化的铂溶液中添加 NH_4Cl 形成白金酸铵沉淀，将沉淀物加热后得到白金块，其反应如下：

$$H_2PtCl_6+2NH_4Cl \longrightarrow (NH_4)_2PtCl_6+2HCl$$

$$(NH_4)_2PtCl_6 \longrightarrow 2NH_4Cl+Pt+2Cl_2$$

图 6-3 是从废独石电容器中回收钯的流程。该方法是采用氯化浸出、氨水络合、酸化沉淀然后水合肼还原等工艺回收钯的，回收率达 97% 以上，产品纯度达 99.95% 以上。各步反应如下：

$$Pd+2HCl+2[Cl] \longrightarrow H_2PdCl_4$$

$$2H_2PdCl_4+4NH_3 \cdot H_2O \longrightarrow Pd(NH_3)_4 \cdot PdCl_4\downarrow +4HCl+4H_2O$$

$$Pd(NH_3)_4 \cdot PdCl_4+4NH_3 \cdot H_2O \longrightarrow 2Pd(NH_3)_4Cl_2+4H_2O$$

$$Pd(NH_3)_4Cl_2+2HCl \longrightarrow Pd(NH_3)_2Cl_2+2NH_4Cl$$

$$2Pd(NH_3)_2Cl_2+N_2H_4 \longrightarrow 2Pd\downarrow +4NH_4Cl+N_2$$

图 6-4 是回收在丙烯生产正丁醛时所用的一氯三苯膦铑催化剂的流程。在催化剂领域，铂的用量也是相当大的，国内有很多研究工作者作了大量的研究并取得了很好的效果。图 6-5 是用空气盐酸介质浸出法回收废铂催化剂中铂的流程。这种流程投资小、处理量大，总回收率达 97% 以上。

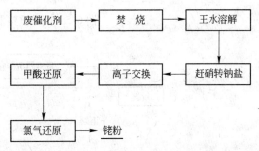

图 6-4　从一氯三苯膦铑催化剂回收铑的流程

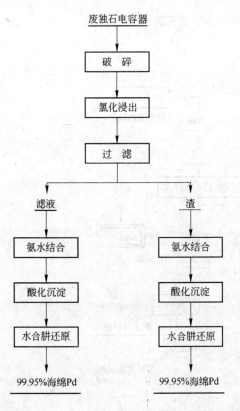

图 6-3　从废独石电容器中回收 Pd、Ag 的工艺流程

图 6-6 是石化工业和汽车工业的废 Pt-Al_2O_3 催化剂回收 Pt 流程。该流程分成用硫酸溶解氧化铝和用王水溶解白金两个处理系统。在硫酸溶解氧化铝的系统中，溶解生成的硫酸铝可再利用，不溶于酸的 Pt 沉淀，将之精炼提纯得白金。在另一系统中用王水溶解后过滤分成氯化白金酸溶液和残渣。残渣的主要成分是铝，可作耐火砖用。在氯化白金酸溶液中添加铝粉还原剂便可得白色沉淀物和废液，将白色沉淀物精炼得白金。

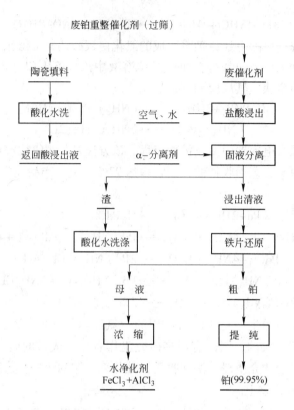

图 6-5 废铂重整催化剂回收铂工艺流程

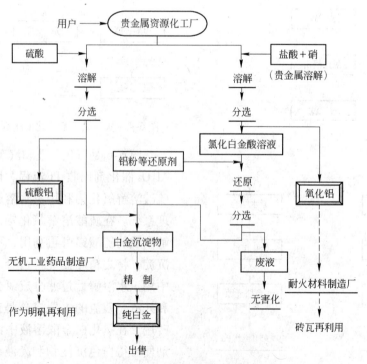

图 6-6 废 Pt-Al$_2$O$_3$ 催化剂回收 Pt 流程

6.3 催化剂的再利用

催化剂是指在化学反应中所添加的少量物质，这种物质在反应前后不发生任何变化，但可以加速反应的进行。在各类反应中使用的催化剂是不同的，因此催化剂的种类比较多。目前，脱硫催化剂和化学工业中使用的催化剂都是钼、钨等第四族以及钴、镍等第八族元素的氧化物或硫化物。催化剂在使用后会被劣化而失去活性，将失活的催化剂在除杂后再赋予活性是当今需要研究的课题。

6.3.1 废催化剂的分类

废催化剂根据组分、外形、结构、污染程度及中毒因素、数量以及回收采用技术的不同，可分为不同种类。

（1）按组分分：Al、Ba、Co、Cr、Cu、Fe、Mn、Mo、Ni、贵金属、P、Sb、V、W、Zn 和 Zr 16 大类，并进一步分成 58 中类；

（2）按形状分：浆状、淤渣、微球、成型（包括挤条、片状、球型、环型、不规则破碎块状）4 类；

（3）按载体分：无载体型、硅藻土载体、Al_2O_3 及 MgO 载体、Cr_2O_3 载体、$SiO_2 \cdot Al_2O_3$ 载体、活性载体共 6 类；

（4）按附着物分：附着物甚少、含较多水分（浸水或淤渣）、含较多油分、附着较多硫化物、附着较多有害组分 5 小类；

（5）按数量及产生周期分：可按产生数量多寡、其他行业有否采用、产生情况（如经常、半年至一年更换一次、2~3 年更换一次、长寿命）再细划分；

（6）按回收工艺分：分离催化剂组分后再进行回收（如还原成金属湿法分离后只回收主要组分）、分离各组分处理量大经济上不合算的、必须先除去附着物后才能利用的 3 种类型。

上述六种分类方式要相互参照，但主要以催化剂所含组分为主来分类较为合适。

6.3.2 催化剂再利用的意义

废工业催化剂中含有大量的有用物质，将其作为二次资源加以回收利用，不仅可以直接获得一定的经济效益，更可以提高资源的利用率，实现可持续发展。工业催化过程中大多数采用多组分固体催化剂，以满足工业生产对催化剂性能的多方面要求。这些组分根据其在催化剂中的作用可分为主催化剂（活性组分）、共催化剂（和主催化剂共同起催化作用的物质，缺一不可）、助催化剂（加入主催化剂中的少量物质，本身没有活性但却能显著改变催化剂的性能）和载体（主催化剂和助催化剂的分散剂、黏合剂和支持物）。多组分固体在制备过程中不但改变了各组分的存在状态，而且也形成了新的微观结构。在使用过程中某些组分的形态、结构以及数量也会发生变化。但废工业催化剂中仍然含有数量不低的有色金属（如 Cu、Ni、Co、Cr 等）和稀贵金属（如 Pt、Pd、Ru 等），如 2000 年用于制造汽车尾气催化剂铂系金属就达到 160t。从废催化剂中回收贵金属和有色金属与从矿石中提炼相比，所得金属的品位高，投资少，成本低，效益高。特别对人均资源拥有率相对较低的我国来说，从废工业催化剂中回收有用的金属及组分，就更具有深远的意义。

因催化反应的需要，有些催化剂在制备过程中不得不采用或添加一些有毒的组分如 As_2O_3、As_2O_5、CrO_3 等，这些毒物往往也存在于废催化剂中。催化剂在使用过程中也会吸附一些来自原料、反应物、设备材质等的有害物如砷、硫、氯、羰基镍等，这些有害物质随废催化剂排出也会对周围环境造成污染。倘若对废催化剂不加处置随意堆放，不仅要占据大量场地，而且废催化剂中的有害物质会随雨水冲刷流失，造成水质污染或破坏土壤、植被。同时废催化剂在日光照射下会释放出挥发性的有机物和 SO_2、NO_x 等有害气体污染大气，并会增加大气悬浮物含量。开展废催化剂的回收利用，可以使废催化剂的有害部分减量化甚至无害化以达到清洁生产的目的，既增强了企业的竞争能力，又能解决相关环境污染问题，必将产生十分重要的社会效益。

所以，开展废催化剂的回收利用可以变废为宝、化害为益，是一个应当引起全社会关注并有广阔应用前景的开发研究领域。

6.3.3 催化剂再利用的常用技术及方法

使用后催化剂的资源化工程主要取决于催化剂的成分、载体种类及其成分、黏结剂成分和形状附着物等因素，而且在这些因素之间存在着复杂的组合状态。因此必须首先要掌握这些因素之间的内在关系。在使用过的催化剂表面的附着物明显地妨碍金属的回收，需要进行物性转换，例如除去表面附着物的水分，可经过脱水和干燥；除去油分等有机物可通过焚烧。若按原状态回收较为困难或者回收率低时，可对催化剂进行粉碎或者粒度调整，为了使催化剂更易溶解可进行酸和碱热处理。

在催化剂回收再资源化的过程中常用四种方法：（1）干式法，用电炉进行熔融和还原。将物料分离成熔融金属和炉渣。干式法适合于容易还原的钼和镍等金属，这类方法包括氯化挥发法和升华法。（2）湿式法，对被回收的物料进行溶解或萃取，载体被溶解，催化剂残留下来，然后进行固液分离，这种方法包括电解法。（3）干湿联合法，这种方法一般用于对回收后的成分进行精炼。（4）非分离法，该法不把载体和催化剂分开，而是将杂质除去再赋予活性后重新使用。

镍在催化剂中以 Ni 和 NiO 两种形式存在。当催化剂中只含有镍一种金属时，传统的回收方法是将镍和载体一起用酸溶解，然后调节 pH 值分离出镍；也可将载体在高温下烧结成酸不溶状态，再用酸浸出镍。当催化剂中含有多种金属时，就需要根据具体情况确定不同的工艺。图 6-7 是以羟肟为萃取剂从含有多金属催化剂中提取镍的流程，所得到的成品可达到分析纯，镍提取率达 95% 以上。

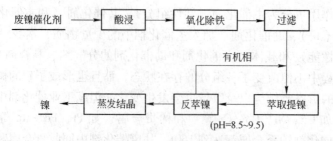

图 6-7 从废镍催化剂中回收镍的工艺流程

图6-8所示为从 Co-Mn 废催化剂中回收钴的流程。将 CoS 产品用浓 HNO_3 在 70~80℃ 的温度下溶解、过滤，然后在恒温条件下加草酸沉淀钴，加碱调节 pH 值至 1.5，过滤得草酸钴沉淀，洗涤沉淀至中性，焙烧草酸钴便得到产品氧化钴。该流程钴回收率为85%左右。

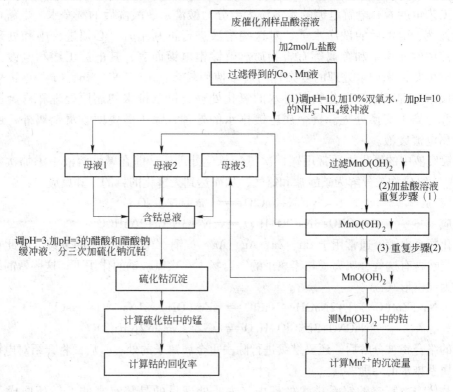

图6-8 从 Co-Mn 废催化剂中回收钴的流程

6.4 电镀污泥的处理技术

伴随废水处理过程中产生的沉淀物和污泥是泥浆的两种主要形式。对几乎所有产业而言，水是不可缺少的。使用后的废水，不经任何处理就排放，这是严格的水质标准和环境法规不能允许的。因此，必须去除排水中的重金属和有机物等有害物质。各种工业用水、生活用水和其他废水的净化处理中，有害成分一般以固体形态除去，经过固液分离后的固体再经脱水处理，处理后仍然含有相当大的水分，这就是我们这里所讲的泥浆。同时，水因其用途不同，所产生的泥浆的种类也不一样，例如，泥浆中以铁的氢氧化物为主体的有赤泥、以有机物为主体的有有机污泥等。从资源化再利用的观点来看，回收污泥中有价金属是主要的目的，因此应对含有大量金属的污泥资源进行再回收。回收利用时，对资源化利用应有严格的要求，需要防止二次污染。还有，电镀工业也产生了一些污泥，它也含有大量的贵金属，但是以其为再资源化对象的系统还没有建立起来。

6.4.1 电镀废水的处理及电镀污泥

电镀是在制品表面镀上金属薄膜的表面处理技术。其过程是将制品的表面浸渍在含有金属离子的水溶液或熔融金属渣中，通过电化学反应进行电镀。电镀有用外部电力将金属离子进行还原的电解电镀和使用化学还原剂进行表面处理的非电解电镀。两类过程产生的废水都需要净化处理，其中电解电镀的排水处理具有一定的代表性。

从工艺角度看，电解电镀的水溶液大致分为酸洗水、酸洗后的洗净水、电解电镀的各种电镀液、电镀后的洗净水等。对这些溶液进行再利用时，必须进行中和处理或者除去溶液中的氰离子和金属等有害物质。就镀银电镀而言，其电镀工序和电镀液的种类很多，由此带来排水处理的复杂性。通常使用较多的 Cu、Ni、Zn、Cr 等电镀中，所排出的废水处理可分为氰化物系排水的氧化处理、铬系排水的还原处理和重金属系排水的中和与离子交换处理。贵金属电镀排水的处理，除了需要回收贵金属外，还要处理贵金属电镀废液。

电镀废液中的氰化物通常用碱性次氯酸氧化处理法。即在碱性溶液中添加次氯酸钠（NaClO），氰化物被分解为碳酸盐和氮气，从而达到无害化的目的。其反应为：

一段反应　　　　　　　　　　$NaCN+NaClO \xrightarrow{\quad} NaCl+NaCNO$

二段反应　　　　　$2NaCNO+3NaClO+H_2O \xrightarrow{\quad} N_2+3NaCl+2NaHCO_3$

氰化物系电镀液通常用于 Cu、Zn、Au、Ag、黄铜、青铜等金属的电镀，因此在电镀排水中当然含有这些金属离子与氰离子的络合物。在次氯酸钠的作用下，这些氰的络合物被分解为如下形式：

$$Na_2[Zn(CN)_4]+2NaOH+4NaClO \xrightarrow{\quad} Zn(OH)_2+4NaCNO+4NaCl$$

$$2NaCNO+3NaClO+H_2O \xrightarrow{\quad} N_2+3NaCl+2NaHCO_3$$

氰的络合物被分解后，还要继续进行除去重金属离子的处理。后面将介绍对电镀废液中重金属系排水的处理。

在物体表面镀铬的铬系排水处理中，主要处理目的是将有害的 Cr^{6+} 还原成无害的 Cr^{3+}，还原剂一般采用亚硫酸氢钠，此反应是在酸性条件下进行反应。在 pH = 3 的条件下，其反应如下：

$$4H_2CrO_4+6NaHSO_3+3H_2SO_4 \xrightarrow{\quad} 2Cr_2(SO_4)_3+3Na_2SO_4+10H_2O$$

而对于重金属系排水的处理，主要是利用重金属离子在碱性溶液中形成的氢氧化物沉淀，进行重金属的分离。如果添加有机高分子凝聚剂，则可使沉淀粒子变粗而改善其沉降的条件。氢氧化物的生成反应如下：

$$ZnSO_4+Ca(OH)_2 \xrightarrow{\quad} Zn(OH)_2+CaSO_4$$

$$Cr_2(SO_4)_3+6NaOH \xrightarrow{\quad} 2Cr(OH)_3+3Na_2SO_4$$

通常在沉降分离槽中，将生成的氢氧化物的沉淀物分离，形成泥浆而排出（含水约90%），再经脱水处理得到含水80%的泥浆。对生成的沉淀物一般采用溶出试验确认其不溶性，然后送往填埋地进行废弃处理。

老化的电镀液废弃后也要经过处理，其中一部分是混进排水中进行处理，而另一部分少量加入泥浆中进行处理。但是，对于一般的老废电镀液需要除去重金属、氰化物、酸、碱等浓度都很高的成分。因此，可以进行专业化的处理，这样可以提高效率降低处理成本。

如果电镀液中氰化物浓度很高，可用从阳极上分解氰化物和从阴极析出金属的电解法处理。处理时，降低 pH 值产生的 HCN 气体可用 NaOH 溶液吸收。如果电镀液中铬的浓度很高时，溶液的处理用减压浓缩回收处理。其条件是进行蒸发浓缩到原浓度的 10 倍后回收铬酸。从这些浓缩溶液中可以回收含量很高的某些特定组分，因此通常可以出售。在回收贵金属电解液中为了避免不纯物的混入，回收过程需要进行严格管理。

以前大部分电镀污泥被看作废弃物，现在在污泥生产工序中直接进行净化，处理后的水一部分在水洗工序中循环利用，大部分水是达到排放标准后排出。另外除去水分后废弃污泥大部分是金属的氢氧化物。因此，一般说来都可进行进一步的资源化再利用。

6.4.2 电镀污泥的还原

一般冶炼的原料是矿石选矿后所得的商品性精矿。金属种类和冶炼方法的不同，所需求的品位也不同。一般商品性精矿都是高品位的，如铜精矿的品位为 30% 左右，锌精矿的品位为 50%。而冶炼厂通常不喜欢用品位低于精矿的污泥作原料，在不发生工艺过程阻碍的前提下，精矿或者中间物中混合适当的污泥是可以的。对冶炼残渣中含有一定量的有价金属，可以在企业内以返回的形式加以利用，污泥也可以作为这种返回物料进行处理。日本某公司对还原给冶炼厂处理的污泥的要求如表 6-2 所示。

表 6-2　还原给冶炼厂的污泥要求

含 Cu 污泥	Cu15% 以上，水分 75% 以下
含 Ni 的污泥	Ni15% 以上，水分 75% 以下
含 Zn 的污泥	Zn30% 以上，水分 75% 以下
含贵金属污泥	Au10g/t、Ag100g/t 以上，水分 75% 以下
Ni 电镀液	Ni60g/L 以上
贵金属电镀液	AuO 1g/kg、Ag 2g/kg 以上

除这些条件外，混入对冶炼操作有影响的元素和油类应采取相应措施，并将其作为污泥交易时的考虑因素。对电镀污泥的资源化，不仅使企业得到经济效益，而且对于缓解资源的紧缺具有十分重要的意义。要使电镀污泥参与流通，首先要使使用者能接受这种污泥。可是，目前电镀企业很少采用单一的大规模电镀作业，而是采用多个系统的小规模作业。电镀污泥的产生与过程操作有关。从电镀污泥的再资源化角度看，排水处理系统的合理化与电镀污泥利用有密切的关系。如以日本某电镀企业区的排水处理设施的合理化为例，这个企业的聚集区是由 9 个电镀企业所组成。以往的由各公司分别处理的排水，改为统一处理系统后，在各工厂的地下进行排水的系统化，然后集中处理，得到按金属分类的污泥。净化后的水可再使用。对电镀企业而言，处理后的水，用在洗净工序等循环利用所得的利益，比处理排水所生成的污泥的资源化更有意义。就此而言，企业对于环境的贡献应给予高度评价。另外，与这个企业聚集区相邻有一处理中心，它主要是对浓缩氰化物废液进行无害化处理，这个中心规模能集中处理氰化物废液 3364kL。从这个例子可见，由一个企业难于承担的问题，可以通过联合的形式共同解决，从资源化利用观点看，这种方式有一定的意义。由一个企业来进行排水的无害化处理是有限度的，而且生成的污泥再资源化更为困难。但建立排水处理中心比较困难。为了解决这些问题，开发和实施具有特色的处理系统有着显著的意义。

6.4.3　电镀污泥的专门处理

以电镀污泥为主要处理对象而回收有价金属的部门几乎没有，但在此应提的是日本的再回收熔解炉。他们根据铜冶炼技术的反射炉而制造的立式的再回收熔解炉，主要处理电镀污泥等废弃物。还原剂为硫化矿，造渣剂为 FeO- SiO_2- CaO 系熔渣的硅酸盐矿物，燃料为重油。在高温下将这些物质熔融，并将熔渣按比重进行分离。为了使不纯的金属产生量保持在某一水平上，需要控制污泥量的加入。污泥的投入量为铜渣投入量的 5 倍，造粒剂中的 Ca 完全可以由污泥中 Ca 的量来满足，而 Si 可用废催化剂和类似的废弃物来调节，Fe 可用钢铁粉尘及废弃物。另外，很多处理产业废弃物的企业都处理电镀污泥，并根据分析结果来评价污泥。

6.4.4　不产生电镀污泥技术

最后，叙述一下不产生电镀污泥的方法和电镀排水的再资源化问题。如前所述，对含 Cr 系排水进行净化时，会生成含 Cr 的污泥。可先将有害的 Cr^{6+} 还原为无害的 Cr^{3+}，然后将生成的氢氧化物沉淀，再进行中和处理。但是，对所生成的铬污泥进行再资源化是比较困难的，因此对铬污泥一般采用掩埋等废弃物处理方法。铬回收系统的流程如图 6-9 所示。由图可知，铬矿石浸出生成铬酸钠后，制成各种铬盐。排水中的铬以铬酸钠形式回收，并返回到前一工序中作中间原料使用。也可用小型移动式离子交换塔除去 6 价铬离子。这种方法不受污泥生成和元素再回收的原有概念影响，说明资源可持续利用概念转换的重要性。

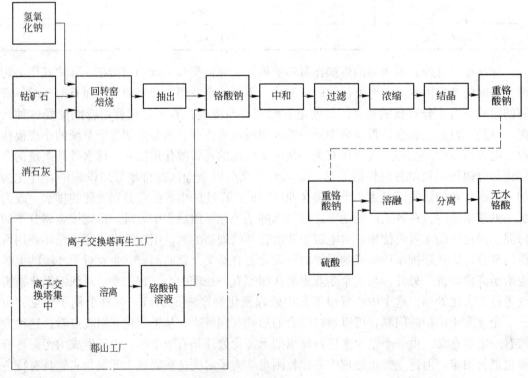

图 6-9　铬回收系统流程

6.5 磁性材料的再资源化

6.5.1 磁性材料概述

最近作为新材料而显露头角的钐-钴磁铁以及铁氧体磁铁等永久磁铁的需求量逐年增加。这些材料已普遍用于打字机、磁盘的驱动电动机和磁头上。另外，随汽车电气化的进展，磁性材料在车门开闭装置等方面的新用途也逐渐增加。还有磁卡、磁带、磁盘等磁记录媒体对磁性材料的需求也急剧增加。在工业上大量使用的磁性材料大致分为两类：一类是矫顽力较大的硬磁材料，主要有阿尔尼科磁铁、铁氧体磁铁和稀土类磁铁；另一类是磁导率高、矫顽力小的用作磁芯的软磁材料，主要有氧化物系的铁氧体（软质铁氧体）、铁-镍合金、铁-铝系合金、硅钢板、纯铁。

在这些磁性材料中最重要的有价金属是镍和钴，再资源化主要是回收镍和钴。今后随着钐-钴磁铁等含有稀土金属的合金磁铁的普及，回收钐以及其他稀土金属将成为主要研究工作。含镍、钴量较多的磁性材料是玻莫合金和阿尔尼科磁铁，前者是金属锭经锻造和轧制而成，后者主要是铸造而成。在磁性材料的制造和加工过程中主要产生两类废金属屑和碎片，即轧制废料和铸造废料，它们包括溶解和造块时产生的废料、锻造时产生的废料、切削磨剥时产生的废料、钻孔加工时的废料、加工的不合格品等多种。一般说来，废料量占原材料量的 40% ~ 60%。

6.5.2 再资源化技术

日本的川口精钢株式会社从磁性材料中回收镍和钴等金属，在 1977 年就生产了 2310t 回收制品，其中回收镍 750t、钴 580t。磁性材料的废料中含有炉渣、铸造砂、磨料和磨剥油等污染物质，为了降低其中的碳和硅成分的含量，用电炉进行氧化精炼。废料中的阿尔尼科磁铁含有铝等，处理时在废料熔解后加入二次铁鳞并吹入氧气，Al 和 Ti 先氧化，然后 Si、Mn、C 等被氧化变成炉渣，经反复除渣后得到 Fe-Ni-Co-Cu 的合金。该株式会社从磁性材料中回收镍和钴的流程如图 6-10 所示。

图 6-11 是美国矿山局 Rolla

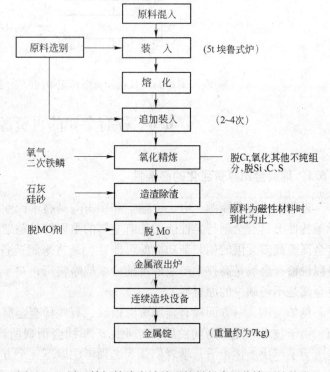

图 6-10 川口精钢株式会社从磁性材料中回收镍和钴的流程

研究所 J.L. Holman 等人对磁性材料制造的最终研磨工序所产生的污泥进行金属回收研究的流程。该流程用湿式溶解来除去混入的大部分硫和润滑油，用磁选法除去非磁性物，通过氧化焙烧除去残留的硫和碳，用氢还原金属氧化物。得到的产物中含硫 0.01%、碳 0.06%、Al_2O_3 30%。将之加入阿尔尼科合金熔融工序中，把 Al_2O_3 以熔渣的方式加以分离。最终可以将研磨污泥中 95% 以上的 Co、Ni、Fe 和 90% 的 Cu 回收。

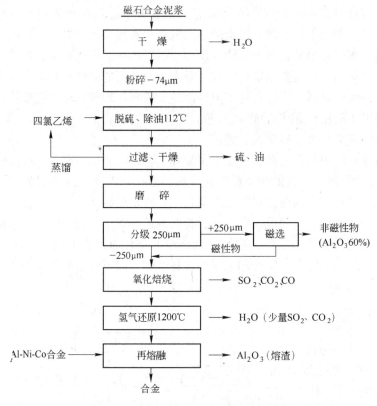

图 6-11　从磁铁合金污泥中回收金属的流程

6.6　稀有金属的再资源化

6.6.1　稀有金属再资源化的必要性

近年来，随着能源、电子、航空和宇宙等高技术产业的飞速发展，在电学、磁学和热学等特性上具有全新特异性能的稀有金属的重要性日益增强，需求量与日俱增。另外，稀有金属蕴藏着无限的创制新功能的可能性，是将来制造各种新功能材料的原材料。因此，可以说稀有金属是高技术产业的维他命或战略物资，对于高技术尖端产业的发展来说，稀有金属是不可缺少的原材料。

例如某国，一方面稀有金属资源短缺，有些稀有金属资源的自给率几乎为零；另一方面，由于技术和经济高度发展，工业生产和社会消费所产生的稀有金属废料量又极其可观。为了解决上述矛盾，学者们认为必须考虑以下三个方面进行稀有金属的再循环：

（1）从节约资源保证稀有金属稳定供给考虑必须进行稀有金属再循环。

（2）从环境保护的角度看有必要进行稀有金属再循环。

（3）从节约能源来看必须实施稀有金属再循环。

所谓资源再循环可以定义为"作为社会系统的一环，以纳入产业活动的生产路线的形式，来循环使用资源"。

6.6.2 稀有金属的回收利用

（1）钛的回收利用。在地壳中钛的含量为 0.56%，储量为 17000 万吨。钛金属比较难冶炼并且耗能大，用硫酸浸出钛铁矿时所产生的废液也难处理。钛的废金属几乎都是海绵状和金属块类，因为在钛的制造过程中由海绵状钛加工成金属锭时，转化率只有 50%，由金属锭加工成线材时，转化率只有 70%。加工线材时产生的废金属钛可以重新铸成金属锭再用。其他类型的废钛金属可送往炼钢或钛铁合金的熔炼工序中。除了纯废钛金属外，还有以合金形式存在的废金属钛，如 Ti-V-Al 合金、超导材料 Nb-Ti 合金、形状记忆合金 Ni-Ti、烤箱的炉丝、牙科材料和整形用具等医疗器材。对于 Ni-Ti 合金一般采用氯化法：

$$NiTi + 3Cl_2 \longrightarrow NiCl_2 + TiCl_4$$

产物经蒸馏除去 $TiCl_4$ 从而与 $NiCl_2$ 分离。

（2）锆的回收利用。锆、铪和钛为同族金属，其消费量很小，锆大部分用于原子反应堆的包覆管和金属燃料体，国外有人研究过从 U-Zr 金属燃料棒中回收 Zr。部分稳定化的锆可用于陶瓷材料，将来锆制菜刀使用也会有所增加。氟化、氯化技术将对回收起重要的作用。

（3）铌的回收利用。地壳中 Nb 的含量为 0.002%，1983 年世界铌产量为 9500 吨，巴西的铌产量占世界产量的 70% 以上。世界各国开展铌的回收利用工作有很重要的意义。在日本每年产出几吨超导 Nb-Ti 合金废料，其中多芯线废料占 90%，在 $\phi 2.6mm$ 的极细多芯线中的铜线内有角状极细线，将这极细多芯线用作电极，于 H_2SO_4-$CuSO_4$ 电解液中从阳极溶出 Cu，从而分离回收 Nb-Ti。

Nb-Ti 合金如同 Nb 置换 Ni-Ti 合金中的 Ni，或 Ti 置换 Fe-Nb 合金中的 Fe，将 Nb-Ti 分开同样可以采用氯化法。由蒸气压曲线可知，高熔点的稀有金属废弃物氯化物和铁、锰等铁族不纯物的氯化物的蒸气压相差很大。在 $p_{Cl_2} = 101.325kPa$ 附近进行氯化时生成 $NbCl_5$（熔点 204℃、沸点 253℃），然后用蒸馏法分离精炼，可得到纯度为 99.9% 的 $NbCl_5$。氯化装置如图 6-12 所示。Nb-Ti 细线加热到 200℃ 与 Cl_2 相接触发生如下剧烈反应：

$$2Nb-Ti + 9Cl_2 \longrightarrow 2TiCl_4 + 2NbCl_5$$

$NbCl_5$ 在前一捕集器中以固态形式被捕集，$TiCl_4$ 在后一捕收器中以液态形式被捕集。整个回收过程的关键在于极细多芯线电极的成型、电解液中 Nb-Ti 的回收。如果控制好反应，除去了不纯物的氯化物，则可以利用生成的 $NbCl_5$ 和 $TiCl_4$ 合成具有高附加值的新材料的原材料，如醇盐和酚盐：$Nb(OR)_5$、$Ti(OR)_4$。在 Nb_3Sn 线材制造时，一般采用青铜法，用 Cu-Sn 代替 Cu，用 Nb 代替 Nb-Ti 进行挤压拉线，用热处理法扩散 Sn 而形成 Nb_3Sn 化合物。对于由此而产生的 Nb_3Sn 废弃物，在脱铜时仍然采用电解溶出法，Cu 被溶出后，青铜中的 Cu 和 Sn 被溶出，不过 Nb_3Sn 中的 Sn 仍然残留，此时再用氯化法除 Sn。

对 $LiNbO_3$ 等新材料的回收也是很重要的，曾有过用浮选法进行分离回收的报道。

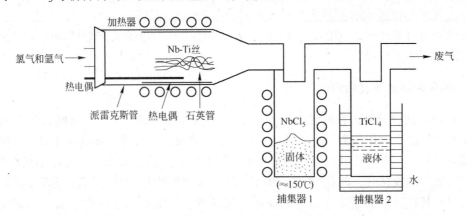

图 6-12 Ni-Ti 合金废料氯化装置

（4）钽的回收利用。在地壳中钽的含量只有 0.0002%，主要钽矿石有钽铁矿- 铌铁矿、褐钇铌矿［Y(Nb,Ta)O_4］等氧化矿。近来主要在 Sn 冶炼中的 Sn 熔渣中提钽。据资料，钽资源储量中钽铁矿为 53000t，锡溶渣为 65000t，换算成 Ta_2O_5 的量为 1635t。

钽的主要制造方法是将矿石溶解在氟酸中，然后用溶剂萃取得 K_2TaF_7，再用金属钠还原得到金属钽。另外还有氧化法。锡矿渣中 Ta_2O_5 的品位低，于合金铁中以 TaC 进行浓缩，将铁溶解后可作人工精矿。

钽的最大用途为钽电容器。制造钽电容器的过程中产生的粉末、金属丝碎屑、烧结之前的球团以及不合格的电容器可在厂内直接收集起来，经酸洗等处理后可卖给回收者。对于钽含量较高的电容器废料可用作电子辐射炉的溶解原料和超硬合金原料。对于已作为电子元件而在电容器中使用的钽电容器，回收时只好手工从电器中分离。中国台湾在 20 世纪 80 年代后期从美国进口的电容器中回收 Au、Pt、Ag、Pd、Rh、Ta 等金属的活动非常活跃，回收后都销往日本。

图 6-13 是从钽电容器中回收钽的流程。

首先将电容器粉碎并用酸浸法进行脱锰。如果将电容器破碎到 $-74\mu m$，浸出可在 1h 内完成。另外可用电容器中的碳进行还原形成 Mn-Ta 合金，将合金于 300℃温度下进行氯化：

$$2Mn\text{-}Ta+7Cl_2 \longrightarrow 2TaCl_5 +2MnCl_2$$

将生成物进行蒸馏分离得 $TaCl_5$。$TaCl_5$ 可用于合成功能材料的关键材料如 $Ta(OR)_5$，从而制造具有高附加值的功能陶瓷。

另外可用 $Ar\text{-}H_2$ 等离子体法对钽电容器粉末直接进行熔炼，得到钽金属块。图 6-14 为用 $Ar\text{-}H_2$ 等离子照射钽电容器时粉末重量减少的情况。从曲线可知，只有 Ar 时，重量的减少只相当于粉末中 MnO_2 的减少；$Ar\text{-}H_2$ 同时作用时重量的减少加快，这可能是由于 H_2 促进钽中固溶氧的除去的缘故；如果钽电容器粉末中混入一定量的石墨粉，在含有 10% 的 $Ar\text{-}H_2$ 中进行处理，则粉末重量减少更快。

（5）钒的回收利用。钒用于增加钢的强度，可用作改善热处理效果的添加剂，制造硫酸催化剂，着色材料，汽车废气催化剂，钛、锌、铝、铜等合金中的添加元素。钒资源

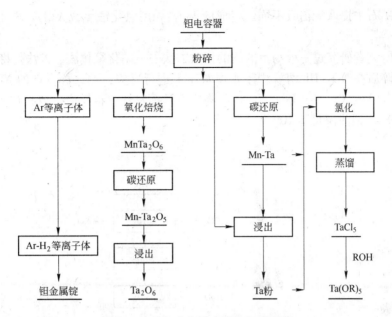

图 6-13　从钽电容器中回收钽的流程

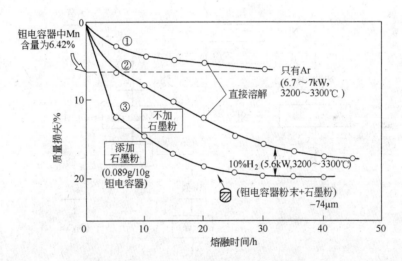

图 6-14　钽电容器的等离子体法处理

的品位都低，除钒钛磁铁矿、钒钾铀矿、钒黏土外，从处理磷矿石所产生的副产品以及如湿式提取氧化铝的拜尔液中也可回收钒。委内瑞拉和墨西哥等地生产的原油燃烧后的残渣中含有一定的钒。

　　图 6-15 是从重油直接脱硫催化剂中回收钒的流程。由于优质原油中钒的含量下降，该生产流程的经济性也下降。

　　目前，在钒资源缺乏的国家，废重油脱硫催化剂是钒的一种重要的资源，催化剂一般为颗粒状，直径几毫米，长为 3mm 左右，载体为氧化铝，使用后一般可含 Mo 4.1% ~ 7.0%、V 2.2% ~14.2%、Ni 0.97% ~ 3.7%、Co 0.01% ~ 2.1%，它们存在的形式是硫化物和氧化物。在图 6-15 的回收流程中同时回收了 V 和 Mo，分离时形成的是偏钒酸铵，这一点与从矿石中提取钒稍有不同。生成的 V_2O_5 先用氯化法生成 VCl_2，再用金属 Mg 来还原。

另外有研究者研究过一种简单的钒的回收方法——硝化氟化法，该法是将废催化剂或油灰进行粉碎后在 NO_2-HF 溶媒中于常温常压下进行反应，生成挥发性的 $NOVF_6$（沸点为 150℃），而 Fe、Ca、Na 等元素生成的物质不具挥发性，将反应生成物在 200℃ 温度下升华出 $NOVF_6$，回收率可达 100%。

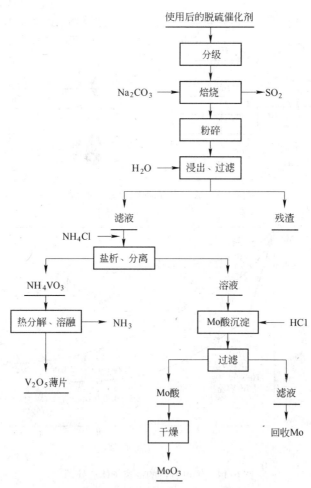

图 6-15   从脱硫催化剂中回收钒的流程

（6）钨的回收利用。地壳中钨的含量为 0.00015%，与 Mo 含量几乎相同。钨矿石大致分为白钨矿（$CaWO_4$）和黑钨矿（$(Fe，Mn)WO_4$）。世界上除 Searles 湖（WO_3 含量为 0.007%）外还没有特别有名的钨资源。世界的钨资源已面临枯竭，因此回收钨有着重要的意义。

钨的冶炼主要采用浸出钨酸钠的方法，与钒、钼的冶炼过程一样，先生成仲钨酸铵，再生成 WO_3，在 700~1000℃ 的温度下，用 H_2 将之还原成为钨金属粉。由于钨金属熔点高，它在耐腐蚀、耐高温和高强度材料中得到广泛应用，如电阻材料、灯丝、加热器栅极、石油化学的催化剂以及高分子化学催化剂，在集成电路用的喷涂标板材料和配线材料中高纯钨的需求量也不断增加。

近年来，回收已使用过的钨系催化剂备受重视，如脱 NO_2 时使用的钨系催化剂。在日本每年有 500t 左右的使用过的催化剂得到回收。在这种废钨系催化剂中钨的含量可达 16%，这相对于含钨矿石（品位一般为 0.2% ~ 0.3%，以 WO_3 计）来说是极其宝贵的二次资源。在钨系催化剂中，作为载体的是 SiO_2，应除去其中共存的有害杂质如 As、P、S。

回收金属系催化剂中的钨有两种基本的途径：人工白钨矿的制造；仲钨酸铵的制造。在进行人工白钨矿的制造过程中，先用 NaOH 进行加压浸出，除去 $CaWO_4$ 的载体 SiO_2 以及硫。SiO_2 是以 $NaSiO_2$ 的形式被溶出的；因此必须严格控制 pH 值。As 和 P 则分别形成 NH_4MgAsO_4、$NH_4MgPO_4 \cdot 6H_2O$，然后用沉淀法将之除去，在剩下的 Na_2WO_4 水溶液中添加 Ca（OH）$_2$ 得到人工 $CaWO_4$ 沉淀。该人工白钨矿含 WO_3 70%、S 0.3%、As 0.02%。在得到以上人工白钨矿的固态悬浮液后，通过以下工序便可制造仲钨酸铵（APT）：在固态悬浮液中加入浓 HCl 将 $CaWO_4$ 溶解，生成 H_2WO_4，再加入过量的 NH_4OH 可得仲钨酸铵沉淀。对该沉淀进行进一步的电热焙烧便得 WO_3。在生成的仲钨酸铵中 WO_3 含量可达 89%，焙烧得到的 WO_3 纯度可达 99.9%。

（7）钴的回收利用。在地壳中钴的含量为 0.0025%，相当于锌、镍存在量的 1/3，是含量较多的一种金属元素。钴矿石通常与镍矿石共生，其矿床的规模比较小，以 Ni、Cu、Au、Ag、Mn 等金属的副产品的形式采掘。钴资源包括红土矿和锰结核，是比较充足的，但从经济角度看还存在一些问题，因此许多领域用镍来代替钴，但在 Sm-Co 磁性材料中 Co 是不可缺少的元素。

以扎伊尔为中心的非洲中部地区是钴矿石的主要产地。扎伊尔的钴矿石产量占全世界产量的 60%，主要矿种为硫化矿。钴主要用于制造磁性材料、超硬合金、催化剂以及镀金剂。对钴的冶炼有硫化矿冶炼和氧化矿冶炼两种。

1）硫化矿冶炼。经过选矿后 Cu 品位为 30%、Co 品位为 7%、S 品位为 25% 的硫化矿精矿在 500 ~ 700℃ 的温度下进行硫酸化焙烧，然后在温水中进行浸出便得到硫酸钴溶液，经过净化后进行电解。加拿大有一公司用鼓风炉处理硫化矿，将钴浓缩后再进行氧化焙烧，然后用硫酸浸出。另外还有采用加压浸出的方法来提取硫化矿中的 Cu、Ni、Co。

2）氧化矿冶炼。对氧化矿进行浮选后精矿中 Cu 品位可达 26% 左右，钴品位约为 1%，用硫酸对之进行浸出。由于 Ni 的存在，Ni-Co 分离存在相当难度。目前无论采取何种方法将 Ni-Co 分离都是很困难的，一般采用硫酸或盐酸水溶液系统进行萃取。

在日本钴的回收越来越成为一种安全保障的问题，市场上钴的价格也相当高。日本每年需从国外进口几千吨的钴金属块和钴粉。在美国钴的年消耗量可达 14000t，其中超硬合金用 4000t、催化剂用 2500t、电镀用 2100t。目前从钴的用途看，除电镀污泥外钴的主要回收对象是超硬合金（包括磁性材料）。含钴的合金主要有工具钢、超硬合金、磁性合金，其组成成分是多种多样的，见表 6-3 ~ 表 6-5。

表 6-3　Co 基合金组成 （质量分数）　　　　　　　　　　%

合金名	C	Si	Mn	Ni	Cr	Mo	Fe	W	Nb	Co
S-816	0.40	0.40	1.20	20.0	20.0	4.0	3.0	4.0	4.0	其余
V-36	0.32	0.40	1.00	20.0	25.0	4.0	2.4	—	2.3	其余

续表6-3

合金名	C	Si	Mn	Ni	Cr	Mo	Fe	W	Nb	Co
X-40	0.50	1.00	1.00	10.0	25.0	7.5	2.0	—	—	其余
WI-52	0.45	0.50	0.50	1.0	21.0	—	—	11.0	1.7	其余

表6-4　Ni 基超硬合金组成（质量分数）　　　　　　　%

合金名	Co	Mo	Cr	Mn	Si	C	Fe	Al	Nb	Ti	Ni
哈氏合金	2.50	26~30	1.0	1.0	1.0	0.05	4~7	—	—	—	其余
不锈钢高温合金	28.0	3.0	15.0	0.10	0.25	0.16	0.07	3.0	—	0.20	其余
镍基合金	15.0	5.0	15.0	0.05	0.05	0.06	—	4.50	3.50	—	其余
硬质合金	20.4	4.9	10.4	0.31	0.51	0.22	1.4	5.0	—	3.80	其余

表6-5　WC 系超硬合金组成（质量分数）　　　　　　　%

WC	TiC	TaC（NbC）	Co
85	4.0	1.0	10.0
76	7.5	6.5	10.0
59	12.0	18.0	11.0

从表中可以看出，合金中除 Co 以外还有 Cr、Ni 等金属，这些金属也可以同时回收。据报道，美国矿山局从磁性合金的研磨污泥中通过粉碎、脱油脂、磁选、氧化焙烧、氢气还原等工序回收其中的金属，并且可以将阿尔尼科磁铁中的 S、C、Al 等不纯物除去。用同样的方法可以从钐钴磁铁中回收钴。从涡轮机和喷气发动机的超硬合金中，尤其是从钴-镍合金中回收钴仍然是一个重要的研究课题。

美国矿山局将超硬合金溶于 Al 或 Zn 的金属溶液中，然后脱 Al、脱 Zn，得到酸浸性好的超硬合金粉，这是由于 Zn 与超硬合金反应后生成易粉碎的化合物，这与用氢气进行粉碎的技术相类似。在对超硬合金进行酸浸时，合金的优良的耐腐蚀性能是令人讨厌的，因此在处理过程中除采用上述办法外，还可以考虑采用硫化浸出或氧化浸出的方法。

在我国，随建筑和房地产行业在装饰用石材和石油钻探等方面的迅速发展，对人造金刚石以及金刚石制品的需求迅猛增加，其中仅金刚石钻头、金刚石锯片和金刚石修正笔三项每年就消耗金刚石 2000 多万克拉。现在全国已有 200 多个厂家拥有近千台金刚石压机进行高温高压合成金刚石。中国航空工业总公司七八零三厂，年生产人造金刚石 1000 万克拉，同时产生酸洗废液 400~500m³，废液中含有镍、钴、锰等大量金属离子。国内一研究所对该废液进行处理获得了良好的效果，其中镍和钴的总回收率可达 95%~96%。对生产金刚石时所使用的三元合金催化剂（含 Ni70%、Co5%、Mn25%）进行 Ni、Co 分离仍需进一步研究。

（8）镓的回收利用。镓是两性元素，它在地壳中的含量为 0.0015%，其存在量均大于铅和硼（0.0013%）。可是镓没有其独立的矿石，主要是从同族元素铝冶炼后的拜耳液中和锌冶炼过程中回收镓。用拜耳液法生产铝时，拜耳液是镓的主要原料，用二氧化碳法和树脂吸附法从浓的碱性溶液中提取镓已得到实际应用。从锌矿石中回收镓是用 NaOH 对由上面工序产生的铁泥进行浸出，然后进行电解，或者用硫酸萃取锌浸出残渣的中和沉淀物，精炼后进行电解。

2001年世界上镓的生产量为213t左右，其中57%以上是由日本消耗，日本国内镓的供给量为80t，其中63t是从废料中回收的。镓的最初用途主要是用于医疗、合金和研究，后来扩大到电子材料的GaAs、GaP和GGG等。

在日本大约有八个公司从事从废料中回收镓的活动，一些冶炼金业和制造GaAs器件的有关公司也正在实施从废料中回收镓。对于GaAs废料，Ca含量可达45%~48%，这比铝土矿和锌矿中镓的品位高得多。图6-16是从GaAs废料中回收镓的工艺流程。

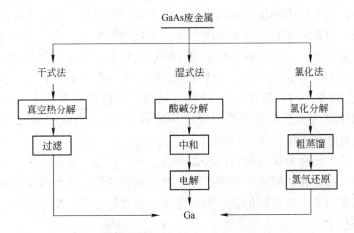

图6-16 从GaAs废金属中回收Ga的流程

从图6-16可知回收镓的方法有干法、湿法以及氯化法，根据废料的形状、成分以及各工厂的不同技术等因素可采用不同的方法。

（1）干式法。镓的熔点为29.8℃，沸点为2400℃；砷的熔点为613℃，沸点为817℃。镓的沸点比砷的沸点高。根据这一差别，在温度1100~1500℃和一定压力条件下可将它们分离开来，不过这种方法对于微量的砷的去除是困难的。

（2）湿式法。GaAs在HCl和NaOH中很容易溶解，将它们分离是可能的。将GaAs废料溶解于HNO_3或者与H_2O_2共存的HCl中，然后添加NaOH分离出氢氧化镓沉淀物$[Ga(OH)_3]$，经精炼后除去一些不纯物，再电解便可得到高纯度的镓。

（3）氯化法。三菱材料公司采用氯化法处理GaAs，为了得到高的氯化效率，在含有$GaCl_2$-$GaCl_3$-$AlCl_3$的熔融盐中投入GaAs废料，产生悬浮后吹入Cl_2进行氯化，在生成的$GaCl_3$-$AlCl_3$二元气液平衡体系中，气相的$AsCl_3$浓度非常大，因此$AsCl_3$以低沸点氯化物的形式得到分离。在不纯物中共存的$CrCl_3$和$InCl_3$以高沸点氯化物形式被除去，而$SiCl_4$、$SnCl_4$、$GeCl_4$以低沸点氯化物形式被除去。所得的$GaCl_3$采用氢气还原或者用水溶液电解法制得金属镓。这种方法也可以用于回收In，日本住友矿山公司利用InCl的歧化反应制得高纯金属In，这一技术也可用于处理含In废料。

在各工厂内产生的含Ga废料几乎都能得到回收利用，但是以产品形式进入到消费者手中后回收就比较困难，例如GaAs集成电路和大型电子显示器等。对于这些产品所形成的废料应确立相应的回收系统和相应的回收技术。

6.7　废旧汽车的再资源化

6.7.1　废旧汽车概述

汽车在其问世和发展的起始阶段，结构和主要材料并不复杂。到了20世纪后半叶各种技术都应用到了汽车上，其结构越来越复杂同时也更紧凑，所用材料的种类也越来越多，其回收价值也越来越突出，同时回收也越来越复杂，回收技术也随着制造技术的发展而更新。在国外，汽车的市场保有量比国内大得多，特别是小汽车，因此在发达国家如美国、德国，它们不但在汽车制造方面称雄于世，而且对汽车的回收也很完善，一些废旧汽车回收工厂效益非常好。但是国内对废旧汽车的回收似乎停留在回收其中的钢铁上。

由于汽车种类不一样，它所用的材料的比例也不一样。废车中有色金属类占3%～5%，非金属类占15%左右，其余80%左右为钢铁。有色金属类主要包括铝、铜、铅和锌，其中铝占的比例最大；非金属类中橡皮和玻璃占7%左右，氯化乙烯等合成树脂占3%～4%，其他纤维和木材占3%～4%。

废车处理方法大致分为压力剪切法和撕碎法。压力剪切法在设备投资和运转费用上较低，这对企业的经济有益，但由于处理过程中有不纯物的混入而使所得的铁屑产物纯度不高。撕碎法则与此相反，其得到的铁产物纯度高，不过却有产生粉尘量大的缺点，为了保护环境还须处理粉尘。

6.7.2　大规模汽车拆解业的废车处理实例

图6-17为废车处理流程。首先将废车前部的引擎盖打开，卸下蓄电池和发动机等部件。然后将车体倾斜，用压力切割机除去不适合于撕碎机破碎的弹簧、轴承和轮胎等物。解体后的废车用压力切割机切断，然后给入撕碎机进行破碎。在撕碎机的排料口附近用空气吸引法除去物料中的塑料薄膜、纸和棉等轻物料。在磁选机的运输皮带上的金属丝可以用手选分选出，并用空气吸引法去除塑料、乙烯以及橡胶。用磁选机将铁类回收后，非磁铁性物送往手选车间，用手选法选出不锈钢、铝合金、黄铜、橡胶和塑料。解体部件中的发动机等铝合金进行溶解，将铁分出后铸成合金金属锭。另外，弹簧等物料用压缩剪断破碎机进行破碎，轮胎用轮胎切割机进行切割，得到的轮胎片可用作燃料。

6.7.3　汽车废料的旋流器再资源化处理

1975年以来，荷兰Stamicarbon公司为了从不同类型的固形废弃物（如汽车废料、城市固体废物等）中回收铝和其他有色金属，开发出了采用水力旋流器和重介质旋流器的工艺流程。

用水力旋流器可将废料中的橡胶、塑料分离出来进行回收，其底流产品则为有色金属。旋流器的规格为$\phi 350mm$，给料的粒度必须小于30mm，物料中的磁性物先用磁选法除去。除去铁之后的物料即水力旋流器给料的物质组成如下：橡胶及其塑料占25%、玻璃和其他的非金属和轻合金占15%、铝占20%、合金占5%、重金属占35%。实际上水力旋流器的产品只分为两种，一种密度小于$1.8g/cm^3$，即橡胶及塑料溢流产品；另一种

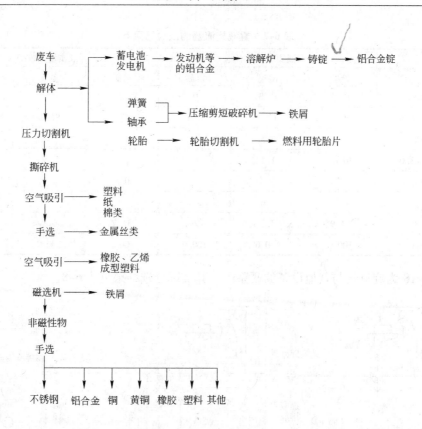

图 6-17 废车处理流程

为密度大于 1.8g/cm³ 的金属或非金属的沉砂产品。当然轻重产物的分离并不是十分完全的，如橡胶及塑料中只有 91% 回收于溢流中，另外 9% 混入沉砂中。尽管如此，所得金属纯度是较高的。

重介质旋流器处理的是水力旋流器的沉砂产品，其目的是把密度大于 3g/cm³ 的铜、锌等金属和密度小于 3g/cm³ 的铝、轻合金和非金属类分开。重介质旋流器的锥角为 60°，所用的重介质有两种：-50μm 占 85% 的硅铁，-40μm 占 90% 的硅铁与 -50μm 占 95% 的磁铁矿的混合物。表 6-6 ~ 表 6-8 是使用两种重液的试验结果。从中可知仅以 -50μm 占 85% 的硅铁作介质时，沉砂中回收 99% 以上的 Zn、Cu，几乎不含密度较小的铝，溢流中密度大于 2.9g/cm³ 的重金属约占 5%，如果重介质的粒度越细，其分选效果则更好。当介质为混合物料时，沉砂中 Zn、Cu 等重金属的回收率达 99.5%，而溢流中密度大于 2.9g/cm³ 的重金属含量降至 3.9%。

表 6-6 重液旋流器的试验结果 a

产　物	-50μm 占 85% 的硅铁			-40μm 90% 的硅铁与 -50μm95% 的磁铁的混合物		
	给矿	溢流	沉砂	给矿	溢流	沉砂
重金属的密度/g·cm⁻³	2.44	2.43	3.29	2.40	2.39	3.1
质量分数/%	100	70	30	100	70	30

表 6-7   重液旋流器的试验结果 b

密度/g·cm⁻³	重液质量分数/%			轻液质量分数/%		
	给矿	溢流	沉砂	给矿	溢流	沉砂
-2.65	13.5	19.3	0			
+2.65~2.79	50.6	72.1	0.6	67.4	96.1	0.5
+2.79~2.90	2.7	3.8	0			
+2.90~3.0	0.8	1.1	0	0.6	0.9	0
+3.0~3.1				0.8	1.1	0
+3.1~3.3	0.5	0.6	0.2			
+3.3	31.9	3.1	99.2	31.2	1.9	99.5
合 计	100.0	100.0	100.0	100.0	100.0	100.0

图 6-18 为旋流器与其他设备的联系图，其实际分选结果见表 6-8。

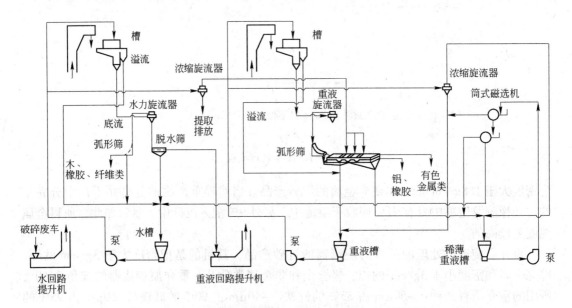

图 6-18   水力旋流器和重液旋流器处理破碎后废汽车的流程

表 6-8   废车的实际分选结果

密度/g·cm⁻³	水力旋流器分选（质量分数）/%		重液旋流器分选（质量分数）/%	
	溢流	沉砂	溢流	沉砂
-1.4	60.5	2.2	4.8	0
+1.4~1.8	11.2	4.2	6.4	0
+1.8~2.3	1.1	0.7	1.2	0
+2.3~2.96	26.1	53.1	85.4	3.0
+2.96	1.1	39.8	2.2	97.0
合 计	100.0	100.0	100.0	100.0

6.8 铝的回收与利用

6.8.1 铝的概述

铝元素在地球表层的含量位于第三位，为 7.56%。由于铝储非常丰富，故不存在铝资源不足的问题，主要矿种铝土矿的储量据推算大概为 154 亿吨，其偏在性也较小。铝土矿中氧化铝的含量一般为 50% 以上。由铝土矿生产铝时能耗很大，因此从废料中回收铝的最大益处在于节省能源。

铝的应用方式有两种，一为纯铝，二为铝合金。铝合金与钢相比，因其强度大而被广泛应用。在汽车上，每辆车平均用量为 50kg；在电器工业上用纯铝制造高压线、电缆线、导电板以及各种电工材料；在轻工业上用纯铝及其合金制造生活用品和家具，还用做食品包装；在冶金工业上可用纯铝做高熔点金属还原剂和炼钢的脱氧剂；在军事工业上用铝及其合金制造飞机、舰艇、装甲车和坦克部件。

含铝废料形状复杂，品种繁多，主要可分成以下几类：

（1）铝废件和块状废料，包括用铝板材、线材、型材生产铝制品，或铸造、锻造铝制品时的废件以及生产过程产生的废料，如制造飞机、船只时产生的废件和废料、废家具以及日常生活用品废料；用铝板材、带材加工铝制品时所产生的边角料如切边，切、冲压碎块和下脚料；用铝导线来制造电缆、电导体和生产电工产品时的废料。

（2）铝和铝合金机械加工时所产生的废屑、粉末等。它往往被铁、加工乳浊液、油等污染。

（3）铝和铝合金熔炼过程中产生的浮渣，包括铸型时的泡沫渣。

（4）其他铝杂料，如牙膏皮以及回收公司收集的牌号不清的混杂铝。

6.8.2 铝废料的处理

由于废铝料品种繁多，因此必须对废料进行预处理分选。先用手选将纯铝和铸铝分开，大块的被破碎筛分并用纯碱去油。对于切屑机床上机械加工的铝屑，往往混有铁屑，有时铁的含量可达 30%。除此之外还含有水和油，当含油量大时（不小于 6%），最合理的除油方法是采用离心分离机除油，要想除油彻底，须加各种不同的溶剂，如四氯化碳、三氯乙烯、二氯乙烷和三氯乙烷。

废铝料的处理一般采用火法冶金法，根据实际情况选用适当的炉型。熔炼时常用氯化钠和氯化钾（质量比为 1:1）做溶剂，同时添加 3%～5% 的冰晶石，以利于铝滴聚集，降低合金随熔渣的损失。

图 6-19 为用铝锭和废杂铝生产铝粉的工艺流程。熔炼时铝的回收率为 96.5%，雾化成品率为 96.7%，铝总回收率为 93.27%。

图 6-20 为我国某有色合金属厂研究出的一种无污染处理铝软管的新工艺。该工艺年处理废料 2000t，金属回收率高达 90%～95%，所产生的铝锭的纯度为 99.7%。

铝罐是日常生活用量最多的一种铝制品。美国 1990 年铝罐用量 880 亿只，用铝 167

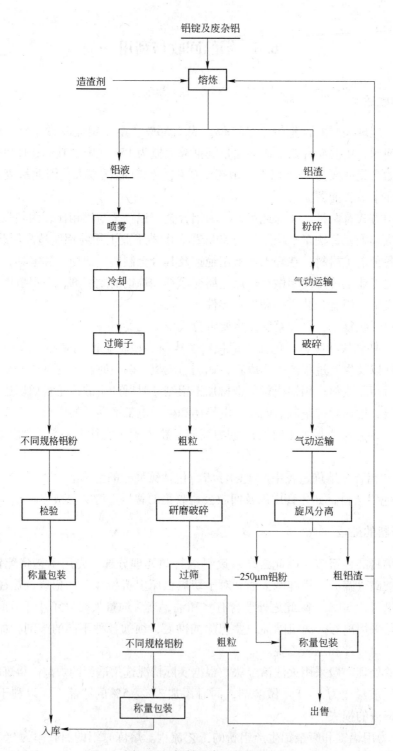

图 6-19　铝粉生产工艺流程

万吨，占其铝全部用量的 27%。铝罐回收比较容易，但在我国回收率比较低。废铝罐收集后可将之进行挤压，并烧掉印刷涂料和塑料密封等材料，除去残留的水分，然后在反射炉或铁坩埚中进行溶解，适当加入一些其他的金属材料可配置其他合金。

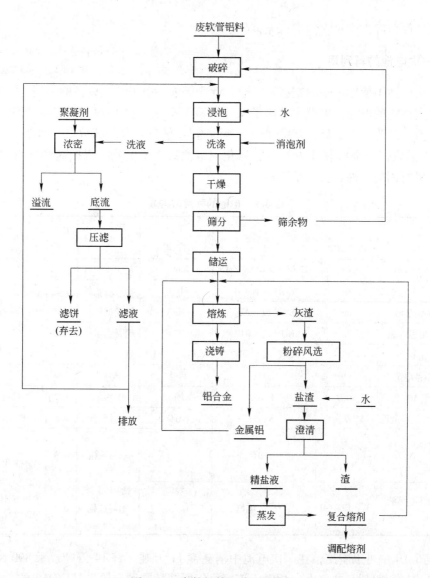

图 6-20 废软铝管回收工艺流程

6.9 废电池的再资源化

6.9.1 电池的种类和回收元素

电池是将化学能转化成电能的装置，它一般由负极活性物质、电解、正极活性物质组成，所用的电极和电解质容器决定了电池的结构。因此，电池中可以回收的部分有电极活性物质、电解质、电解质容器及其附属品。在实际应用中的主要电池的种类和结构组成如表 6-4。

在电池中的化学活性物质里使用了一些贵重材料，回收这些材料有着重要的意义。另外电池中还含有 Hg、Cd、Pb 等元素及其化合物，它们对人们的健康和环境会造成一定的危害，从环保角度讲应对它们进行无害化处理。

6.9.2　一次电池的再利用

在一次电池中使用最多的是锰干电池，近些年来，由于音频设备的小型化，人们不断研究开发高性能的电池，需求也转向了碱性锰系干电池。在 1979～1983 年间某国生产的一次电池数量约为 124 亿只，其中锰干电池约为 96 亿只，占全部数量约80%；碱性电池约为 14.7 亿只，占全部数量的 12%；氧化银电池约 7.3 亿只。根据这些电池的生产量、组成可列出所用的各种金属量见表6-9。

表6-9　电池的种类与构成

	名　称	负极活性物质	电解质	正极活性物质	电池容器	电压/V	电极物质
一次电池	锰干电池	Zn	$NH_4Cl \cdot ZnCl_2$ 或 $ZnCl_2$	MnO_2	钢壳或塑料	1.5	Cu-Zn 合金
	碱性干电池	Zn	KOH 或 NaOH	MnO_2	钢壳或塑料	1.5	
	水银电池	Zn	KOH 或 NaOH	HgO	钢壳或塑料	1.35	
	氧化银电池	Zn	KON 或 NaOH	Ag_2O	钢壳或塑料	1.35	
	锂电池	Li	$LiBF_2$ 或 $LiClO_4$	CF_2 或 MnO_2	钢壳或塑料	3.0	
二次电池	铅蓄电池	Pb	H_2SO_4	PbO_2	塑料	2.0	铅合金
	镍镉电池	Cd	KOH	KIOOH	钢	1.2	镍-镉电极
	氧化银-锌电池	Zn	KOH	AgO	钢	1.5	银氧化物-锌
燃料电池	碱性电解液（<100℃）	H_2、CH_2OH、N_2H_4	KOH	O_2	塑料或钢	0.8	Ni 钢，Au、Pt、Ag 催化剂，拉尼镍合金粉，Pt、Pd，载体为炭黑的白金催化剂
	酸性电解液（160～210℃）	H_2、CH_3OH	H_2PO_4 或 H_2SO_4	O_2、Alr	塑料或钢	0.7	

从表6-10中可以看出，在一次电池中消耗锰11万吨、锌14万吨、汞890吨、铁14万吨。平均每年消耗量并不大，相对于该国每年所消耗同种金属量是比较少的，因此从经济角度看回收这些金属并不合算，不过由于其中含有有毒物质汞，从环保角度看对废电池的处理仍然是很有必要的，在1940年某一村庄在一夜之间有16名村民发生疯病并导致三人丧命，后经调查其原因是村民饮水井旁埋有大量废干电池。在处理汞时综合回收其他有用金属也可看作是有益的。

表6-10　1979～1983 年某国一次电池的材料消费量　　　　　　　　　t

电池材料	锰电池	碱性锰电池	水银电池	氧化银电池	合　计
Mn	62290	51220	—	—	113510
Zn	132560	9400	71.2	5.8	142037
Hg	16.6	574	184	14.6	889.2
Fe	116800	19640	396	873	137710
Cd	51.6	(Cu: 1130)	—	—	51.6

电池材料	锰电池	碱性锰电池	水银电池	氧化银电池	合 计
Pb	153	—	—	—	153
碳材	57260	3810	330	36.4	61140
Ag	—	—	—	677	677
K	—	3470	11.5	40.8	3522
合 计	369131	89344	696	1648	460820

图 6-21 是日本净化中心在北海道伊道莫卡矿业所野村兴产建立的再资源化工业实验厂所进行的回收干电池的流程。其过程如下：干电池在回转窑中 600～800℃ 温度下进行焙烧，其中的汞被气化，将之进行冷凝而生成烟灰状的炭黑，将这种炭黑定期回收，经蒸馏便得高纯度的汞（99.9%）。焙烧后所生成的炉渣中含有 Zn、Mn、Fe、K 等金属，用磁选的方法便可分离回收其中的 Fe、Mn、Zn。在这三种金属当中 Mn 的含量较高，并且也是环境污染的主要因素。Mn 是以 MnO_2 形式存在，放电后仅有部分（大约 1/3）转化为 Mn_2O_3，少部分被还原为 MnO。若加入一定浓度的盐酸，可使 MnO_2 生成 $MnCl_2$，在所生成的 $MnCl_2$ 溶液中加入氧化剂便可生成二氧化锰沉淀，若纯度合适便可返回配制生产干电池的原料。

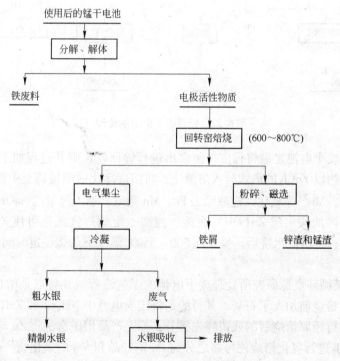

图 6-21 伊道莫卡矿业所处理废干电池的流程

图 6-22 为处理废干电池的流程。在 400～500℃ 温度下加热数小时，Hg 和 Zn 便可分离。将残留固相于 800℃ 温度下进行加热，用碳还原，生成的 Fe 可用磁选法回收，生成

的 MnO 可溶于稀硫酸中形成 $MnSO_4$，将 $MnSO_4$ 电解可得生产电池的原料 MnO_2。在 400～500℃温度下加热气化时与 Hg 一起得到的产物还有 NH_4Cl，将这些产物溶于盐酸，采用螯合物吸附树脂吸附脱汞，后生成 NH_4Cl 再回用于制造电池的原料上。在加热时生成的熔融相中所含的 Zn 可制成 $ZnCl_2$。

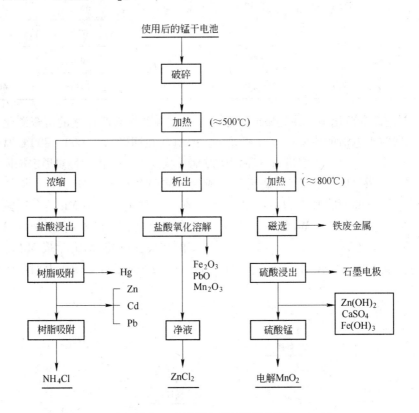

图 6-22　处理废干电池的流程

如果在破碎废干电池之后将锌皮单独取出进行锌回收，则其过程如下：稀盐酸浸出，使锌及锌的化合物以 $ZnCl_2$ 的形式转入溶液中；将溶液净化后用碱调至中性，加入 $KMnO_4$ 将溶解液中 Fe^{2+}，Mn^{2+} 等氧化，过滤除去 Fe、Mn 杂质；加入过量的 NaOH 使 Zn 以 ZnO_2^{2+} 形式进入溶液；再加酸生成 $Zn(OH)_2$ 沉淀，控制一定的适宜条件可使 $Zn(OH)_2$ 转化为 ZnO 的晶形沉淀；将沉淀水洗后干燥，在 500～550℃温度下灼烧一定时间，冷却即得 ZnO 产品。

图 6-23 是某循环资源研究所处理废干电池的工艺流程。其特点是增加了氯化焙烧工序，在进行还原焙烧前加入了石灰，其目的是将废干电池中 NH_4Cl 和 $ZnCl_2$ 的 Cl^- 以 $CaCl_2$ 的形式固定。进行还原焙烧后的残留物先筛分，筛上产品用磁选法将 Zn 与 Fe 分离，筛下产品中加入 $CaCl_2$ 进行氯化焙烧便可将之分为 $ZnCl_2$ 产品和 Mn 的氧化物产品。

图 6-24 为处理废干电池的工艺流程。先将废干电池在 750～1050℃温度下进行氧化焙烧，生成的气相部分含有 ZnO、Hg 和 NH_4Cl，用高温过滤器将它们分开，Hg 蒸气和 NH_4Cl 可进行水洗，然后用活性炭将排出的废气脱汞。生成的熔融相用碳进行还原反应，其中残留的 ZnO 可被还原成 Zn。

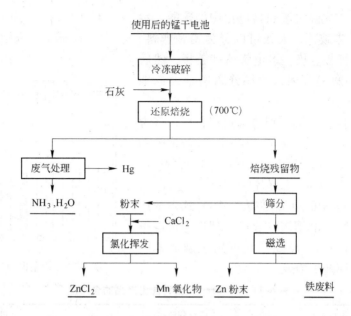

图 6-23 某循环资源研究所处理废干电池的工艺流程

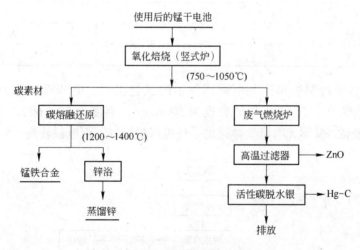

图 6-24 处理废干电池的工艺流程

6.9.3 二次电池的再利用

由于对其可以进行二次充电，因此称为二次电池，这类电池也有多种，用量较多的为铅蓄电池和镍镉电池。

铅蓄电池的构造如图 6-25 所示。正负极板是在格子板子上充填铅和氧化铅糊后熟化，然后进行电解氧化或还原。格子板主要是 Pb-Sb 合金和 Pb-Ca 合金，在负极中添加硫酸钡和木质磺酸以便抑制 $PbSO_4$ 的生成。铅蓄电池主要用于汽车上，一般在使用 2～3 年后更换。

对铅蓄电池的回收处理可由解体、选别、铅冶炼和精炼等四个工序组成。

（1）解体。首先除去废铅蓄电池中的硫酸，然后用破碎机将槽体破碎，大致可以分为铅和塑料。通过筛分离出极板、极柱、电解槽和盖板，然后进行泥浆分离和塑料分离，塑料分离用重力选别方法。

（2）选别。经过比重选别法选别塑料后，将含铅成分的泥浆分成四类，表6-11为法国Penarrpya公司进行回收时将泥浆分成四类产品后铅的含量。

（3）铅冶炼和精炼。没有铅冶炼和精炼技术，铅蓄电池的回收是不可能的。将表6-11中所示的产品微铅粉与铅冶炼厂的烟灰一起经处理后，可以得到含Pb1.7%～1.9%的软铅，它可用于制造蓄电池，铅泥也可返回转炉冶炼。

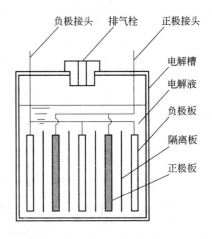

图6-25　铅蓄电池的构造简图

表6-11　Penarrpya公司选出产品的含铅量

产　品	质量分数/%	含Pb/%
微铅粉	64	70
铅泥	5	3
金属铅	17	26.5
废弃物	14	0.5

图6-26为含铅废料阴极固相电解回收铅的工艺流程，电解液成分为150～180g/L NaOH，SO_3^{2-}浓度小于75g/L，电流密度为500A/m²，温度为50～60℃。此方法流程简单，铅回收率较高，基本无有毒气体排出，环境保护较好，但电耗较高，处理能力也低。

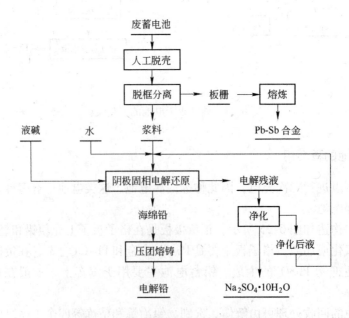

图6-26　铅化合物固相电解还原法流程

图 6-27 为英国 Ronald and Sun 公司实验用硝酸浸出废铅蓄电池的工艺流程。首先是用碱金属碳酸盐或金属氧化物将脱框碱液中的铅转化为 $PbSO_4$ 或 $Pb(OH)_2$，然后溶于硝酸。PbO_2 则用 Pb 作还原剂，使之溶于硝酸。该方法回收铅 93.8%。

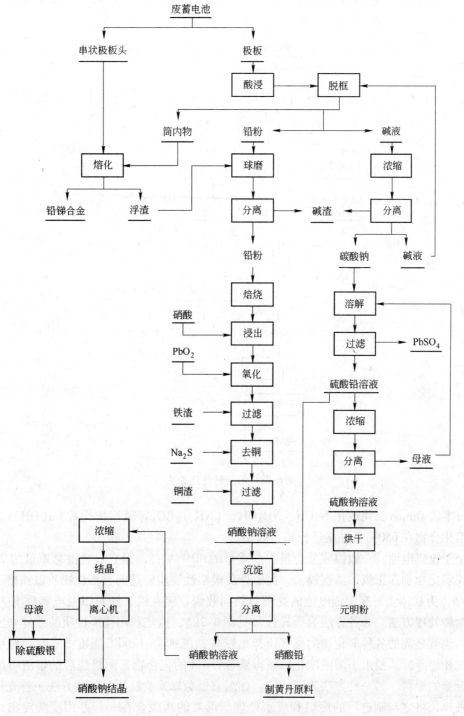

图 6-27 硝酸法处理废旧电池的工艺流程

图 6-28 为石灰转化法处理铅蓄电池的工艺流程。先用石灰制成浆，使 $PbSO_4$ 转变成 PbO 和 $CaSO_4$，反应式如下：

$$PbSO_4 + Ca(OH)_2 + H_2O \longrightarrow PbO + CaSO_4 \cdot 2H_2O$$

转化后的 PbO 与铅蓄电池中的 PbO_2、PbO 及金属铅一同在反射炉内还原熔炼便可得粗铅。

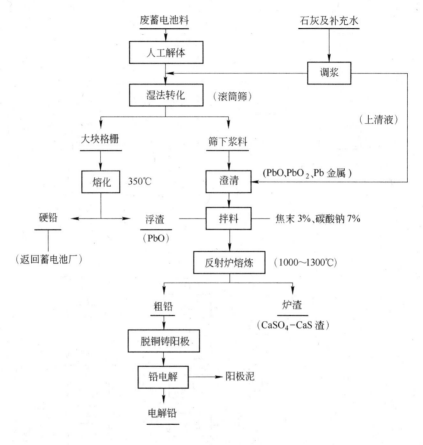

图 6-28　石灰转化还原法

日本的 Dimon 公司改用 $NaOH$、NH_4OH、$(NH_4)_2CO_3$ 等碱性物代替 $Ca(OH)_2$，转化后的铅化合物在 650℃ 下加碳还原得金属铅。

至于镍镉电池，一般镍成分含量占总重量的 40% 左右，镉成分量占总重量的 20% 左右。镍氧化物用作正极的活性物质，而镉作负极活性物质，这两种活性物质以铁格子或者 Ni 烧结体为载体。对废镍镉电池的处理包括回收镍、镉、铁、塑料以及电解质 KOH。现在有两种处理方法。一种方法为干式法（见图 6-29），这是利用镍镉性质的差异来实现分离的，也就是镉的各种氧化物的蒸气压都比较高。在 900～1200℃ 温度下进行焙烧后所产生的气相经冷凝、浸出、溶液净化后便得到各种 Cd 的化合物，而焙烧后的熔渣可用作制铁镍合金的原料。另一种方法为湿式法，如东京资源株式会社所实施的方法。首先将废干电池破碎，将之与制造厂的废料和废水处理所形成的污泥合在一起并用硫酸浸出，除去 Fe 等杂质后，于溶液中通入 H_2S，镍不产生沉淀而残留于溶液中，而镉则形成 CdS 沉淀，在残留的溶液中添加碳酸钠可得到 $NiCO_3$。

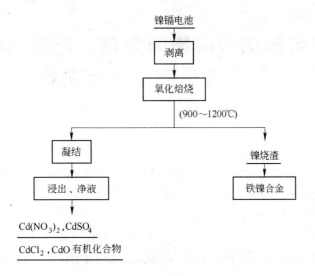

图 6-29　从 Ni-Cd 电池中回收 Ni、Cd 的流程

习　　题

6-1　资源可持续利用对象的属性是什么？资源性可持续利用对象按属性可分为哪几类？与一次资源利用相比，再资源化有何特点？

6-2　影响再资源化的因素是什么，各是怎样影响的？再资源化能成立的条件是什么？

6-3　一般来说，贵金属是指哪些金属？在贵金属的循环再利用中，可采用湿式法和干式法，通过比较，这两种方法各有什么优缺点，适用条件是什么？

6-4　根据图 6-2 从废银电池中回收银的工艺流程，简述从废银电池中回收银的原理。如果有 100kg 废银电池，从中能回收到多少克银？

6-5　催化剂在使用后会被劣化而失去活性。如何利用资源化处理技术对其处理，使其恢复活性并能重新使用？

6-6　对电镀废液中的氰化物用碱性次氯酸氧化法处理，此处理过程的原理是什么？该如何处理其产物，使其中的一些金属离子得到回收？

6-7　目前我国污泥处理的现状如何？对污泥成分进行再回收有何意义？

6-8　磁性材料回收的意义是什么？目前磁性材料回收的技术主要有哪些？

6-9　可回收的稀有金属有哪些，分别用什么方法回收，回收的原理是什么？其中，镓的回收有干法、湿法和氯化法，各自的优点何在？

6-10　以图 6-17 废车处理流程为例，简述废旧汽车可回收的产物和现实意义。在汽车废料的旋流器再资源化处理过程中，有水力旋流器和重介质旋流器工艺，对比两种工艺，其优缺点分别是什么？

6-11　生活中含铝的废料有哪几类？如果含铝废料中含有油和废铁，该如何除去其中的油和废铁，进行铝的再回收？

6-12　目前，我国铝制易拉罐年需求量大约在 65 亿只左右，其中能回收的只有 35%。一只易拉罐约重 8.5g。按图 6-19 所示流程进行回收，如果金属回收率为 92%，那么，在我国一年大约有多少吨铝得到了回收？

7 非金属和核废物的处置、处理与可持续利用技术的应用与实践

学习目标

掌握油灰和煤灰的再利用技术，了解玻璃、废纸和核燃料的再利用技术，掌握家用电器的回收和再利用过程，并且认识城市垃圾的再资源化过程。

7.1 油灰和煤灰的再利用

7.1.1 概述

石油和煤是世界上利用最广的两种燃料，它们燃烧后产生废气和灰等物质，严重污染环境。如何处理这些废弃物并从中回收一些有价值物质乃当今一个重要的研究课题。

石油是由碳和氢为主要成分的各种碳化氢的混合物，此外还含有硫、氧、氮和各种微量金属元素。重油的灰分分析可如下进行：将试料放入坩埚中点火加热，燃烧碳化后于775℃温度下进行灰化，残留成分为油的灰分。有时在燃烧时添加各种添加剂，因此灰分分析值与燃烧废弃物之间会出现较大的差异。对重油燃烧后的废弃物进行处理回收其中来自重油和添加剂的金属元素的化合物很有必要，这些金属元素中镍和钒的含量较高。日本每年从火力发电厂的重油燃烧灰中回收钒 1000 多吨。目前火力发电厂的重油燃烧灰中钒的平均浓度为 $(20\sim100)\times10^{-6}$，镍的含量为钒的一半左右。当然在火力发电厂重油等石油系燃料的使用量不断下降。

煤燃烧后的废弃物——粉煤灰的堆放会占用大量的耕地并对附近的环境造成危害。目前主要的一些处理方法是将之用于筑路原料、制造水泥的原料以及土壤改良剂。粉煤灰的成分主要为二氧化硅和三氧化二铝，其次含有少量的三氧化二铁、氧化钙、氧化镁、氧化钾和氧化钠等，此外还有一些有毒元素和微量元素。针对这些成分，我们可对粉煤灰进行综合利用，如选铁、提取氧化铝、提取空心玻璃微珠等。

7.1.2 油灰和煤灰的再处理

石油系燃烧废弃物处理的现状是部分回收钒、镍等有价金属。由于 V_2O_5 在 $pH=1.8$ 附近存在一极小溶解度，利用这一点可于水中得到赤褐色 V_2O_5 沉淀，将沉淀物溶解在 Na_2CO_3 溶液中，然后添加 NH_4Cl 生成 NH_4VO_3 沉淀，沉淀物经干燥和煅烧后可得较高纯度的 V_2O_5。从提取 V_2O_5 后的废液中回收钙，可采用沉淀物为 $2CaO \cdot V_2O_5$ 的方法。从锅炉内排出的氧化铁皮（垢）中含有大量的钒，这种钒的提取可用酸分解法和苏打焙烧法

或这两种方法的联合法。对从除尘器中所捕集的飞灰，由于所用重油的种类和燃烧的条件的不同，其组成也发生变化，其中最大的变化因素是添加剂，处理时一般是进行萃取，萃取的难易程度取决于这些物质的存在形态。

图7-1为一回收钒的流程。含钒130×10^{-6}的孟加拉原油经脱盐处理后的残油中钒含量达600×10^{-6}，残油经流态化处理后得到含钒为4000×10^{-6}的焦炭。采用这一回收流程可得到品位为99%、回收率为90%的V_2O_5。

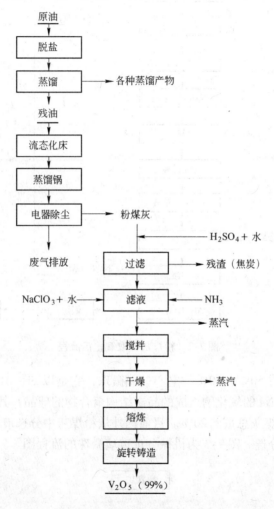

图7-1　石油中钒的回收

煤炭经过高温燃烧后其中所含的铁矿物如黄铁矿、赤铁矿、褐铁矿、菱铁矿等转化为磁铁矿，可用简单的磁选方法将之回收。目前各电厂采用的是湿式磁选工艺，主要设施是半逆流永磁式磁选机。

在粉煤灰中加石灰用烧结法提取氧化铝，在国外已有较深入的研究，并已投入工业生产。我国也进行了这方面的研究，其主要工艺过程为熟料生成、自粉化溶出、脱硅、碳分和煅烧，如图7-2所示。

提取氧化铝后的残渣（硅钙渣）作为水泥原料具有反应活性高、烧成温度低、水泥标号高且性能稳定、配料简单、吃灰量大等特点，是生产水泥的一种优质原料。

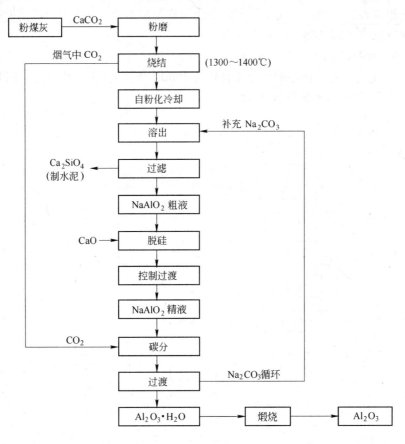

图 7-2 粉煤灰提取氧化铝流程

粉煤灰中一般含有 50% ~ 80% 的空心玻璃微珠，它是以 Si、Al、Fe 的氧化物为主要组分和少量 Ca、Mg、Na 的氧化物组成的高次结构聚合物的球晶，其细度为 $0.3 \sim 200\mu m$，其中小于 $5\mu m$ 的占粉煤灰总量的 20%。目前国外从粉煤灰中分选玻璃微珠可用两种方法：干式机械分选和湿法分选。图 7-3 为机械分选玻璃微珠的流程图。

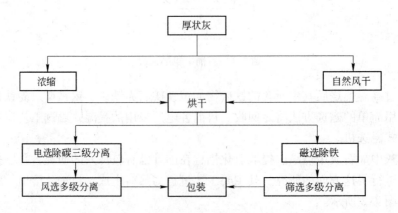

图 7-3 机械分选玻璃微珠的流程

若将粉煤灰与纯碱和氢氧化铝以一定的比例混合可生产分子筛，图7-4为某厂生产713-A分子筛的工艺流程。另外还可以用粉煤灰制白炭黑。

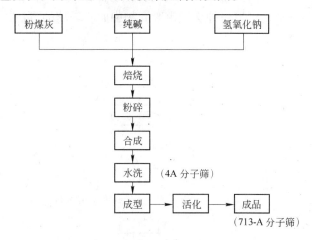

图7-4 利用粉煤灰生产分子筛的流程

7.2 玻璃的再利用

虽然玻璃价格相对金属是低廉的，但其用途的广泛性是任何金属无法相比的，因此玻璃的回收具有一定的价值。玻璃制品分为板玻璃、显像管和玻璃瓶三大类。此外还有灯泡和荧光灯，不过其产量和消耗量较少，除了在生产厂内进行回收外几乎得不到回收。

板玻璃主要用于建筑物、汽车及电车的窗户上。建筑物上的板玻璃几乎不能直接得到回收，因为其破碎后变成了玻璃渣，不过这一部分作为城市垃圾的组分可以得到回收。对废汽车的玻璃进行处理可制得绝热材料。

显像管作为较大的垃圾，在国内一般由专门的企业来回收。有的将显像管进行破碎后实施掩埋，有的粉碎后用作研磨材料的原料。美国专利3876468号提出一种方法是用氢氟酸和鞣酸的水溶液作显像管玻璃的清洗剂，可回收洁净的显示屏玻璃。

玻璃瓶的回收则相当容易，特别是酒瓶、可乐瓶、饮料瓶，一般是商品销售者直接回收。至于药瓶一般混入城市垃圾，不过现在玻璃药瓶的产量有所下降。在日本啤酒瓶的回收率可达95%以上，对所有玻璃瓶的平均回收率为70%以上。

在收集的废玻璃中，除去夹杂的异物是一项重要的工作。除了能够用磁选的方法除去的磁性物料和易于分离的空罐头盒以外，其他杂质很难用筛分或重介质分选之类的常规方法除去。美国一专利提出了一种处理方法，即将水送入一个高速转动的倾斜筒体来分离异物。还有专利提出了破碎玻璃、废玻璃与异物分离同时进行的方法。

以上是从一些固定废弃物或专门收集的废玻璃中回收玻璃的简单情况。此外还有从城市垃圾中回收玻璃，城市垃圾组分比较复杂，回收工艺也相对复杂。

美国专利3945575号提出了一种从城市垃圾中回收玻璃和金属组分的方法。该方法将城市垃圾制成碎浆，使玻璃与金属组分粉碎成相近尺寸的碎片，铸铝和铝箔分别变成块状和粒状，而合金铝，如做罐头和食品容器的铝，则切成碎片，然后混合、干燥和搅拌，使铝片富集于混合物的顶层，再通过刮泡或拔顶方法单独排出。将剩下的玻璃、铝和其他物质组成的混合物进行高压静电处理，使玻璃同其他物质分开。

美国专利 4065282 号提出另一种从城市废弃物中回收玻璃的方法，图 7-5 为该方法的部分流程。

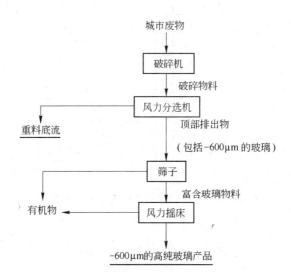

图 7-5　利用风力分级从城市废弃物中回收玻璃的部分工艺流程

在破碎作业中，玻璃物料的粒度一般都小于 12.7mm，而其他物质被碎成粉末或为粒度达 300mm 的块料。破碎后的物料给入风力分选机，其顶部的排出物中含有约 4%～6% 的细粒玻璃，其底流中也含有大量玻璃，可送入其他系统处理。顶部排出物经过筛分可得到含玻璃约 50% 的物料，将之用风力摇床处理可得到粒度小于 600μm 的含 90% 玻璃的高纯度产品。

7.3　废纸的再利用

7.3.1　概述

造纸是木材消耗的主要途径之一，每年造纸要消耗大量的优质木材，而且造纸的废浆对水环境造成了很大的危害。因此我们应重视纸张的回收利用。目前我国对于废纸的回收利用情况尚无准确的统计，据报道每年只有约 20% 的废纸得到了回收。

2010 年全球废纸回收量为 2234 亿吨，回收率为 56.6%。欧洲废纸回收量为 6365 万吨，回收率为 63.7%；北美洲回收量为 5105 万吨，回收率为 62.6%；亚洲回收量为 8946 万吨，回收率为 53.9%。北美是最主要的废纸净出口地区，2010 年净出口量约为 1882 万吨；欧洲净出口量约 822 万吨；澳洲净出口量约 165 万吨。上述 3 个地区总的净出口量为 2869 万吨。

2010 年废纸进口量最多的是中国，高达 2435 万吨，比上年减少 315 万吨。同年北美地区和欧洲地区废纸净出口总量为 2704 万吨，这一数量在满足中国的需求后，就只余

269 万吨。2010 年中国的进口量占亚洲废纸进口总量 3320 万吨的 73.3%。

表 7-1 是 2010 年一些国家的废纸回收量及进出口量。

表 7-1　2010 年一些国家的废纸回收量及进出口量

国　家	回收量/万吨	回收率/%	利用率/%	出口量/万吨	进口量/万吨	废纸用量/万吨
美国	4767	62.1	36.9	1882	71.2	2799
日本	2166	79.3	63.9	491	4.4	1679
德国	1558	78.7	70.4	290	363	1627
英国	803	76.4	87.5	439	12	376
法国	702	70.7	59.8	262	88	528
意大利	632	58.3	56.8	162	49	519
中国	4016	43.8	71.5	0.08	2435	6631

1t 废纸相当于下径 17cm、上径 10cm、高 8m 的木材 20 根，因此废纸回收对保护森林资源有重要的意义。日本不但回收工作做得很好，而且每年从国外如中国、印尼以及其他东南亚国家大量进口木材。按 1989 年日本纸张的消耗量和回收率计算，回收废纸量为 1322.8 万吨，其中家庭所消耗的纸量回收达 400 万吨，不过废纸主体是报纸和杂志。

7.3.2　废纸的再生技术

废纸的再生技术包括拆开废纸纤维的解离工序和除去废纸中油墨及其他异物的工序。

（1）解离设备（纤维分离设备）。解离设备有碎浆机（见图 7-6）和蒸馏锅。废纸给入碎浆机，在水的旋转和高速旋转叶片的剪切作用下被碎成纸浆状态，然后通过旋转叶片底部的空隙流到下一道工序，纸浆中的丝状异物不能通过空隙而与纸浆分离。

图 7-6　碎浆机

（2）筛分机。经解离后的纸浆多数情况下经过筛子，除去纸浆中的垃圾和纤维碎屑等杂质。

（3）脱墨设备。脱墨方法有水洗和浮选两种。图 7-7 为水洗机的一种，叫做螺旋浓缩机。在螺旋的作用下纸浆在管内得到提升而浓缩，比纤维更微小的墨水粒子从最底部的

排出口排出。脱墨水洗机的处理能力为
3729t，而浮选机可达6695t。水洗机处理的
废纸中报纸占28%，浮选机处理的废纸中
报纸占77%，因此以废报纸为处理对象的
浮选技术在脱墨工序中占主导地位。

　　脱墨浮选机（Swemac）如图7-8所示。
纸浆和空气从圆筒底部沿切线方向给入后
围绕中心管产生旋转，墨水附着于气泡上
于表面富集，并从中心管的溢流中排出，
而脱去墨水的纸浆从槽底返回到上段浮选
机中再处理。

　　Lamort- Feldmhule型浮选机如图7-9所
示，与Swemac浮选机相比，这种浮选机节
省占地面积，空气与纸浆的混合是通过空
气量可以调节的喷嘴来实现的。泡沫部分
用吸引的方法除去。

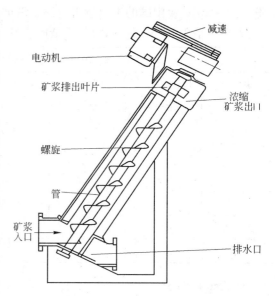

图7-7　螺旋浓缩机结构简图

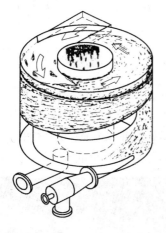

图7-8　脱墨浮选机（Swemac）

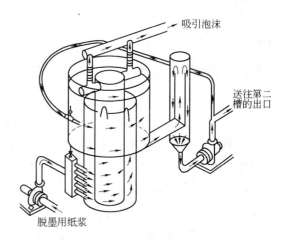

图7-9　纵行浮选机

　　（4）脱墨用药品。水洗用主要药剂是碱（NaOH、Na_2CO_3）和清洗剂，再添加适量
的漂白剂、分散剂和其他药剂。浮选时pH值为8~9，纸浆浓度为1%，解离时可用碱调
节pH值，以达到最适宜的条件。捕收剂一般为脂肪酸，常用的为油酸，有时也用硬脂
酸、煤油等廉价的捕收剂。

7.4　核燃料的再利用

　　到目前为止，核燃料的回收利用与一般金属和塑料等物质的回收利用不能相提并论。
随着冶金技术的发展，如溶剂萃取技术和电解冶炼技术（特别是熔融盐和Ga、In的精
炼）的发展，对核燃料的再处理，除了放射性物质之外，对其中化学物质的冶炼和精炼

也得到了发展，其意义在于防止化石燃料的枯竭所带来的能源危机。

7.4.1 能源的现状

能源市场的情况不但取决于需求，而且更多地取决于一些石油生产大国。我国的石油已不能满足经济迅速发展的需要，成为了石油净进口国。在今后，世界将迎来大量消耗能源的时代，特别是一些发展中国家，为了提高人民的生活水平，能源消耗增加将更加迅猛，同时任何一个国家都有节约能源和资源的责任。下面简单介绍一下世界能源的状况。

（1）化石（矿物）燃料和可代替能源。到目前为止，世界各国所用的燃料几乎都是化石燃料，即石油、天然气和煤。自然界经历几百万年逐渐形成的化石燃料，可能在几百年内全部被人类耗尽。据调查、研究表明，今天在地下已没有煤和石油在形成。从探明的储量分析，现在地球上的石油、天然气和煤炭的总储量分别为：石油 1 万亿桶；天然气 120 万亿立方米；煤炭 1 万亿吨。按照全世界对化石燃料的消耗速度计算，这些能源可供人类使用的时间大约还有：石油 45 ~ 50 年；天然气 50 ~ 60 年；煤炭 200 ~ 220 年。综合考虑这些能源，在维持目前的消耗水平的条件下，今后 100 年内不必担心能源的枯竭问题。但是，能源资源的偏在性和供给的不稳定性是许多国家感觉到不安的问题。既然能源资源是有限的，这一代的人有责任考虑将来能源用尽的结果，从现在起要尽可能地去保存宝贵的能源资源，以便留给后代继续使用。当然，还要进行研究开发太阳能、地热能、风能等能源，以改变目前其不能代替化石燃料的局面，扩大其应用领域。

（2）原子能发电。当 ^{235}U 与中子碰撞时，会产生核裂变，生成 m 个中子和 2 个核裂变生成物 FP，在此反应过程中会产生巨大的热量，$1kg^{235}U$ 核裂变可以释放 840 亿千焦的热量，相当于 $200m^3$ 石油或者 3000t 煤所放出的热量，一个 100 万千瓦的原子能发电站一年只需供 30t 铀燃料就可以了。

核能发电占世界电力生产的份额已经从 1960 年的 1% 增长到 1986 年的 16%，1986 年起的 21 年内这一比例基本保持不变。核能发电随全球电力生产而稳步增长。截止 2006 年，核能发电占世界总电力约 15%。图 7-10 为 1971 ~ 2006 年世界总核发电量状况。

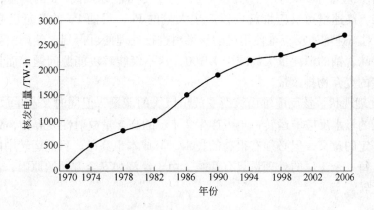

图 7-10　1971 ~ 2006 年世界总核发电量状况

日本对核燃料的制造和再处理实况见表 7-2 和表 7-3。在核电技术方面目前仍然存在许多需要解决的问题，比如前苏联切尔诺贝利核电站核泄漏事故，使得人们更加重视核电站的安全问题，这是因为核泄漏造成的危害持续时间长，恢复危害前的状况比较困难。正因如此，欧洲各国提出了重新评价核电站的意见，甚至瑞典和奥地利等国家提出了废除核电站的意见。美国从经济角度出发已采取暂停核反应堆的新订货等措施。人们对核反应堆之所以采取不同的意见，原因还在于究竟通过什么方式去解决阻碍人类长期生存与发展所需的能源这个问题上。我们不但要考虑放射性废弃物以及核事故所带来的危害性，而且还要考虑人口的增长所带来的能源需求增长及化石燃料终究会枯竭这些问题，因此要从长远的目标来考虑能源问题。

表 7-2   日本轻水反应炉用燃料的再转换和成型加工实际情况   t

项目年度	1981	1982	1983	1984	1985
再转换加工	320	330	670	807	697
成型加工	450	730	1005	926	885

表 7-3   东海再处理工厂的实际处理情况   t

年 度	1981	1982	1983	1984	1985	1986	1987	1988	1989	1990
处理量	53.0	33.4	1.9	5.2	73.5	45.5	49.9	44.2	17.9	99.1
累 计	138.7	172.1	174.1	179.2	252.8	298.3	348.2	392.4	410.3	509.4

（3）用作能源的铀。全世界铀的确定储量（以 U_3O_8 计算）约为 3.0×10^6 t，加上推测的储量约有 4.7×10^6 t，按现在的消耗量计算，再过几百年，铀资源也面临枯竭。铀储量主要分布在澳大利亚、南非和美国等少数国家，对于储量极少或没有的国家应从长远来考虑，发展对使用过的核燃料再处理技术。

（4）高速增殖反应堆。铀中可作为核燃料的只有同位素 ^{235}U，因此铀资源和石油能源资源一样也是有限的。而且仅用天然浓度的 ^{235}U 来进行核裂变也是很困难的，因此必须采用巨大的能量来进行同位体分离以提高 ^{235}U 的浓度。 ^{235}U 吸收中子产生核裂变后变成 ^{239}Pu，它具有核裂变性，可用作核燃料，一般用轻水反应堆进行再处理，其目的就是回收 Pu。在轻水反应堆中 Pu 的产生量并不大，为了尽可能地提高 Pu 的产量，须研究新型转换型反应堆，高速增殖反应堆就可以产生大量的 Pu，目前 Pu 的产量已超过被消耗的 ^{235}U。这样，对高速增殖反应堆使用过的核燃料进行处理便可得到比使用前更多的核裂变物质，这将意味着铀的消耗量大约减少 1/100，这不仅能解决能源问题，而且还可以减少有放射性危害的废弃物排放量。

（5）再处理现状。核反应堆由核裂变放出巨大的能量，但同时又产生放射性废弃物。如 100 万千瓦的轻水反应堆运转一年可产生 $2.1 m^3$ 的高含量放射性废弃物，处理这样的废弃物虽然有一定的意义，但必须有很高的技术，其成本也高昂。目前运转中的再处理工厂主要在欧洲，每一个工厂的处理量只有几吨，由于经济和安全方面的原因，美国的再处理厂相继停止运转。

7.4.2   核燃料制造

要回收特定对象的废弃物，须对对象的制造工艺过程有所了解。在此以轻水反应堆为例来对核燃料的制造过程进行简要的说明。

（1）铀矿石的冶炼。地壳中铀的存在量为 4g/t，比镉、银等元素多。一般的铀矿石为闪铀矿，其品位较低，一般为 0.01%～0.1%，多半是照原样进行浸出处理，典型的铀矿处理工艺流程如图 7-11 所示。采出的矿经过破碎后进行浸出处理，若需选矿处理，则一般用重选法和浮选法除去其中的硫化物，U_3O_8 的品位可提高到百分之几的程度。矿石浸出时用硫酸，有时为了使 UO_2 溶解成 U 离子，浸出时添加 $Fe_2(SO_4)_3$、MnO_2 和 $NaClO_4$ 等氧化剂。浸出液经固液分离后，用溶剂萃取法或离子交换树脂进行浓缩，提高其品位。对萃取液用 NH_4OH 和 NaOH 进行水解，然后结晶析出重铀酸盐 $(NH_4)_2U_2O_7$ 和 $Na_2U_2O_7$ 等物质。生成的重铀酸盐经热分解变成 U_3O_8 再用溶剂萃取法进行精炼，精炼后的重铀酸盐沉淀物在 600～800℃ 温度下进行焙烧，生成 UO_3，在氢气中还原成高品位铀氧化物 UO_2。

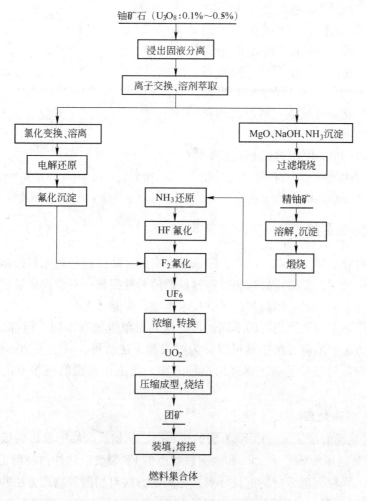

图 7-11　铀矿处理工艺流程

（2）铀燃料的浓缩和制造。经氢气还原的 UO_2，很容易被 F_2 氟化而生成蒸气压很高的 UF_6，用气体扩散法或者离心分离法可将天然浓度为 0.7% 的 ^{235}U 浓缩到 3%。将浓缩后的 UF_6 在水溶液中进行加热分解，生成 U_3O_8 后被还原成 UO_2。将所得的 UO_2 粉末在氢气气氛中烧制成高 10mm、直径为 10mm 左右的烧结块，并装入锆基合金制的密封管中，将管两端焊封，以7×7或9×9根管捆绑在一起作为核燃料集合体。在核反应堆中大约用200根这样的燃料集合体，每根集合体铀的用量大约为500kg，整个反应堆铀的用量可达100t左右。经过一年的时间后集合体中1/3~1/5需要更换，这些更换下来的集合体就是再处理的对象。

（3）使用过的核燃料。图7-12为使用过的核燃料在热中子作用下产生的核裂变生成物的组成曲线。使用过的核燃料的主要成分为^{238}U，此外每吨UO_2中还含有FP 20~40kg、少量^{235}U和超铀元素。FP的种类和比率取决于中子束的能量等因素，一般在质量数为89和144的附近含有的元素最多。在核裂变中^{235}U不断被消耗，如果生成FP达到一定程度后不更换燃料就不能维持核裂变反应。核燃料的再处理就是回收利用废料中残留的U和生成的Pu，并且除去FP。使用过的核燃料放射性极高，Pu还具有高的化学毒性，因此处理时必须在严密隔离的设施中进行。

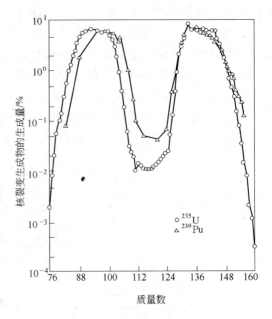

图7-12　在热中子作用下产生的核裂变生成物的组成曲线

7.4.3　核燃料的再处理

核燃料的再处理要注意以下几点：应采取严密的屏蔽措施和远距离操作；对产生的大量的热要作除热处理；要防止处理装置和材料的放射性损伤；对临界质量要防止在再处理操作中发生临界事故；要采用高回收率的技术措施；要除去FP。

由于反应堆的型号和燃烧度的不同，再处理的对象也稍有不同，但都以回收U和Pu为基础。处理方法和冶炼方法一样可以分为湿法和干法两种，一般采用的湿法是PUREX法，目前运转的再处理厂基本上都采用这种方法，此法在常温的液相中进行，可靠性较强，效率也高。

7.4.3.1　湿法处理

图7-13是典型的湿法——PUREX法的流程图。从核反应堆中取出的核废料在水中冷却150d，将半衰期短的Sn、Y、Ba和放射性状态的FP裂变后送往再处理工序。

首先把UO_2颗粒与覆盖材料进行分离，分离的方法有切断等物理方法和溶解等化学方法。将切断后的核燃料放入硝酸中，UO_2溶解而锆基合金不溶解残留下来，在此过程中FP中的Kr、Xe等物质以气体状态放出，其中的一些贵金属Ru、Rh、Pd等不溶于硝酸而被除去。然后用TBP（磷酸三丁酯）从硝酸溶液中萃取出从FP中分离出来的U、Pu，该工序中的硝酸和有机化合物都被循环使用，因此减轻了废弃物排放量。

7.4.3.2　干法处理

湿法处理比较安全，但在减容化、溶剂的放射性损伤、工序简单化以及处理量等方

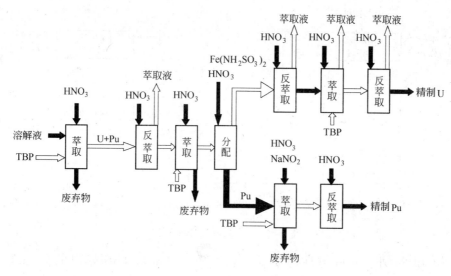

图 7-13　PUREX 法的流程图

面有一定的限度，尤其对处理来自轻水反应堆和高速增殖反应堆的核燃料废料不太安全。因此对干法处理进行过很多的研究，但由于这种方法分离不完全，操作还必须远距离进行，所用高温耐腐蚀材料价格昂贵，维修困难，因此不能代替湿法处理。由于新的耐腐蚀材料的不断出现，计算机技术和远距离操作技术的进步，目前对该方法有重新评价的趋势。

典型的干法处理核燃料是将金属核燃料放入 ZrO_2 坩埚中在 1300～1400℃ 下进行熔解精炼，在精炼过程中 Xe、Kr 等稀有气体以及 I、Cs 等高蒸气压成分以及能与坩埚反应的稀土元素都可以被除去，而 Nb、Mo 等元素不能除去。这种方法达不到充分除杂的效果。

Pyrozinc 法采用熔融盐和熔解的锌，利用了 U 在熔融盐及液体金属中的不同分配现象以及 U 在液体 Zn 中结晶析出的原理。此法除杂也不充分。

氟化挥发法利用 U、Np、Pu 等元素容易生成高蒸气压的氟化物这一特点进行再处理，这种方法由于放射性高以及蒸馏强腐蚀物质时要求材料耐腐蚀性能高而停止开发。

图 7-14 为 IFR 高温冶炼法的流程，此法为 ANL（阿贡国立实验室）提出。此法的特点是电解精炼，将剪断的金属核燃料熔解在金属 Cd 中用作阳极，然后在 450～500℃ 温度下于 LiCl-$BaCl_2$-$CaCl_2$ 熔融盐中电解，U 和 Pu 在铁阴极中电析，用卤化物造渣法对 U 和 Pu 进行成分调整，将得到的 U 和 Pu 熔解并用喷射成型法制成棒状金属体。燃料熔解在 Cd 阳极使 Kr、Xe 等成分以气态形式被除去，而且阳极上不析出 U 和 Pu，阴极上不析出贱金属，因此 U 和 Pu 可以有效地分离。使用后的 Cd 可用蒸馏法精炼，而被污染的熔融盐可用 Li-Cd 合金接触精炼，精炼后的金属和合金都可循环使用。

7.4.4　FBR（快速中子增殖反应器）燃料的再处理

FBR 是将含[235]Pu 20% 的 U 和 Pu 混合燃料配置在反应堆的中央部位，而其周围配置劣化 U（[235]U 的含量低于天然铀）。在处理这类燃料时应考虑到这两类对象。FBR 反应堆的中心部位燃烧度很高，也就是说受比目前轻水反应堆更多的中子照射，因此燃料中含有

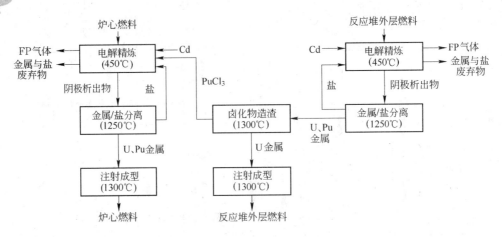

图 7-14　IFR 高温冶炼法流程

大量的 FP 和 Pu 外，其放射性污染也比较严重。目前对 FBR 燃料的再处理主要用 PUREX 法。

7.5　家用电器的回收与利用

7.5.1　概述

随着经济的发展，家庭生活水平的提高，彩电、冰箱、洗衣机、空调等家电产品已成为不可缺少的东西，其消耗量迅速膨胀，废弃量也逐年增加。日本仅 1988 年废彩电数量就达 630 万台、废冰箱量达 360 万台、废洗衣机量达 370 万台、废清扫器达 380 万台，其总重量达 55.8 万吨。我国废旧家电的回收数量也在逐年增加，很多地方建立了回收处置中心。静脉经济园，废家电回收利用事业方兴未艾。

家电的再回收原是在回收铁的回路中进行的，但家电产品的组成材料逐年发生变化，特别是金属（尤其是铁）成分逐年减少，塑料成分逐年增加，因此以铁为主的再回收利用越来越不可能。图 7-15 是废旧家电中各种原材料所占的比重。

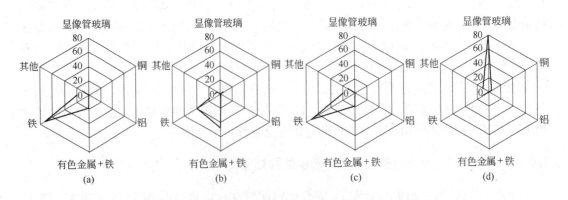

图 7-15　废旧家电中各种原材料所占比重（%）

（a）冰箱；（b）空调；（c）洗衣机；（d）电视机

正由于塑料和有色金属的含量一直很高，回收家电废品时必须开发对塑料类、玻璃和有色金属等综合回收利用的技术。家电中所使用的塑料种类多达 17 种，其中热可塑性树脂有 11 种，其余为热硬化性树脂，而且除发泡氨基甲酸乙酯之外，其他的热硬化性树脂很少。将热可塑性树脂中几种塑料以及热硬化性树脂进行分离也就实现了塑料的分离。

7.5.2　废家电处理

废家电产品的再回收利用技术包括将各种材质进行分离的单体分离技术和从这些材质中分离回收各种材质的分选技术。这些分选技术都是选矿技术或冶金技术。

下面简单介绍一下日本的"家电再回收利用中心"和"废电视机高度再资源化系统"。

7.5.2.1　家电再回收利用中心

1977 年 1 月，日本净化中心和家电产品再资源化促进协会在千叶县共同建成了家电产品再回收利用实验厂，即"家电再回收利用中心"。该中心工艺流程包括常温破碎选别流程和低温破碎选别流程两种。

（1）常温破碎选别流程。常温破碎采用以冲击和剪切作用为主的立式破碎机；用跳跃式颚式破碎机将冰箱中的空气压缩机、洗衣机中的电动机、电视机中的变压器破碎；用风力粗选机将破碎产物中的金属物料与木材、玻璃丝、泡沫苯乙烯等轻物料分离；轻物料存入 LG 料仓中；重物料经磁选机后铁类和其他非磁性物料分离；非磁性物料经筛分后，玻璃和土砂等筛下产物存入 RD 料仓中；筛上产物用梳子式分选机分选出铜线存入 CO 料仓中，剩下来的铝、铜、塑料、橡胶和木块等混合物存入 NF 料仓中。

（2）低温破碎选别流程。将空气压缩机、电动机和变压器等物体用预处理设备先切断成一定体积的物料，再用液体氮冷却到−100℃左右给入冲击剪切式破碎机中进行破碎。在−100℃的低温下铁的脆性增大，经破碎后铁和铜便可达到单体分离，用磁选机将铁盒和铜、铝分离。铁存入 CFE 料仓中，而铜、铝存入 CNF 料仓中。

7.5.2.2　废电视的高度再资源化系统

废电视的高度再资源化系统是在家电协会和机械系统振兴协会的共同合作下由三井金属矿业公司和关西环境公司联合建设的试运转工厂。

系统由以下工序组成：将显像管与电视机主体分离的粗分解工序、回收显像管中不同材质玻璃的显像管处理工序、主体处理工序。该系统处理废电视机的能力为 280 台/d，产品有铁屑、铜屑、合金银的烧灰、钡玻璃、铅玻璃、磁铁和荧光涂料。

（1）粗分解工序。将电视机置于工作台上，手工分离显像管，分离后的显像管送往显像管处理工序。

（2）显像管处理工作。显像管的漏斗玻璃于固定筛上破碎。破碎后的玻璃进入筛下料仓，用剥离机将石墨物剥离后洗净、脱水进入回转窑进行干燥，再进行旋转式冷却机冷却。冷却后用干式球磨机磨碎成 −150μm 的物料。对于显像管中的板状玻璃，先将其表面上的荧光涂料剥离掉，然后用颚式破碎机和筛分机进行破碎筛分。荧光涂料中含有 20% 的稀土元素，可作为钇、铕的原料进行回收再利用。

（3）主体处理工序。将除去显像管的电视机主体送入干馏炉进行自燃和干馏，干馏气体在炉内燃烧，废气通过洗净装置后排放。烧成物用 50mm 固定筛进行筛分，筛上物用手选分出铁、铜、铝等金属，筛下物用磁选机除铁可得到含金 10g/t、银 562g/t 和铜 15% 的烧灰，将其送往冶炼厂回收。

7.6　城市垃圾的再资源化

7.6.1　概述

对于城市垃圾的再资源化一般采用焚烧、堆肥以及有价物的回收等方法。堆肥以及有价物的回收与许多因素有关，在过去有不少失败的教训，这是阻碍再资源化的主要因素，在焚烧方面，进行回收余热来发电的同时会产生大量的 CO_2 和其他废气，严重影响大气环境质量，因此必须开发出新的回收再利用技术。

在我国，城市垃圾基本采取填埋的方法，这是因为城市垃圾中有价成分低，同时焚烧技术没有达到一定的水平。垃圾填埋不仅要占用宝贵的土地而且会对地下水环境造成局部性的危害。在国外城市垃圾中有价成分则比较高。表 7-4 为日本几个城市的垃圾组成，从中可以看出日本大城市的垃圾中纸类和厨房垃圾占 2/3 左右，其余是塑料类、玻璃以及陶瓷类（去掉水分后换算而来的干量，为重量百分比，横滨市中其他为水分）。

表 7-4　日本城市垃圾的组成情况　　　　　　　　　　　%

项目 城市	纸类	厨房垃圾	纤维类	木柱类	塑料类	皮革类	金属类	玻璃	陶瓷类	草和土砂	其他
札幌市	25.2	46.6	2.4	1.7	12.5		3.7	7.1			0.8
东京都	45.0	29.8	3.9	6.0	8.1	0.5	1.3	1.0			0.2
横滨市	20.5	5.0	2.1	4.0	7.9		3.1	7.0			3.1
大阪市	33.4	5.7	5.0	8.4	21.4		5.8	6.3			14.0

在国外垃圾收集一般是分类进行，这和国内的收集情况有很大差别。垃圾分类回收时，一般分为可燃物和不可燃物，此时粗大垃圾一般作为不可燃垃圾，另外纸、橡胶等则作为可燃垃圾。图 7-16 为日本各种垃圾的处理系统简要概况。这些垃圾中 72.6% 是进行焚烧处理，直接填埋的垃圾占 23.4%，其余的处理有堆肥化、高速堆肥化、饲料化等措施。进行焚烧时余热一般用于洗澡堂和发电厂。

7.6.2　垃圾再资源化技术

（1）粗大垃圾的处理。粗大垃圾有家具、床等木材类可燃的垃圾以及电冰箱、电视机、洗衣机等不燃烧垃圾，家电废品进入另一类回收系统回收，即家电的再回收利用。

（2）城市垃圾的综合回收利用。

1）斯达得斯特。日本通产省工业技术院从 1973 年开始进行了 10 年的所谓斯达得斯

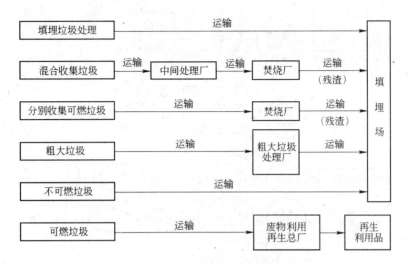

图 7-16　垃圾处理系统简图

特综合再生利用工厂试验，在横滨市金沃区建成了日处理量100t的混合收集垃圾处理厂进行物质回收，其工艺流程如图7-17所示。预处理系统采用半湿式选择性破碎分选装置，从混合垃圾中分选出厨房垃圾和玻璃、瓦砾、纸类、塑料和金属等三类产物。这三种产物分别采用高速堆肥化装置、精致纸浆化装置和热分解气化装置进行再资源化处理。该流程虽然在技术上可行，但成本较高，故没有得到普及。

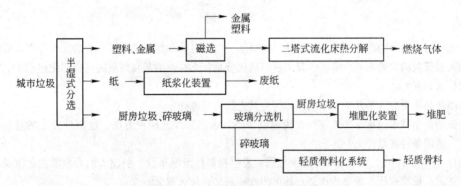

图7-17　斯达得斯特系统构成

2）堆肥化系统。丰桥市推出的堆化系统，是为了通过废弃物处理达到环境保护和振兴家业而进行的城市和农村相联合的地区性开发事业。处理对象包括丰桥市内的城市垃圾、事业单位的可燃性垃圾、粪尿等城市废弃物以及农村的家畜粪尿等。这些对象物经过焚烧处理（260t/d）、粪尿处理（260t/d）、复合化处理（110t/d）、破碎和分选处理（60t/d）、鸡粪发酵处理（5t/d）等五个系统进行综合处理和再回收利用。

3）罗马市城市垃圾回收系统。罗马市建成的工业型城市垃圾处理厂的工艺流程如图7-18所示，其处理量为600t/d，其特点是可以根据用户的需要生产不同种类的回收物。

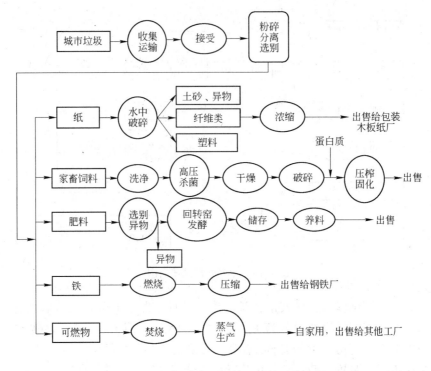

图 7-18   罗马城市垃圾处理厂的工艺流程

习   题

7-1 电池中可以回收的部分有哪些？目前一次电池、二次电池和燃料电池可回收的元素分别有哪些？

7-2 油灰和煤灰的主要来源有哪些？其主要组成成分是什么？在油灰和煤灰的再资源化过程中，主要回收什么元素？

7-3 玻璃制品主要分为哪几类？分别该如何对其进行再资源化？

7-4 废纸的再生技术包括哪些工序？在脱墨设备中有水选和浮选两种方法，这两种方法的特点各是什么，适用条件各是什么？

7-5 2011 年 3 月 11 日，因日本 8.8 级大地震而发生福岛核泄漏事故，引起人们对核能的再度关注。作为能源，核能有什么重要的意义？其再回收利用又有什么意义？

7-6 核燃料的再处理过程应该注意哪些问题？其处理方法主要有湿法和干法两种，比较这两种处理方法，其各自的优缺点分别有哪些？

7-7 日本家电回收再利用中心的工艺工序有哪些？各自是怎么进行回收的？

7-8 废电视机的高度再资源化系统的组成工序有哪些？各工序处理的对象分别是什么？

7-9 城市垃圾的主要来源有哪些？其主要组成成分是什么？

7-10 城市垃圾的综合回收利用过程中，目前主要有哪些回收系统？其处理对象各是什么？

8   固体废物的最终处置

学习目标

掌握固体废物的最终处置过程的概念、内容和发展动态。了解垃圾焚烧与发电、垃圾填埋场的结构与设计、尾矿的综合利用等内容。掌握垃圾填埋场的结构、防渗材料、渗滤液的收集、填埋气体处理与系统设计等内容。

8.1   垃圾焚烧与发电

8.1.1   概述

随着中国城市化进程的加快，垃圾污染日益严重。对垃圾处理不当，会造成严重的大气、水和土壤污染，并将占用大量土地，从而制约城市的生存与发展。如何处理城市生活垃圾是当前世界各国面临的主要环境问题之一，也是目前我国突出的环境问题。目前，我国有三分之一的城市有垃圾围城之势，并且垃圾清运的数量还在以每年3%的速度不断增长。我国大中型城市人均年产垃圾以8%～10%的速度增长。但从另一个角度来说，垃圾也不是百无一用的废物，如果科学地加以利用，它就会成为地球上唯一可以不断增长的可再生资源。

目前城市垃圾处理方式有三种：填埋、焚烧发电和堆肥。焚烧法与填埋和堆肥相比，具有较大优势，主要体现在：可有效减少垃圾容量75%以上，节约土地，不会对土壤和地下水造成污染，垃圾焚烧产生的热量可以用来供热和发电。由于垃圾焚烧发电具有"无害化、减量化和资源化"的优势，有望逐渐成为未来垃圾处理的主要方式。

8.1.2   焚烧原理

垃圾的燃烧过程比较复杂，通常由热分解、熔融、蒸发和化学反应等传热、传质过程所组成，可依次分为干燥、热分解和燃烧三个阶段。焚烧过程实际上是干燥脱水、热化学分解、氧化还原反应的综合作用过程。

（1）干燥。干燥是利用焚烧系统热能，使入炉固体废物水分汽化、蒸发的过程。按热量传递的方式，干燥可分为传导干燥、对流干燥和辐射干燥三种方式。对于高水分固体废物，干燥阶段时间长，从而使炉内温度降低，影响焚烧阶段，最后影响垃圾的整个焚烧过程。如果垃圾的水分过高，会导致炉温降低太大，着火燃烧困难，此时需添加辅助燃料，以提高炉温，改善干燥着火条件。

（2）热分解。城市垃圾的热分解是垃圾中多种有机可燃物在高温作用下的分解或聚合化学反应过程，反应的产物包括各种烃类、固定碳及不完全燃烧物等。生物垃圾中的可燃固体物质通常由 C、H、O、Cl、N、S 等元素组成。这些物质的热分解过程包括多种反应，这些反应可能是吸热的，也可能是放热的。

城市垃圾中有机可燃物的热分解速度可以用阿仑尼乌斯公式表示为：

$$K = Ae^{-E/(RT)}$$

式中，K 为热分解速度；A 为频率系数；E 为活化能；R 为气体常数；T 为热力学温度。

城市垃圾中有机可燃物活化能越小，热分解表面温度越高，则其热分解速度越快。同时，热分解速度还与传热及传质速度有关，由于城市垃圾中的有机固体物粒度比较大，传热及传质速率对热分解速度的影响是明显的。有理论研究表明，传热速度对热分解速度的影响远大于传质速度。所以，在实际操作中应保持良好的传热性能，使热分解能在较短的时间内彻底完成，这是保证生活垃圾燃烧完全的基础。

（3）燃烧。燃烧是可燃物质的快速分解和高温氧化过程。根据可燃物质种类和性质的不同，燃烧过程亦不同，一般可划分为蒸发燃烧、分解燃烧和表面燃烧三种机理。

1）蒸发燃烧，垃圾受热熔化成液体，继而化成蒸气，与空气扩散混合而燃烧，蜡的燃烧属这一类；

2）分解燃烧，垃圾受热后首先分解，轻的碳氢化合物挥发，留下固定碳及惰性物，挥发分与空气扩散混合而燃烧，固定碳与空气接触进行表面燃烧，木材和纸的燃烧属这一类；

3）表面燃烧，如木炭、焦炭等固体受热后不发生融化、蒸发和分解等过程，而是在固体表面与空气反应进行燃烧。

城市垃圾的燃烧是氧气存在条件下有机物质的快速、高温氧化。城市垃圾的实际焚烧过程是十分复杂的。城市垃圾经过干燥和热分解后，产生许多不同种类的气、固态可燃物，这些物质与空气混合，达到着火所需的必要条件时就会形成火焰而燃烧。因此，城市垃圾的焚烧是气相燃烧和非均相燃烧的混合过程，它比气态燃料和液态燃料的燃烧过程更复杂。同时，其燃烧还可以分为完全燃烧和不完全燃烧。最终产物为 CO_2 和 H_2O 的燃烧过程为完全燃烧；当反应产物为 CO 或其他可燃有机物（由氧气不足、温度较低等引起）时，则称为不完全燃烧。燃烧过程中要尽量避免不完全燃烧现象，尽可能使垃圾燃烧完全。

8.1.3　垃圾焚烧技术

垃圾焚烧处理方法是早在 1901 年由美国人提出的。当初主要任务是使垃圾减容，由于当时垃圾燃烧的烟尘无法控制，一直未能得到广泛应用。直到 20 世纪 60 年代，随着烟气处理技术的进步，这种焚烧处理垃圾方法才在欧洲和日本得到了普及和发展。目前国内外垃圾焚烧技术主要有三大类：层状燃烧技术、旋转燃烧技术（也称回转窑式）和流化床燃烧技术。

（1）层状燃烧技术。该技术发展较为成熟，一些国家都采用这种燃烧技术。为使垃圾燃烧过程稳定，层状燃烧的关键是炉排。垃圾在炉排上通过三个区：预热干燥区、主燃区和燃尽区。垃圾在炉排上着火，热量不仅来自上方的辐射和烟气的对流，还来自垃圾层内部。在炉排上已着火的垃圾在炉排的特殊作用下，强烈地翻动和搅动，不断推动下落，引起垃圾底部也开始着火。连续的翻转和搅动，使垃圾层松动，透气性加强，有助于垃圾的着火和燃烧。层状燃烧的主要缺点在于难以燃尽、燃烧效率较低。

（2）旋转燃烧技术。该技术中的燃烧设备主要是一个缓慢旋转的回转窑，其内壁可采用耐火砖砌筑，也可采用管式水冷壁，用以保护滚筒，回转窑直径为4～6m，长度10～20m，根据焚烧的垃圾量确定，倾斜放置。每台设备垃圾处理量目前可达到300t/d（直径4m，长14m）。回转窑过去主要用于处理有毒有害的医院垃圾和化工废料。它是通过炉本体滚筒缓慢转动，利用内壁耐高温抄板将垃圾由筒体下部在筒体滚动时带到筒体上部，然后靠垃圾自重落下。由于垃圾在筒内翻滚，可与空气得到充分接触，进行较完全的燃烧。垃圾由滚筒一端送入，热烟气对其进行干燥，在达到着火温度后燃烧，随着筒体滚动，垃圾得到翻滚并下滑，一直到筒体出口排出灰渣。

回转窑式垃圾燃烧装置费用低，厂用电耗与其他燃烧方式相比也较少，但对热值低于5000kJ/kg、含水分高的垃圾燃烧有一定的难度。

（3）流化床燃烧技术。流化床燃烧技术由于其热强度高，更适宜燃烧发热值低、含水分高的燃料。流化床垃圾焚烧处理技术是我国明确推荐的节能环保技术。流化床工作原理如下：炉膛内铺有大量的砂或炉渣，将其加热到600℃以上，并在炉底鼓入200℃以上的热风，向炉内投入经分类、破碎等预处理的垃圾，掺入煤粉（国家规定掺燃烧煤比例应低于20%）同热砂一起翻腾、燃烧，此过程中热砂在超过某个特定的流速后，砂粒形成流动浮游状态，从而形成流动层。流化床炉内蓄热量大，燃烧稳定；垃圾的干燥、着火、燃烧几乎同时进行，无需复杂的调整，燃烧控制容易，易于实现自动化和连续燃烧。由于砂粒处于沸腾状态所以炉内传热传质良好，垃圾燃烧迅速。燃尽的垃圾落到炉底，不可燃物和砂粒一起排出后分离，砂粒再通过提升设备送回到炉中循环使用。

我国的流化床焚烧炉主要以国产化技术为主，其中以北京中科通用能源环保公司生产的循环流化床和浙江大学热能工程研究所研制的异重流化床应用范围最广，还有部分焚烧厂采用日本荏原公司制造的回旋流化床。

8.1.4　焚烧法处理的特点

焚烧就是通过高温燃烧，减少可燃垃圾，使之变成惰性残余物的处理方法。焚烧技术在处理垃圾方面得到很广泛的应用，因为它有许多独特的优点：

（1）消毒彻底。垃圾焚烧处理后，垃圾中的病原体被彻底消灭，燃烧过程中产生的有害气体和烟尘经过处理后达到排放要求，无害化程度高。

（2）减容效果很好，可节省大量填埋场用地。经过焚烧，垃圾中的可燃成分被高温分解后，一般可使垃圾的体积减小80%～90%。

（3）有利于实现城市垃圾的资源化，充分利用垃圾焚烧技术转化为再生能源。垃圾焚烧所产生的高温气体，其热能被余热锅炉吸收转变成蒸汽，用来供热或者发电。垃圾被作为能源来利用，还可以回收铁磁性金属等资源。

（4）垃圾焚烧厂占地面积小，尾气处理后污染较小，可以靠近市区建厂，既节约用地又缩短垃圾运输距离，对于经济发达的城市地区尤为重要。

（5）焚烧处理可全天候操作，不易受天气影响。以垃圾替代煤、石油或天然气等有限资源作为发电燃料，节省天然资源，处理效率高。

（6）随着对垃圾填埋的环境措施要求的提高，焚烧法的操作费用可望低于填埋。

以上这些优点说明垃圾焚烧处理是实现垃圾无害化、减量化和资源化的最有效的手段之一，是未来垃圾处理的发展方向。但焚烧处理的局限是对废弃物低位热值有一定要求，一般要求低位热值大于4127kJ/kg，废弃物中一些可利用资源也被烧掉，焚烧的烟气带走约30%的热量，同时烟气净化难度大。焚烧设备基本上是全部引进国外产品，一次性投资大，运转成本高。

8.1.5　医疗垃圾的焚烧处理

8.1.5.1　医疗垃圾的分类

我国的医疗垃圾一般分为非感染性垃圾和感染性垃圾两类。

（1）非感染性垃圾：废病历形成的废纸、用过的托板等形成的木屑；绷带、纱布、脱脂棉等形成的碎纤维；由 X 光胶片影液、甲醛、检查血液等所产生的废酸、废碱；由安瓿、玻璃器具等形成的碎陶瓷、碎玻璃；由注射器等合成树脂材料的器具、X 光底片、已杀菌的注射针管等形成的废塑料；由天然橡胶器具处置后的手套等形成的废橡胶；过时的维生素片剂、对乙酰氨基酚、软膏、抗生素、疫苗、免疫类产品所产生的废药物。

（2）感染性垃圾：一般感染性废弃物有含有黏附、或有可能黏附的废弃物；手术后病理废弃物有脏器、组织；在与病原微生物有关的试验检查中产生的废弃物有实验、检查中使用的培养基、实验动物的肢体等；沾有血液的废弃物有沾血的碎纸、纤维等；黏附血液的锋利废弃物有注射器、手术刀、器具、碎玻璃等；临床废物有手术包、包扎纱布、导尿包、产包等。

8.1.5.2　医疗垃圾的理化组成

医疗垃圾的理化组成成分因地区、医院性质、医院规模不同而差异较大。根据对相关资料的调研、整理，医疗垃圾的理化组成分别列于表 8-1、表 8-2。

表 8-1　医疗垃圾的物理组成

类　别	动物性	植物性	塑料	玻璃	金属	无机成分	含水	热值/kJ·kg^{-1}
城市大型医院	15.32	52.33	8.35	10.30	3.60	10.10	70.0	12270.6
城市中小医院	7.99	67.85	3.97	12.00	4.80	3.39	77.8	12901.3

注：含水量为医疗垃圾百分比含量，其他为干物质百分比。

表 8-2　医疗垃圾的化学组成   %

元　素	C	H	O	N	S	Cl	其他	合计
组成	48.19	6.85	28.58	2.35	0.05	0.03	13.95	100.00

8.1.5.3　医疗垃圾的毒性

经对部分医疗垃圾的检测，其病原菌及部分有毒物质指标均较高，见表 8-3。

表 8-3　医疗垃圾病原微生物及酚、汞检测表

项　目	样本数/个	大肠菌/个·kg^{-1}	细菌总数/个·kg^{-1}	酚/mg·kg^{-1}	汞/mg·kg^{-1}
医疗垃圾	20	$2.1×10^{13}$	$6.7×10^{11}$	15.6	4.9

8.1.5.4 医疗垃圾焚烧工艺

医疗废弃物焚烧处理工艺系统主要由焚烧炉、余热锅炉及其辅助设备组成。图8-1为西北某医疗废弃物热解-焚烧处理工艺流程。

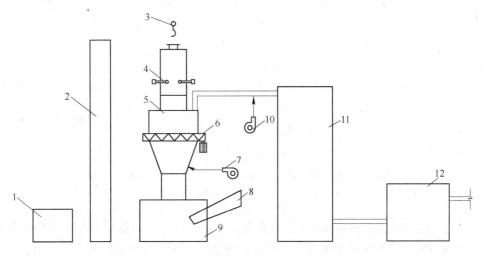

图 8-1 热解-焚烧处理工艺流程

1—废料桶；2—密封电梯；3—吊车；4—双辊破碎机；5——一燃室；6—回转电动机；7——一次风机；
8—排渣机；9—水封槽；10—二次风机；11—二燃室；12—余热锅炉

该处理厂焚烧采用热解-焚烧两段工艺。由各处收集来的医疗垃圾被收集在专用的密闭容器内通过危险品运输车送到处理中心，在封闭的卸料车间通过专用电梯密闭送到顶层上料车间，通过双辊式破碎加料机破碎后连续均匀地进入一次燃烧室内，由于焚烧炉炉体可转动，故垃圾在一燃室内保持相对运动状态下、并通过控制一次风量使其在缺氧条件下均匀热解，热解产物（残炭及分解气体）进入二燃室内在富氧高温条件下充分燃烧，并为一燃室热解提供热源。燃尽后的结焦状残渣经预热器将一次风预热同时也得到冷却，经炉排机械挤压破碎成100mm以下的块状物排至炉底水封槽内经湿式出渣机排出。焚烧所产生的热尾气进入余热锅炉进行换热，产生的蒸汽用于中心设备用气及冬季采暖，或是利用余热发电。未使用的蒸汽进入换热器回收利用以节省水源。

热解-焚烧过程是从燃烧机理入手，人为地将垃圾的热解与热解产物的燃烧分开来进行，即先使垃圾在缺氧条件下于600~750℃温度下进行裂解，其中可燃物质分解为短链的有机气体及微量氢气和小分子量的气体碳氢化合物。由于缺氧，故可燃物质在一燃室内未能完全燃烧。然后将热解的产物引入二燃室内并补入二次空气使其在富氧、高温（1000~1200℃）条件下充分燃烧，由于在高温下所以燃烧反应很快完成，抑制了焦油等不完全燃烧产物的生成，达到了完全燃烧的目的。

尾气净化系统采用喷雾干燥处理工艺，主要由脱酸塔、袋式除尘器、溶液制备装置、风机及辅助装置等组成，如图8-2所示。

8.1.6 垃圾的资源化利用——焚烧发电

8.1.6.1 垃圾焚烧发电基本原理

垃圾焚烧发电是一种对城市垃圾进行高温热化学处理的技术。它是将垃圾作为固体燃

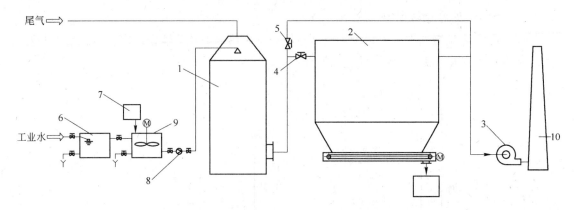

图 8-2   尾气净化工艺流程

1—脱酸塔；2—袋式除尘器；3—风机；4—进风管；5—旁通阀；6—水箱；
7—药箱；8—水泵；9—搅拌箱；10—烟囱

料送入炉膛内燃烧，在 850~1100℃ 的高温条件下，垃圾中的可燃成分与空气中的氧进行剧烈的化学反应，释放出热量并转化为高温的燃烧气和少量性质稳定的固定残渣。当垃圾有足够的热值时，垃圾能靠自身的能量维持自燃，不用提供辅助燃料。在高温焚烧中产生的热能转化为高温蒸气，推动涡轮机转动，使发电机产生电能。性质稳定的残渣可直接填埋处置。经过焚烧处理，垃圾中的细菌、病毒能被彻底消灭，各种恶臭气体能得到高温分解，烟气中的有害气体经处理达标后排放。垃圾焚烧发电厂如图 8-3 所示。

图 8-3   垃圾焚烧发电厂外观图

8.1.6.2   垃圾焚烧发电预处理——垃圾分选

垃圾分类回收与垃圾减量是先进的垃圾管理理念。垃圾分类回收是垃圾前处理，是根治垃圾污染的根本途径和发展循环经济的前提条件。通过分类收集，不仅使资源得以再生利用，而且使垃圾的体积变小，减少了运费，降低了垃圾处理的难度，最终降低垃圾处理的成本。同时，垃圾分类收集能简化垃圾处理技术，提高垃圾处理效率。

垃圾分类收集后，可将其中的可燃成分进行焚烧发电，提高热效率；可以将易降解的有机物分选出来进行堆肥处理，提高堆肥的质量；可以减少用于填埋的垃圾中湿垃圾和有毒害垃圾的含量，减少环境污染。目前，国外先进发达国家的生活技术分类，监督严格，如在日本，垃圾分类已成为市民的生活习惯和社会的普遍要求。而我国目前大部分城市的生活垃圾仍采用混合收集，大量有害物质如干电池、废灯管等未经分类直接进入垃圾填埋场，不仅增大了垃圾的运输和填埋量，而且增大了垃圾无害化处理的难度。因此我国应该借鉴国外发达国家经验实现垃圾分类。应该提高居民环保意识，使垃圾分类收集深入人心；借鉴国外经验，倡导使用垃圾袋（筒）制度；构建垃圾回收的产业链。图 8-4 和图8-5 分别为垃圾焚烧发电厂垃圾分类处理和分类处理后的垃圾。

图 8-4　垃圾焚烧发电厂垃圾分类处理

图 8-5　分类处理后的垃圾

8.1.6.3　垃圾焚烧发电工艺流程

典型垃圾焚烧发电厂的工艺流程如图 8-6 所示。它主要由垃圾储运、锅炉燃烧、烟气处理、汽轮机发电等 4 部分组成，除进料与烟气处理较为复杂外，其他部分与燃煤电厂类似。由垃圾车运来的垃圾倒入经特殊设计的垃圾坑内，垃圾坑上方的吊车（抓斗）将垃圾投放到焚烧锅炉入口的料斗中。垃圾在炉中燃烧，释放能量，并产生烟气和灰渣。由于我国垃圾水分较大，在开始点炉时，需投入启动助燃装置喷油（或掺煤）助燃。送风机的入口与垃圾坑相连通，可将垃圾坑的污浊气体送入温度为 800～900℃ 的焚烧炉内进行热分解，变为无臭气体。烟气经半干法尾气净化器、布袋除尘器后，由烟囱排出。燃尽后

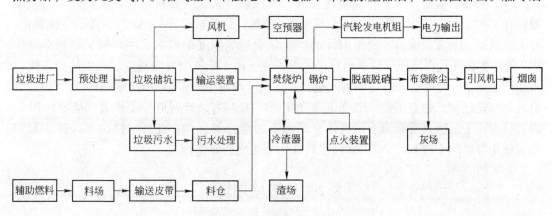

图 8-6　垃圾焚烧发电厂的工艺流程

的灰渣落入灰渣槽中，灰渣在进行冷却降温后送到振动型的灰渣运输带。灰渣与电除尘下灰斗中排出的灰一起进行综合利用处理，或用车运至填埋场进行填埋处理。锅炉产生的蒸汽推动汽轮机和发电机，产生的电力并入电网。

目前新型垃圾焚烧发电厂一般采用全封闭设计，负压操作，避免臭气外漏。单炉焚烧能力通常为 300～500t/d，相应的发电装机为 6～10MW。根据所在城市规模和垃圾清运量，配备合适的焚烧炉数量。由于烟气处理部分成本占比高，垃圾发电厂的单位投资在 1.8 万～2.2 万元/kW 之间，是农林生物质发电的 2 倍左右，是煤电的 4 倍左右。

8.1.6.4　垃圾焚烧发电主要设备

垃圾焚烧技术较复杂、技术含量高。垃圾焚烧炉是垃圾发电厂的核心设备。目前国内的城市生活垃圾发电厂常用的焚烧炉主要有流化床焚烧炉、炉排炉、回转窑、热解焚烧炉等多种形式。

（1）流化床焚烧炉。流化床焚烧的基本原理是将城市垃圾运到焚烧厂倒入垃圾池后，经抓吊入料斗，垃圾从焚烧炉的顶端投放进炉内后，落在活动床的中央，然后慢慢通过热砂床（600～700℃）。垃圾被热砂焙烧而失去水分变脆，然后分散到活动床两侧的流化床。在流化床内，脆而易碎的垃圾被剧烈运动的砂粒挤成碎片而很快燃烧掉。垃圾中的不燃物则与砂粒一起移动到焚烧炉两侧，通过不燃物排出孔，与砂粒一起自动排出炉外。这种新型流化床焚烧炉能够在不经事先处理（破碎）的情况下直接将垃圾进行焚化。

（2）炉排炉焚烧炉。炉排炉焚烧的基本原理是将城市垃圾运到焚烧厂的垃圾池，经抓吊入料斗，慢慢进入炉膛，经过干燥、燃烧、燃尽三个阶段，在大量氧气助燃的条件下，垃圾在炉排中用不同方法搅动，充分燃烧，烧尽的炉渣入渣池冷却后，运往厂外填埋。垃圾燃烧后产生的大量高温烟气进入余热锅炉换热，过热蒸气再进入汽轮发电机组发电。炉排炉根据结构的不同可分为炉排、滚筒炉等多种炉型。

（3）回转窑式焚烧炉。回转式焚烧炉是用冷却水管或耐火材料沿炉体排列，炉体水平放置并略微倾斜。通过炉身的不停运转，炉体内的垃圾充分燃烧，同时向炉体倾斜方向移动，直至燃尽并排出炉体。回转式焚烧炉设备利用率高，灰渣中含碳量低，过剩空气量低，有害气体排放量低；但燃烧不易控制，垃圾热值低时燃烧困难。对于垃圾量比较少的地区可以采用该工艺。

（4）热解焚烧炉。此炉将焚烧过程分为二级燃烧室，一燃室进行垃圾热分解，温度控制在 700℃ 以内，让垃圾在缺氧状态下低温分解，这时 Cu、Fe、Al 等金属不会被氧化，可大大减少二噁英生成量。由于 HCl 的产生量受残氧浓度的影响，因而缺氧燃烧会减少 HCl 的产生，并且在还原气氛下也难以大量生成。由于控气型垃圾焚烧炉是固体床，所以不会产生烟尘，不会有未燃尽的残炭进入二燃室。垃圾中的可燃成分分解为可燃气体，并引入氧气充足的二燃室燃烧。二燃室温度在 1000℃ 左右，且烟道长度使烟气能够停留 2s 以上，保证了二噁英等有毒有机气体在高温下完全分解燃烧。此外，使用布袋除尘器避免了使用静电除尘时 Cu、Ni、Fe 颗粒对二噁英生成的催化作用。

8.2　垃圾填埋场

现代卫生填埋场（见图 8-7）主要由防渗系统、封场覆盖系统、渗滤液导排系统以及填埋气体收集利用系统等组成。为了充分发挥填埋场消纳垃圾，控制液、气污染的功能，必须对填埋场进行合理的选址、精心设计，并结合科学的施工管理。

图 8-7 城市垃圾卫生填埋场

8.2.1 卫生填埋场的规划和设计

8.2.1.1 填埋场的选址

垃圾的卫生填埋处置，须同时获得经济效益、环境效益和社会效益，并达到其最佳配置。一个合适的场址，可以减少环境的污染，降低设计要求，降低处置成本，有利于填埋场的安全管理。但卫生填埋场场址的选择，涉及当地经济、交通等的发展情况，地理地形条件，气候情况，环境地质条件，地表水文条件及水文地质工程条件等众多影响因素，是一项十分复杂的工作。选址主要遵循两条原则：一是从防止环境污染角度考虑的安全原则；二是从经济角度考虑的经济合理原则。

安全原则是选址的基本原则。维护场地的安全性，要防止场地对大气的污染，地表水的污染，尤其是要防止渗滤液的释出对地下水的污染。因此，防止地下水的污染是场地选择时考虑的重点。

经济原则对选址也有相当大的影响。场地的经济问题是一个比较复杂的问题，它与场地的规模、容量、征地费用、运输费、操作费等多种因素有关。合理的选址可充分利用场地的天然地形条件，尽可能减少挖掘土方量，降低场地施工造价。

从安全、环保、经济的角度，垃圾填埋场选址应遵循以下原则：

（1）填埋场场址设置应符合当地城市建设总体规划要求；符合当地城市区域环境总体规划要求；符合当地城市环境卫生事业发展规划要求。

（2）填埋场对周围环境不应产生影响或对周围环境影响不超过国家相关现行标准的规定。

（3）填埋场应与当地的大气防护、水土资源保护、大自然保护及生态平衡要求相一致。

（4）填埋场应具备相应的库容，填埋场使用年限宜 10 年以上；特殊情况下不应低于8 年。

（5）选择场址应由建设、规划、环保、设计、国土管理、地质勘察等部门有关人员参加。

一般来说，填埋场应设于离湖泊、河流、湿地、洪水淹没区、供水井和机场等一定距离之外。另外，也不允许设于可能对现有地下水或地表水产生污染的区域内，若场址不符合选址的有关标准，就需要另行确定场址或采取相应的工程措施。根据相关技术规范及现有垃圾填埋场的运行情况，卫生填埋场的选址标准可归纳为：

（1）场址应选在具有充足可使用面积的地方，以利于满足有害废物综合处理处置长远发展规划的需要；土地要易于征得，而且要尽量使征地费用最少。

（2）场地的运输距离要适宜，所选场地最好离铁路、高速公路等主要交通设施有一定距离，但考虑到运输费用，又不能距离太远，一般要求与铁路和公路距离大于300m 小于1500m；位于城市工农业发展规划区以外，在文物古迹、风景名胜及其他自然保护区（如珍稀动植物栖息地等）以外。

（3）远离居民生活区，与居民区距离至少大于500m，最好位于附近居民的下风向，使之不会受到填埋场可能产生的飘尘和气味的影响，同时避免填埋场作业期间噪声对居民的干扰。

（4）为了避免鸟类带来的危险，填埋场不应建于离涡轮式飞行器机场跑道末端3000m 范围内或离仅有活塞式飞行器使用的机场跑道末端1500m 范围内。

（5）要求场址所在位置，其蒸发量大于降雨量，避开高寒区，交通方便，具有能够在各种气候条件下运输的全天候公路，宽度合适，承载力适宜，尽量避免交通堵塞。

（6）场地地形地貌条件适宜，应充分利用自然条件，尽力使挖土方量最少；场地自然坡度应有利于填埋场施工和其他建筑设施的布置，一般应小于15%；应便于监测系统的布置，尽可能使监测方便。

（7）所选场址必须在百年一遇的洪水泛滥区以外，避开湿地，与可航行水道没有直接水力联系，同时远离供水水源和公共水源，避开湖、溪、泉；场地自然条件应有利于地表水排泄，避开滨海带。

（8）基岩完整，抗溶蚀能力强，覆盖层越厚越好；填埋场附近不应有活动断裂，且应离较大活动断裂有一定距离，避开地震活动带、构造破碎带、褶皱变化带、废弃矿井、滑塌区、岩溶洞穴、火山岩地块、基岩裂隙带、含矿带或矿产分布区、石油和天然气勘探和开发的钻井等；尽量位于不透水（或弱透水）的黏性土层或硬岩石之上，天然岩石的渗透系数最好能在 10^{-7} m/s 以下，以保证对有害物质的迁移和扩散具有一定的阻滞能力。

（9）填埋场底部至少高于地下常水位1.5m（美国 RCRA 规定填埋场基础与地下水之间至少有1.67m 厚的黏土层），避开地下水补给区和地下蓄水层以及可开发的含水层，而且应位于含水层的地下水水力坡度平缓地段。

（10）场址应选在工程地质条件有利的坚硬密实的岩石之上，场地基础的工程地质力学性质，应保证场地基础的稳定性和使沉降量最小，并有利于填埋场边坡稳定性的要求；场地应位于不利的自然地质现象如滑坡、倒石堆的影响之外，所选场地附近，用于天然防渗层和覆盖层的黏土以及用于排水层的砾石等应有充足的可采量和质量来保证能达到施工要求；黏土的 pH 值和离子交换能力越大越好，同时要求土壤易于压实，使之具有充分的防渗能力。

（11）所选场址符合国家和地方政府的法律法规（如环境保护法、污染防治法等），而且必须得到政府和地方性行业团体的允许，同时得到公众的接受。

8.2.1.2 建设规模与使用年限

多年来填埋场建设规模的确定和划分在我国一直未得到统一。一般讲填埋场建设规模主要由日处理规模和总容量组成。两者达到有机结合，应根据垃圾产生量、场址自然条件、地形地貌特征、服务年限及技术、经济合理性等因素综合考虑确定。

（1）填埋场建设规模分类。

Ⅰ类：总容量为 1200（含 1200）$\times 10^4 \, \text{m}^3$ 以上；

Ⅱ类：总容量为（500（含 500）~1200）$\times 10^4 \, \text{m}^3$；

Ⅲ类：总容量为（200（含 200）~500）$\times 10^4 \, \text{m}^3$；

Ⅳ类：总容量为（100（含 100）~200）$\times 10^4 \, \text{m}^3$。

（2）填埋场建设规模日处理能力分级。

Ⅰ级：日处理量为 1200（含 1200）t/d 以上；

Ⅱ级：日处理量为 500（含 500）t/d 以上；

Ⅲ级：日处理量为 200（含 200）~500t/d 以上；

Ⅳ级：日处理量为 200t/d 以下。

根据《城市生活垃圾卫生填埋处理工程项目建设标准》，填埋场库容应使用 10 年以上，特殊情况下不应低于 8 年。在选址前应先了解城市规模，根据服务范围的人口初步估算满足 10 年填埋要求所需的库容量。库容的大小直接影响单位库容的总投资和单位库容的占地，库容越小单位库容投资越大，通常以使用 15 年左右为宜。

8.2.1.3 场址的开发利用

在废物填埋场服务期结束后，需要对整个填埋场进行最终覆盖，使填埋废物与环境隔离，减轻感官上的不良印象，控制填埋气体的扩散迁移和最大限度减少渗滤液的产生量，防止疾病传播，为植被和景观重建提供土壤等条件。

填埋场址的开发利用形式多种多样。目前国外的做法主要是将封场后的场址辟为公园、运动娱乐场所、植物园甚至商用设施等。一般来说，对于垃圾填埋场废弃设施的处理主要有以下几种方式：

（1）整体保留：即全部保留原状，包括地面、设备设施、道路网络、功能分区等全部保留下来，仅仅恢复对景观有负面影响的部分。这种处理方法一般用在城市居住区废弃地改造中。

（2）部分保留：保留构筑物、建筑物的一部分，如框架、基础、墙等构件。

（3）废弃物再利用：一是就地取材，使废料成为独特的景观设计元素；另一种是对废料再次加工后再利用，如拆除掉的瓦砾可当作场地的填充材料，砖或石头磨碎后可当作混凝土骨料等。

8.2.2 防渗系统

滚筒式（辊式）压滤机是将多个圆筒排列成上下两排，浓缩泥浆在辊筒之间通过时水分被除去，辊筒表面敷设 150μm 的滤布，进入压滤机的浓缩泥浆必须事先用高分子絮凝剂进行凝聚。

8.2.2.1 防渗方式

防渗处理是生活垃圾卫生埋场建设要考虑的重要因素之一。在填埋场自然条件达不到《城市生活垃圾卫生填埋技术规范》（CJJ17）要求时，应采取工程措施，如铺设高密度聚乙烯防渗膜等人工防渗材料等，以防止渗滤液对周围环境的影响。

进行填埋场底部防渗的主要目的是防止垃圾渗滤液污染周围的土壤和地下水、避免地下水侵入填埋场和阻止填埋气体向周围地区的横向迁移。为此，需要在填埋场的底部和四壁设置防渗衬垫。防渗衬垫设计的主要内容一是选择合适的防渗和排水材料，二是进行结构优化布置。填埋场底部常用的防渗材料有低渗透性的天然黏土层、压实黏土、土工膜和膨润土垫层（GCL）。防渗层往往是这些防渗材料的组合，如目前国外多采用的复合衬垫，它是由土工膜和低渗透性材料紧密接触而成，即土工膜压实黏土或土工膜膨润土垫层。为了及时排出渗滤液、减小防渗衬垫上的渗滤液水头，还须在衬垫系统中布置排水层。排水材料主要有碎石、粗砂、土工网和土工织物等。

填埋场的防渗处理包含水平防渗和垂直防渗两种方式。水平防渗是指防渗层水平方向布置，防止垃圾渗滤液向下渗透污染地下水；垂直防渗是指防渗层竖向布置，防止垃圾渗滤液向周围渗透污染地下水。填埋场水平防渗衬层主要有两类，一类是黏土衬层，另一类是人工合成衬层。黏土衬层包括天然黏土衬层和人工黏土衬层。人工合成衬层又称土工膜，它是不透水的土工合成材料的总称。

建设标准中规定：填埋场场底必须进行防渗处理。场址的自然条件符合国家现行标准《城市生活垃圾卫生填埋技术规范》（CJJ17）要求时，可采用天然防渗方式；不具备天然防渗条件的，应采用人工防渗措施。采用的人工合成材料高密度聚乙烯（HDPE）防渗膜的锚固平台高差不宜超过10m。

8.2.2.2 防渗材料

世界各国对于垃圾填埋场的防渗系统的要求各有不同，但都是以高分子材料做成的土工膜为主，同时以其他防渗材料为辅。各国都把填埋场的防渗层作为一个复杂系统来考虑，土工膜与复合土、钠基膨润土防水毯等一起作为复合防渗层使用。各国垃圾填埋场防渗层构造见表8-4。

表8-4 各国垃圾填埋场防渗结构方式

国 家	复合土厚度/cm	渗透系数/cm·s^{-1}	防渗层构造
美国	50	1×10^{-7}	土工膜+复合膜
德国	75	1×10^{-8}	土工膜+复合膜
日本	50	1×10^{-6}	土工膜+复合膜
欧盟	100	1×10^{-7}	土工膜+复合膜
澳大利亚	60	1×10^{-7}	土工膜+复合膜
比利时	100	1×10^{-7}	土工膜+复合膜
法国	50	1×10^{-5}	土工膜+复合膜
匈牙利	50	1×10^{-7}	土工膜+复合膜
意大利	100	1×10^{-7}	土工膜+复合膜

续表 8-4

国 家	复合土厚度/cm	渗透系数/cm·s^{-1}	防渗层构造
英国	100	1×10^{-7}	土工膜+复合膜
葡萄牙	50	1×10^{-7}	土工膜+复合膜
瑞典	80	1×10^{-7}	土工膜+复合膜

随着工程技术的发展，用于城市垃圾填埋场的衬垫系统也在不断改进。各种衬垫系统布置如图 8-8 所示。一般防渗层和下卧含水层之间要有一定厚度的土层，以进一步降低渗漏液的污染物浓度、控制渗漏污染。发达国家广泛采用的人工合成土工膜和土织物膨润土垫（GCL）是现今防渗层材料的发展趋势。人工合成土工膜材料除最常见的高密度聚乙烯（HDPE）外，还有聚氯乙烯（PVC）、氯化聚乙烯（CPE）、异丁橡胶（EDPM）等，详见表 8-5。

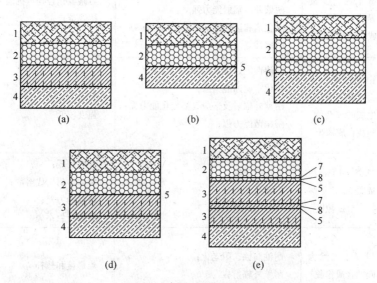

图 8-8　各种防渗结构图

（a）单层黏土衬垫；（b）单层土工膜衬垫；（c）双层土工膜衬垫；

（d）单层复合衬垫；（e）双层衬垫

1—垃圾；2—砂质排水保护层；3—压实黏土衬垫；4—底土；

5—土工膜；6—砂质保护层；7—土工织物反滤层；8—土工网排水层

表 8-5　常用人工防渗膜及其性能

材料名称	合成方法	优 点	缺 点	价格
高密度聚乙烯（HDPE）	由聚乙烯树脂聚合而成	良好的防渗性能；对大部分化学物质具有抗腐蚀性能力；具有良好的力学和焊接特性；低温下具有良好的工作特性；可制成厚度为 0.5 ~ 3.0mm；不易老化	耐不均匀沉陷能力较差；耐刺穿能力较差	中等

续表 8-5

材料名称	合成方法	优　点	缺　点	价格
聚氯乙烯（PVC）	氯乙烯单体聚合物，热塑性塑料	耐无机物腐蚀； 良好可塑性； 高强度； 易焊接	易被有机物腐蚀； 耐紫外线辐射能力差； 气候适应性不强； 易受微生物侵蚀	低等
氯化聚乙烯（CPE）	由氯气与高密度聚乙烯经化学反应而成，热塑性合成橡胶	良好的强度特性； 易焊接； 对紫外线和气候因素有较强的适应能力； 低温下的良好工作特性； 耐渗性能好	耐有机物腐蚀能力差； 焊接质量不强； 易老化	中等
异丁橡胶（EDPM）	异丁烯与少量的异戊二烯共聚而成，合成橡胶	耐高低温； 耐紫外线辐射能力强； 氧化剂和极性溶剂略有影响； 胀缩性好	对碳氢化合物抵抗能力差； 接缝难； 强度不高	中等
氯碘化聚乙烯（CSPE）	由聚乙烯、氯气、二氧化硫反应生成的聚合物，热塑性合成橡胶	防渗性能好； 耐化学腐蚀能力强； 耐紫外辐射及适应气候变化能力强； 耐细菌能力强； 易焊接	易受油污染； 强度较低	中等
乙丙橡胶（EPDM）	乙烯、丙烯和二烯烃的三元共聚物，合成橡胶	防渗性能好； 耐紫外辐射； 气候适应能力强	强度较低； 耐油、耐卤代溶剂； 腐蚀能力差； 焊接质量不高	中等
氯丁橡胶（CDR）	以氯丁二烯为基础的合成橡胶	防渗性能好； 耐油腐蚀，耐老化； 耐紫外辐射； 耐磨损、不易穿孔	难焊接和修补	中等
热缩性合成橡胶	极性范围从极性到无极性的新型聚合物	防渗性能好； 拉伸强度高； 耐油腐蚀； 耐老化； 耐紫外辐射	焊接质量仍需提高	较高
氯醇橡胶	饱和的强极性聚醚型橡胶	耐拉伸强度较高； 热稳定性好； 耐老化； 不受烃类溶液、燃料、油类等影响	难于现场焊接和修补	中等

8.2.3　渗滤液的收集和处理

8.2.3.1　垃圾渗滤液的产生机理

垃圾渗滤液主要来源于垃圾本身含有的水分以及进入填埋场的雨雪水和其他水分。垃圾进入填埋场后，由于自身的好氧或厌氧发酵、降水的淋溶、冲刷、浸泡而产生大量的污水，即为渗滤液。垃圾渗滤液的产生受诸多因素影响，不仅水量变化大，而且变化无规律性。垃圾渗滤液的产生主要来自以下五个方面。

（1）降水的渗入。降水包括降雨和降雪，降雨的淋溶作用是渗滤液产生的主要来源。

（2）外部地表水的流入。这包括地表径流和地表灌溉。

（3）地下水的渗入。当填埋场内渗滤液水位低于场外地下水水位，并且没有设置防渗系统时，地下水就有可能渗入填埋场内。

（4）垃圾本身含有的水分。这包括垃圾本身携带的水分以及从大气和雨水中的吸附量。当垃圾含水为47%时，每吨垃圾可产生0.0722t渗滤液。

（5）垃圾填埋后，微生物的厌氧分解产生的水。垃圾中的有机组分在填埋场内分解时会产生水分。

8.2.3.2　垃圾渗滤液水质特征

垃圾填埋产生的垃圾渗滤液富含大量的氮磷元素，不仅氨氮含量较高，而且其他成分变化复杂，渗滤液pH值一般在3~9之间，COD在2000~62000mg/L范围内，BOD为60~45000mg/L，重金属浓度和市政污水浓度基本一致。垃圾渗滤液的成分受生活习惯、收集和分选方法、地区和季节的影响有关，其浓度受多种因素影响，较难预测和控制。这些因素在实际调控处理中会导致许多问题，如碳氮比失调、某些微量元素含量缺乏或超标（对微生物的生长产生抑制、毒害作用）等。渗滤液的性质变化分为四个阶段。

第一阶段是好氧分解阶段：渗滤液pH值不大于6.5，含有大量高浓度的有机质，BOD与COD的比值较高，可生化性较好。

第二阶段是厌氧分解、甲烷加速产生阶段：渗滤液的pH值升高，所含有机质降低，可生化性降低，但BOD与COD的比值仍较高。

第三阶段是稳定产气阶段：渗滤液pH值上升到最大，有机质浓度下降，可生化性差，BOD与COD的比值降低。

第四阶段是厌氧分解、甲烷减速产生阶段：渗滤液pH值保持不变，有机质浓度继续下降，可生化性更差。

垃圾渗滤液的水质受垃圾成分、处理规模、降水量、气候、填埋工艺及填埋场使用年限等因素的影响，通常而言，具有如下特点：

（1）渗滤液前、后期水质变化大。渗滤液的水质变化幅度很大，它不仅体现在同一年内各个季节水质差别很大，浓度变幅可高达几倍，而且随着填埋年限的增加，水质特征也在不断发生变化，如渗滤液的碳氮比、可生化性随着填埋年限的增加而降低。通常在填埋初期，氨氮浓度较低，用生物脱氮就可去除渗滤液中的氨氮，但随着填埋年限的增加，氨氮浓度不断增加，有时可高达1000~2000mg/L，因此最好采用物化法处理。

（2）有机物浓度高。垃圾渗滤液中的COD和BOD浓度最高可达几万毫克每升，与城市污水相比，浓度非常高。高浓度的垃圾渗滤液主要是在酸性发酵阶段产生，pH值略低于7。高级脂肪酸的COD占总量的80%以上，BOD与COD比值为0.3~0.4，随着填埋场填埋年限的增加，BOD与COD比值将逐渐降低。

（3）填埋场垃圾渗滤液的组成十分复杂，所含有机物种类较多，不仅含有有机污染物，还含有金属和有毒有害物质。据有关部门监测分析，垃圾渗滤液中pH值、BOD、

COD、氨氮等物质指标均超过国家标准。

8.2.3.3 渗滤液的处理工艺

针对渗滤液污染物浓度高，水质多变的特点，渗滤液处理方案、方法及工艺的研究在国内外受到普遍的重视，并取得了一定的进展。目前国内垃圾填埋场渗滤液处理技术主要有物化处理技术、生物处理技术、土地处理技术、渗滤液回灌处理技术和各种方法的组合工艺等。我国现有垃圾渗滤液处理工艺优缺点比较分析见表8-6。

表8-6 我国现有垃圾渗滤液处理工艺优缺点比较

项 目	多级反渗透膜处理工艺	生化与膜处理组合工艺	高级氧化与生化组合工艺	固定化高效微生物处理工艺
投资费用	每天6万~8万元/吨	每天接近10万元/吨	较高	每天3万~5万元/吨
运行费用	20元/吨以上	25元/吨	30元/吨	12~15元/吨
处理效果	较好，可达一级标准	好，可达一级标准	较好，可达一级标准	微生物负载量大，菌种高效，处理效果好
二次污染	产生大量浓缩液，一般为25%~65%	后续膜处理产生浓缩液	无	无
产泥量	无	较少	多	很少
耐冲击负荷能力	强	弱	弱，需调整氧化剂用量或氧化时间	强
运行管理	易实现自动化，须定期清洗或更换膜组件	较方便，必须定期清洗或更换膜组件	较方便	目前工程设计中对滤池清理及维修有一定难度
其他	未从根本上分解或降解污染物质	生化处理后需设置二沉池	国内尚处于研究阶段	工艺运行时间约三年，载体装置寿命需考验
占地	最小	较大	大	小

土地法处理渗滤液是利用土壤—微生物—植物这一陆地生态系统的吸附、离子交换、化学沉淀和生物降解性能对渗滤液中的污染组分予以去除的一种渗滤液处理方法，实际上利用了垃圾层自身的过滤作用，包括各种生化和物化反应，是一种物化法和生物法的联合处理过程。

用土地法处理渗滤液的主要形式是渗滤液回灌和土壤植物处理系统。渗滤液回灌可提高垃圾的含水率，增强微生物的活性，加速产甲烷的速率，加速垃圾中污染物的溶出及有机物的分解，并且还能因蒸发而减少渗滤液的水量。Pohland 等将渗滤液连续回灌到垃圾表面进行实验，一年后渗滤液 COD 从 2000mg/L 下降到 1000mg/L。

8.2.4 垃圾填埋气的收集和利用

8.2.4.1 垃圾填埋气体的产生过程

由于垃圾成分的复杂性，填埋气体成分非常复杂，主要成分是甲烷、二氧化碳氮气、氧气、氨气、硫化氢、氢气等，其中甲烷为 45%~60%，CO_2 为 40%~60%。垃圾进入卫生填埋场，经过压实覆盖后，外界的 O_2 就不能进入到垃圾体内，当填埋作业过程中垃圾体的 O_2 被微生物的好氧代谢耗尽后垃圾体逐渐过渡到厌氧分解的阶段。同时随着好氧代谢过程的减弱，初始大量产生的 CO_2 体积比例逐渐降低；随着厌氧发酵过程的进行，CH_4 比例逐渐提高。在过渡阶段，主要有 H_2 产生，在经历了最初的不稳定阶段后，CH_4 和 CO_2 的浓度在很长一段时间里都能保持基本稳定，通常 CH_4 含量约为 40% ~ 60%（V），CO_2 含量约为 60% ~ 40%（V），同时产生少量的 NH_3、H_2S、H_2O 等。垃圾填埋气产生过程中的生物化学反应十分复杂，通常将垃圾的生物降解分为五个阶段。

第一阶段——好氧阶段：垃圾一经填埋，好氧阶段就开始进行。微生物好氧呼吸释放出较多能量（填埋场中的氧气几乎被耗尽）。该阶段主要特征是，开始产生 CO_2，O_2 量明显降低；有热量产生，温度升高 10 ~ 15℃。

第二阶段——过渡阶段：氧气完全耗尽，厌氧环境形成。多糖和蛋白质等有机物在微生物和化学的作用下水解并发酵，并迅速生成挥发性脂肪酸、二氧化碳和少量氢气。由于水解作用在整个阶段中占主导地位，此阶段也称为液化阶段。

第三阶段——产酸阶段（发酵阶段）：微生物将第二阶段溶于水的产物转化为乙酸、醇、二氧化碳和氢气，可作为产甲烷菌的底物而转化为甲烷和二氧化碳。二氧化碳是这一阶段的主要气体，大量有机酸的累积会降低渗滤液的 pH 值。

第四阶段——产甲烷阶段：该阶段是回收利用甲烷的黄金时期，甲烷产量稳定且浓度保持在 50% ~ 60%。

第五阶段——稳定阶段：当大部分可降解有机物转化成甲烷和二氧化碳后，填埋场释放气体的产生速率显著减小，此时，填埋场处于相对稳定阶段。填埋气体的产生过程如图 8-9 所示。图中，Ⅰ 为好氧阶段；Ⅱ 为过渡阶段；Ⅲ 为产酸阶段；Ⅳ 为发酵阶段；Ⅴ 为稳定阶段。填埋场中的垃圾是不同年份处理的，在填埋场中不同位置、各个阶段的反应都在同时进行，因此，上述阶段并不是绝对独立的，而是相互作用相互依赖的。

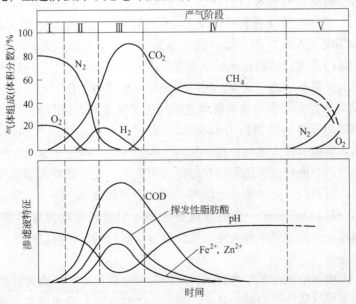

图 8-9　填埋场产气阶段

8.2.4.2　填埋气体的收集技术

（1）竖井收集系统。早期的填埋气主要用竖井收集系统。具体做法是在填埋场填埋完垃圾不久，即用挖掘机械或人工打井的方式建造竖井系统。该收集系统不易收集早期的填埋气体，在系统建成前就有大量气体逸出。为了避免这一缺点，可将填埋场分成不同的区域、分期填埋。

（2）表面收集系统。填埋场在表面覆盖完成以后，便可进行表面收集系统的安装，整个系统是由排气管编织而成的收集网，填埋气通过排气细管输送到系统的几个中央采气点进行收集；另一个方法是在表面覆盖层的下面铺设开孔抽气管，该技术必须在整个填埋场沉积密实稳定以后才能安装。

（3）水平收集系统。水平式收集系统是在垃圾填埋到一定高度后，在填埋场内铺设水平收集主管，然后，将水平气管收集到的气体汇集到主收集管。此系统不会影响日常填埋作业，一般水平收集管的垂直间距为 25mm 左右，水平间距为 50mm 左右，水平收集气体的表面积大，而且可以在填埋场设置多层。但该系统会受垃圾体内的污泥、管内形成的冷凝液的影响，阻塞管道，降低收集率，在施工时必须充分考虑这一些问题。

8.2.4.3　填埋气体处理

由主动收集系统收集到的填埋气体必须进行处理，通常有两种方式：通过燃烧对有机化合物进行热破坏；对填埋气体进行清理加工和回收能量。

（1）废气燃烧。当填埋气体中有足够的甲烷时（超过总体积的 20% 以上），燃烧是一种常用的处理方法。燃烧可减少臭气，而且控制臭气的效果比被动散发要好得多。现今大多数燃烧方式均设计成封闭式，与开敞式相比，它停留时间较长，有较高的氧化温度和较好的焚毁效果。

从填埋场收集的气体经过设在进口处的阀门进入燃烧系统，出口管与烟囱相连，管子上应安装仪器来检测温度和火焰压力并防止气体回火进入。这些仪器包括被动安全装置（如火花制止器）、液体充填反射装置以及主动保护系统，如热电偶（用来监测回火）、自动阀门（用来关闭废气入口）和自动停机传感器等。一旦火焰熄灭，火焰探测器会立即感知，并将自动阀门关闭，以阻止未燃烧的废气逸入大气。燃烧工艺应同时设置被动和主动两种安全系统，如果其中之一失效，另一系统可立即接替工作。

（2）气体清理和能量回收。清理填埋气体是为了脱水和去除其他杂质包括二氧化碳。没有经过清理的填埋气体的热值约为 18609kJ。经过清理后填埋气体的热值可增加 2~3 倍，可被直接送入管道并像天然气一样使用。

利用填埋沼气回收能量往往能取得良好的经济效果，尤其是对大型填埋场。能量能否在合适的成本下进行回收，完全取决于填埋气体的质量和数量。一个小型填埋场其废气热值约为 18609kJ，可以用来驱动一个经过改进的燃气引擎或驱动发电机将热能转换为电能。而较大的填埋场，经过脱水和去除二氧化碳等清理后的气体可以用来烧锅炉和驱动涡轮发电机以回收能量。

一般来说，若填埋场能在 5 年内封闭，对能量回收最为有利，因为时间一长，即使条件再好，填埋场生成气体的能力都会降低。然而若条件合适，填埋场在五年或更长时间内均可产生气体，这取决于气体的生成速率、废弃物的含水量和填埋场封闭的方式。

8.2.5 封场覆盖系统

8.2.5.1 封场覆盖原则

填埋场的封场覆盖系统需考虑雨水的浸渗及渗滤液的控制、垃圾堆体的沉降及稳定、填埋气体的迁移、植被根系的侵入及动物的啃撕破坏、封场后的土地恢复使用等，应有利于水流的收集、排导；填埋气体的控制与导排；应尽量减少垃圾渗滤液的产生。

8.2.5.2 封场系统结构

复合封场系统已广泛用于国外城市固体废物填埋场，图 8-10 所示为广泛应用于美国城市固体废物填埋场设计中封顶系统的各类典型剖面，从下到上由下列部分组成：

（1）气体排放层。多孔的、高透水性的土层，厚度不小于 30cm，直接位于压实土层之下，用来将填埋废气排入排气井中。

（2）低透水性压实土层。土及土工膜的复合层，位于气体排放层之上以限制表面水渗入填埋场中，其厚度不小于 45cm，透水率 $k \leq 1.0 \times 10^{-5}$ cm/s。

用于封顶系统的土工膜，应具有耐久性，并能承受预期的沉降变形。可选择高密聚乙烯（HDPE）或其他具有较强双向应力应变能力的聚合材料，这些材料比较容易承受封顶后产生的不均匀沉降，从而避免破坏。

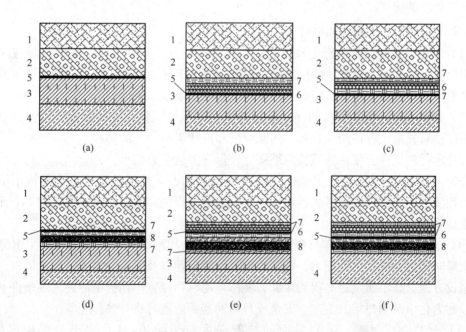

图 8-10　填埋场覆盖系统典型剖面图

（a）典型的填埋场封顶；（b）具有土工织物及土工网排水层的封顶；（c）具有土工复合材料排水层的填埋封顶；
（d）具有 GCL 的填埋场封顶；（e）具有土工织物和土工网排水层以及 GCL 的填埋场封顶；
（f）具有土工复合材料排水层以及 GCL 的填埋场封顶
1—有植被的表土；2—保护层；3—压实土层；4—气体排放层；5—土工膜；
6—土工网排水层；7—土工织物反滤层；8—GCL

黏土垫（GCL）可以代替压实土层。因为 GCL 透水性较低而容许张应变较高，可以承受封顶以后的不均匀沉降。如用 GCL 代替压实土层，则其下必须铺垫至少 45cm 厚的土料以保护衬垫免遭废弃物损伤和免受沉降的影响，如图 8-10(d)～(f)所示。

（3）排水及保护层。排水及保护层厚度应大于 60cm，直接铺在复合覆盖衬垫之上，它可以使降水离开填埋场顶部向两侧排出，减少径流对压实土层的侵入，并保护柔性薄膜衬垫不受植物根系、紫外线及其他有害因素的损害。对这一层并无压实要求。

国外目前在封顶设计中，常将土工织物和土工网或土工复合材料置于土工膜和保护层之间以增加侧向排水能力，如图 8-10(b)、(c)、(e)、(f)所示。高透水的排水层能防止渗入表面覆盖层的水分在隔离层上积累起来。因为积累起来的水会在土工膜上产生超孔隙水应力并使表面覆盖层和边坡脱开。边坡的排水层常将水排至排水能力比较大的趾部排水管中。

（4）表面覆盖层侵蚀控制层。表面覆盖层由不小于 15cm 的土料组成，它能维持天然植被和保护封顶系统不受风、霜、雨、雪和动物的侵害，虽然通常无需压实，但为避免填筑过松，土料要用施工机械至少压上两遍。

为防止水在完工后的封顶表面积聚，封顶表面的梯级边界应能有效防止由于施工后沉降产生的局部坑洼有所发展，封顶表面的坡度在任何地方均应大于 4%，但也不宜超过 25%。设计垃圾填埋场的封顶系统时，还要考虑填埋场的沉降对顶部防渗层的不良影响和动物挖掘造成的破坏。

8.2.5.3　封场覆盖系统材料

（1）表土。对表面土进行饱和容重、颗粒级配以及透水性等土工试验。颗粒级配主要用以设计表土和排水层之间的反滤层。因为较松的土样会得到比较保守的渗透试验结果渗透系数偏大，实验室制备试样应尽量接近预期的现场施工条件。

（2）排水材料。这些材料同样需要进行饱和容重、颗粒级配和透水性试验。级配试验结果应核对其最大容许细粒含量、间断级配和反滤层与表土的协调。与表土相反，比较紧密的排水材料试样会使渗透试验的结果比较保守渗透系数偏小。

（3）土工织物。挑选土工织物的主要标准是结构耐久性以及置于表土和排水层之间的反滤性能。所选材料在足够的透水性、土粒的滞留程度和能与土料长期协调等方面均应符合设计要求。

（4）土工膜。土工膜覆盖材料的选择标准包括结构耐久性、在填埋场产生沉降和不均匀沉降时仍能保持完整的能力、覆盖边坡时的稳定性以及所需费用等。除此以外，还应考虑铺设方便、施工质量容易得到保证、能防止动植物侵害、在极端冷热气候条件下也能铺设、耐老化以及为焊接、卫生、安全或环境的需要能随时将衬垫打开等。

（5）土工合成材料。下列界面的抗剪强度应予给出：1）表土与保护层的土；2）保护层的土与土工织物（或保护层的土与土工复合材料）；3）土工织物与土工网；4）土工网与土工膜（或土工复合材料与土工膜）；5）土工膜与压实黏土衬垫（或土工膜与 GCL）；6）压实黏土衬垫与气体排放层（或 GCL 与气体排放层）；7）气体排放层与固体废物。特别危险的界面是排水材料和土工膜之间的界面，因为只有在这个界面上会产生孔隙水应力，而在边坡位置的其他界面，只要选择材料恰当，其稳定性应当是足够的。

8.3 尾矿的综合利用

矿产资源是人类发展和生存极为重要的物质基础之一，其主要特点是不可再生性和短期内不可替代性。我国90%的能源和80%的原材料来自矿产资源。随着我国工业化的迅速发展，矿产资源的需求将与日俱增，但在矿产资源开发生产过程中，资源损失和浪费非常严重。不仅如此，矿产资源开发过程中丢弃大量的废石和尾矿也造成环境污染。据统计，因受选矿技术水平、生产设备的制约，我国矿业生产的尾矿已达到100亿吨以上，并呈逐年增加的趋势。

尾矿不仅占用大量土地，而且也给人类生产、生活带来了严重污染和危害，现已受到全社会的广泛关注。同时，随着矿产资源的大量开发和利用，矿石日益贫乏，尾矿作为二次资源再利用也已受到世界各国的重视。目前我国尾矿利用率很低，矿山尾矿占工业固体废物的30%，但其利用率仅为7%。大多数矿山企业往往只重视有价金属的回收。若仅考虑有价金属的回收并不能从根本上解决尾矿的问题。由于尾矿是经过选矿后的固体废物，其非金属矿物达到90%以上。因此尾矿的整体利用是尾矿利用的根本途径。

我国现有尾矿库12718座，其中在建尾矿库为1526座，占总数的12%，已经闭库的尾矿库1024座，占总数的8%，截至2007年，全国尾矿堆积总量为80.46亿吨。尾矿的大量堆存带来资源、环境、安全和土地等诸多问题。我国矿产资源80%为共伴生矿，由于我国矿业起步晚，技术发展不平衡，不同时期的选冶技术差距很大，大量有价值资源存留于尾矿之中。例如，我国铁矿尾矿的全铁品位平均为8%~12%，有的甚至高达27%。以当前铁尾矿总堆存量45亿吨计算，尾矿中相当于存有铁5亿吨左右。我国黄金尾矿中含金一般为0.2~0.6g/t，以当前总堆存量5亿吨计算，其中尚含有黄金300t左右。尾矿的综合利用大大滞后于其他大宗固体废物。尾矿已成为我国工业目前产出量最大、综合利用率最低的大宗固体废物。

《金属尾矿综合利用专项规划2010~2015》提出发展目标，到2015年全国尾矿综合利用率达到20%，尾矿新增贮存量增幅逐年降低，实现安全闭库的尾矿库50%完成复垦。铁矿尾矿的综合利用、有色金属尾矿的综合利用、黄金尾矿的综合利用被列入尾矿综合利用的重点领域，涉及的重点项目分五类，约500~700个，总投资约540亿元。第一类是尾矿中有价金属及其他高值组分的回收；第二类是尾矿整体利用生产建筑材料；第三类是尾矿充填采空区及露天矿坑；第四类是尾矿的农用；第五类是尾矿库复垦。

8.3.1 尾矿的定义

尾矿，就是选矿厂在特定经济技术条件下，将矿石磨细、选取"有用组分"后所排放的废弃物，也就是矿石经选别出精矿后剩余的固体废料。它一般是由选矿厂排放的尾矿矿浆经自然脱水后所形成的固体矿物废料，是固体工业废料的主要组成部分，其中含有一定数量的有用金属和矿物。除了含少量金属组分外，其主要矿物组分是脉石矿物，如石英、辉石、长石、石榴石、角闪石及蚀变矿物；其化学成分主要以铁、硅、镁、钙、铝的氧化物为主，并伴有少量的磷、硫等。X荧光测得尾矿的化学组成见表8-7。

表 8-7　金龙地区尾矿的化学组成　　　　　　　　　　%

分类	SiO$_2$	CaO	Al$_2$O$_3$	Fe$_2$O$_3$	MgO	SO$_3$
粗	38.50	30.07	7.71	10.55	8.54	1.60
中	36.01	29.77	7.20	12.77	9.35	2.07
细	38.60	29.24	7.06	12.76	7.85	3.21

8.3.2 尾矿综合利用的意义

（1）降低对进口铁矿石依赖程度，合理利用外汇储备。由于经济高速发展，钢铁需求快速增加，国内铁矿石不能满足经济高速发展的需要，进口铁矿石的数量占到我国成品铁矿石需求总量的一半以上。对进口铁矿石的依存度不断提高，已经成为我国钢铁行业经济安全的一个隐患。从进口矿石价格方面考虑，由于我国在价格谈判中不处于主导地位，每年矿石价格谈判都以价格大幅提高结束，国内钢厂采用进口铁矿的冶炼成本大幅上升，钢铁行业成本明显增加，对盈利影响显著。无论从目前价格还是从长远看，都应该立足本国铁矿资源，对国内铁矿资源包括尾矿进行合理开发、充分利用。

（2）节约用地，减轻环保压力。目前磨选尾矿通常采用进入尾矿库的方式进行堆积和回水。尾矿库不仅占用大量的耕地、林地和山地，修建和维护成本高，而且还存在溃坝危险，严重威胁人民群众的生命财产安全，一旦失事极易造成重大事故。例如 2008 年 9月 18 日山西省襄汾县新塔矿业有限公司尾矿库发生特别重大溃坝事故，造成重大人员伤亡，在社会上造成了特别恶劣的影响。

尾矿资源合理利用，将其中的少量金属矿物提取出来，本身就减少了尾矿的堆积。如果尾矿中的非金属成分可以成为建材等工业用材料的话，整个的尾矿堆积量就会更少，甚至可以实现无尾矿生产。这样不仅增加企业的效益，也可以在减少占地、减轻环境污染方面具有明显的社会效益。

（3）资源化，提高金属和非金属回收利用率。我国铁尾矿含铁品位通常在 6% ~13%之间，最高可达 20% 以上，平均含量为 10%，如果回收利用其中的铁，数量相当可观。众多铁矿选矿厂也进行了再选回收工作，表 8-8 为国内几家大型矿业公司及选矿厂铁尾矿再选情况统计。除了铁以外，有些铁矿尾矿还含有铜、钴、钒、钛、镍、硫等有用元素以及稀土元素，都可以回收利用。例如内蒙古白云鄂博矿，其拥有的稀土储量占世界稀土储量的 50% 以上。该矿目前以回收铁为主，稀土回收每年不足 3 万吨。开采铁矿每年所产生的 200 万吨混合尾矿中，稀土氧化物的含量可达 5% ~6%，一年排出的尾矿就构成了一个中型的富稀土矿床。从开发利用成本角度看，不需要地勘费用和破碎处理，也不需要或者仅需要进行短流程磨矿处理，尾矿开发利用成本远远低于资源直接开发成本。

表 8-8　我国几个黑色金属矿业公司及选矿厂尾矿再选情况统计

企　业	尾矿处理量/万吨·a^{-1}	尾矿铁品位/%	再选铁精矿量/万吨·a^{-1}	利润/万元·a^{-1}
首钢矿业公司	670	9.35	25.0	4717.0
鞍钢弓长岭矿山公司	300	9.95	11.05	2589.0
本钢歪头山选矿厂	228	7.62	3.92	30.8
马钢南山铁矿选矿厂	150	8.11	6.2	161.2

8.3.3 尾矿综合利用的方式

8.3.3.1 尾矿再选

从尾矿中回收有用成分是一种直接、有效的利用尾矿的方式。它不但可减少尾矿排放量，更重要的是为我们提供了宝贵的矿产资源，防止了资源浪费，是尾矿综合利用的一个重要方面。尾矿再选近些年来取得了一定的成效，获得了可观的经济效益，是提高资源利用率的重要措施。

尾矿的再选是指尾矿作为二次资源再选，从尾矿中回收有用的矿物精矿作为冶金原料。如铁矿、铜矿、锡矿等尾矿的再选，回收铁精矿、铜精矿、锡精矿或其他矿物精矿。我国金属矿中贫矿和共生矿多，选矿难度大，由于技术条件的限制，使现已堆存或正在排出的尾矿中富含有用元素。一般来说，矿山越老，选矿技术越落后，产生的尾矿中含有的目的金属就越高，对目的金属再回收利用是尾矿综合利用的一个途径。以铁矿为例，全国铁矿的金属回收率仅为74%，其中易选的磁铁矿回收率为90%，难选的碳酸铁矿回收率小于60%，分别比世界平均水平低5%~20%。但是也应该看到我国在尾矿再选方面的工作也取得了一定程度的进步，如鞍山地区一些含铁20%的磁铁矿尾矿，经强磁选机回收可获得品位达60%的铁精矿；江西德兴铜矿的泗州选矿厂，利用水力旋流器对铜尾矿进行重力选硫；攀枝花铁矿每年从铁尾矿中回收 V、Ti、Co、Sc 等多种有色金属和稀有金属，回收产品的价值占矿石总价值的60%以上。

在过去的选矿过程中，人们往往仅仅考虑目的金属的回收，而忽视伴生金属的回收利用。目前我国加强了对伴生金属的综合回收力度，大部分有色金属、黑色金属厂矿基本上都能做到在回收目的金属的同时回收伴生金属。

8.3.3.2 尾矿用做建筑材料

根据尾矿的化学成分、矿物成分及粒度特征的差异，目前在建筑材料领域已经生产出微晶玻璃、玻化砖、建筑陶瓷、免烧尾矿砖、砌块、瓦、轻质材料等，使尾矿的附加值大幅度提高。特别是地聚物材料成为近年来新发展起来的一类新型无机非金属材料。它是以工业固体废物为主要原料制备的矿物聚合材料，是一种新型绿色建筑结构材料，可作为普通黏土砖和部分水泥制品的更新换代材料，可大量消耗已堆存的矿山尾矿和其他工业固体废物，为大量堆积矿山尾矿的综合利用提供了一条新的途径。

（1）尾矿制备微晶玻璃制品。开展尾矿整体利用的研究是矿山实现少尾或无尾化过程最有效的途径，通过开发高附加值的产品，可提高产品的市场竞争力。20世纪90年代，国内开始了利用尾矿制取微晶玻璃、玻化砖、墙地砖等的研究。在矿业生产中尾矿中常伴生化工原料、特种金属等资源，矿山企业应根据所伴生资源的类别与石油化工、天然气等产业结合起来，化废为宝，形成新的企业经济增长点。

铁尾矿是一个复杂的多组分体系，可以用来生产对透明度要求不高的玻璃建材制品，如有色玻璃装饰板、微晶玻璃装饰板、玻璃马赛克等。目前研究较多的是利用尾矿生产微晶玻璃和玻璃马赛克。微晶玻璃又称玻璃陶瓷或结晶化玻璃，是一种新型无机非金属材料，被称为21世纪的环境协调材料，在国防、航天航空、电子、建筑、化工、生物医学、机械工程等领域，作为结构材料、功能材料和装饰材料而获得应用。

（2）尾矿用于制作水泥。通过尾矿代替部分溶剂烧制水泥的实验研究发现，尾矿还可用来制作硅酸盐水泥。在水泥的原料中一般配入20%的黏土和铁粉，如果以尾矿代替，既可节约土地，也可以省去开采和加工的耗能。实践证明，采用尾矿新工艺生产的水泥熟料质量不仅符合水泥要求，且强度略有提高，可见是完全可行的。

南京梅山矿业有限公司用综合铁尾矿代替铁粉配制水泥生料，通过对两种原料配制的生料的易烧性、烧成的熟料的物理性能比较，研究用综合铁尾矿代替铁粉作为铁质校正原料的可行性。得出结论：梅山矿业有限公司的综合铁尾矿完全可以代替铁粉，生产优质熟料水泥；用综合铁尾矿配制的生料易烧性好，可以将煅烧温度降低约30℃；综合铁尾矿配料烧成的熟料强度高于铁粉配料的熟料。

（3）尾矿制备墙体材料。建筑用砖是我国建筑业用量最大的建材产品之一，利用铁尾矿制砖不仅可以制普通烧结砖和蒸压砖，还可以制地面装饰砖和免蒸免烧砖等。铁尾矿制作装饰面砖，工艺简单、原料成本低、物理性能好、表面光滑美观，装饰效果相当于其他各类装饰面砖（如水泥地面砖，陶瓷釉面砖）。

1）尾矿制备蒸养砖。由于尾矿的独特性，用于制备生产以河砂、页岩等高硅质材料为原料的蒸养灰砂砖是有利的。20世纪80年代开始鞍钢矿山公司大孤山选矿厂就利用铁矿石尾矿为原料，掺入氧化钙等活性物料，再经一定的工艺研究后，制备出蒸养灰砂砖并达到国家相关标准。图8-11为利用尾矿所制砖。

图 8-11 尾矿制砖

2）尾矿制备烧结砖。烧结黏土砖原料来源于农田，为保护耕地人们正努力寻求利用工业废渣制砖的途径。其中南京梅山铁矿厂用细粒尾矿经再选后获得的精矿制作烧结尾矿砖。

3）尾矿研制免烧免蒸砖。相对于蒸养砖和烧结砖，人们对免烧免蒸砖的研究要多一些。姚树刚等人利用鞍山地区的铁尾矿进行了免烧尾矿砖的研究。该砖以石灰为固结剂，水泥、石膏等胶凝材料为激发剂，并加入适量粉煤灰，经反复试验，确定其最佳配比。

（4）尾矿制备轻质隔热保温建筑材料。随着建筑产业的快速发展，新型轻质隔热保温建筑材料的开发研究是当前社会的迫切要求。以铁尾矿制备轻质隔热保温建筑材料，为铁尾矿的二次资源再利用开辟了一条资源节约、保护环境之路。有人以铁尾矿、废旧聚苯乙烯泡沫为主要原料，普通硅酸盐水泥为胶凝剂，制备的轻质隔热保温材料，不仅有良好的保温性能，更能变废为宝，在创造经济效益的同时保护了环境。

（5）尾矿制备陶瓷材料。利用尾矿研制生产陶瓷打破了以黏土为原料的传统做法，在有效利用废弃尾矿、减轻环境压力的同时，也使陶瓷性能得到了很大的改善。但从目前的情况来看，尚无利用尾矿开展大规模陶瓷工艺生产的生产线。但这方面的研究已广泛开展，主要表现在小范围烧制陶瓷材料、尾矿陶瓷釉料和尾矿卫生洁具。

（6）尾矿作公路工程材料。公路工程需要消耗大量建筑材料，特别是高路基工程中消耗的土石方量更是惊人，比如1万千米的国家二级公路，仅砂石就需要数亿立方米，若以有色金属尾矿代替砂石做路基垫层筑路，费用可节省 1/3。利用尾矿做路面混凝土、路面基层和路基回填可以大量消耗尾矿，并降低公路工程造价，还可以大量减少河砂和土石方的消耗量，避免破坏土地和环境。目前尾矿在公路工程的应用还在探索和研究阶段，各有关设计和研究部门只进行过实验室和小规模工业试验，大规模应用的实例还没有。

8.3.3.3 尾矿充填矿山采空区

矿山采空区充填是直接利用尾矿的最有效途径之一。该方法简单，耗资少，降低了充填成本和整个矿山生产成本，降低了矿石贫化率和损失率，提高了回采率。此法就地取材，可省去扩建、增建尾矿库的费用。有些矿山由于地形的原因，不可能设置尾矿库，将尾矿填充采空区就更有意义。其实现步骤可为用水力旋流器对选矿尾矿进行分级，粗砂尾矿可输送到采场用于充填打坝，细粒级尾矿可以加水泥搅拌用泵打到采场进行胶结充填。

从当前国内外矿业开发与环境保护的发展趋势来看，将尾矿浓缩脱水制备高浓度料浆，并添加适量的胶结材料进行适当的胶结固化，制备出一种凝固后具有一定强度的支撑体，来充填采空区或塌陷坑，能实现选矿废水废渣的零排放。作为一种矿山清洁生产的新模式，它既解决了在地表建设尾矿库存在的投资大、占用土地、污染环境等问题，又解决了采空区存在的安全隐患和采空区塌陷造成的地表生态破坏等问题。如何获得适合采空区充填的凝胶材料决定了回填成本。

8.3.3.4 尾矿用于制作肥料

尾矿可以用作土壤改良剂及微量元素肥料，尾矿中往往含有 Zn、Mn、Cu、Mo、V、B、Fe、P 等微量元素，这正是维持植物生长和发育的必需元素。可以利用其作为土壤改良剂和制作微量元素肥料。例如磁化肥料增加了土壤的磁性，使农作物产生磁生物学反应，可有效地促进农作物的生长发育。磁化肥料使土壤中磁团粒度发生变化，促进土壤凝聚化，孔隙度、透气性均得到改善和提高，给农作物的生长和发育提供了增产条件。磁化肥料进入土壤后，随着时间的延长，逐渐衰变为非磁性物质，这个衰变过程就是释放能量的过程。它可促进生物本身活性和根系活动，增强了吸收的能力，提高了土壤中的氧化还原反应，促进了土壤中有效成分的变化，磷和钾的释放明显提高。人们将磁化尾矿加入到化肥中制成磁化尾矿复合肥，并建成一座磁化尾矿复合肥厂。

另外，还有人以钼尾矿 SiO_2 作基础物质，辅以 Ca、Mg，综合利用其 K、Mo、Fe、Zn制含多种微量元素的硅肥，通过田间试验，这种钼尾矿硅肥取得较好应用结果。所作田间试验表明：水稻抗稻瘟病性强，增产 3% ~20.5%，农药肥料总成本略有下降；玉米苗期抗旱性强，增产 45.5%；蔬菜的抗病虫害性增强，品质显著改善；水果果实增大、品质好、颜色深、耐贮藏，平均增产 40%。建一座年产 50 万吨硅肥的企业，能增加 2.5 亿元以上的产值和上千人的就业机会，使钼企业的持续发展和社会经济效益明显。

8.3.3.5 利用尾矿复垦植被

由于尾矿本身成分性质因素影响、国家政策以及技术经济上的原因，尚有大量已经闭库或即将闭库的大型尾矿库没有得到充分开发利用。这些尾矿库在占用大量土地的同时，还存在无法生长植物，细粒尾矿随风飘浮，对周围环境造成更大的影响等问题。如果能够从生态学角度出发，对尾矿中的金属和砂石成分对不同植物生长情况的影响进行评估，对贫瘠的尾矿土壤进行改良，有可能将不毛之地改造成适合树木生长，甚至可以种植蔬菜水果的良田。

我国矿山的土地复垦工作，起步于 20 世纪 60 年代，在 80 年代后期至 90 年代进展较快。我国对铁尾矿库和排土场开展了扬尘抑制及植被复垦的技术研究，对尾矿库复垦的技术条件，以及扬尘抑制有关资料进行了收集，并在尾矿库坝坡和排土场进行了植被试验，开发研制出的"冶金矿山土地复垦专家系统"，可为不同地区、不同气候条件、不同土壤及矿石特征的矿山提供有关最佳复垦方案等方面的专家咨询。

通过以铁矿尾矿库区自然定居植被对正在使用中、停止使用 2 年以及停止使用 20 年的 3 块样地上生长的植被为研究对象的调查，发现 3 个不同年代库区的植物群落的组成与结构存在明显的演替顺序差异，表现出由较少物种种类组成的简单群落向稳定复杂群落方向演替的趋势，反映了植物群落结构随演替时间的延长越来越趋向复杂化。在同一个尾矿库区内土壤的不同水分含量和理化性质会对植物的定居与群落的组成关系产生密切影响，为铁尾矿场的污染治理和生态恢复提供了基础资料。

8.3.4　尾矿综合利用存在的问题

（1）缺乏先进技术、综合利用率低。我国在尾矿综合利用上的研发技术始终停留在较低级的层面上。尾矿再选大多局限于回收主选厂丢失的主元素，对伴生、共生金属元素以及占尾矿 80% 以上的非金属元素的回收，则缺乏先进适用的手段；由于只重视价值较高的、成本相对较低的有价金属的回收，未从根本上解决尾矿问题；综合利用程度差、资源利用率低、造成新的环境污染，是目前我国铁尾矿开发利用过程存在的突出问题。

（2）尾矿建材市场疲软、产品缺乏市场竞争力。产品的市场问题是制约尾矿资源化的一个重要因素。我国开展利用尾矿做建筑材料的研究以来，取得了一定的成果，但基本上只限于一些粗粒尾矿做混凝土骨料及少量细粒尾矿做建筑用砂，如玻化砖、微晶玻璃等。除回收金属矿物成分的工业附加值较高外，利用尾矿开发的建筑材料限于产品本身使用价值低，而产品加工过程工艺复杂，成本较高，难于和市场中的同类产品相竞争。

（3）缺乏产业政策指导。目前铁尾矿二次资源开发带有盲目性，缺乏有针对性的行业标准和引导、扶持政策，在产业发展上缺乏统一规划。

（4）缺乏资源意识和环境意识。铁尾矿资源的开发过程中缺乏资源保护意识和环境保护意识，缺乏统一的产业规划和准入制度，导致铁尾矿开发项目抗市场风险能力低，随着资源市场的波动很难保证铁尾矿二次资源开发的可持续性。

（5）缺少资金投入。资金投入的缺乏向来是尾矿事业的瓶颈。尽管我国对综合利用尾矿资源、实现矿业可持续发展的呼声很高，但由于矿山尾矿综合利用开发与治理需要大笔资金，多数矿山企业缺乏尾矿综合利用的意识，对尾矿利用和治理缺乏足够的重视，不愿投资尾矿事业。资金的缺乏严重制约着尾矿利用技术的研发和相关成果的推广。

习　题

8-1　试述焚烧的原理与主要垃圾焚烧技术。

8-2　简述医疗垃圾的收集与焚烧处理。

8-3　试述城市垃圾的收集与运输系统及应注意的问题。

8-4　利用框图描述垃圾焚烧与发电系统。

8-5　简述垃圾填埋场的结构、防渗材料、渗滤液的收集、填埋气体处理方法。

8-6　简述垃圾填埋场的设计步骤与应注意的问题。

8-7　试述渗滤液的收集与处理方法。

8-8　举例说明尾矿的综合利用系统设计内容与步骤。

参 考 文 献

［1］资源素材学会．资源リサイクリンダ［M］．东京：日刊工业新闻社，1991.

［2］曲格平．中国环境问题及对策［M］．北京：中国环境科学出版社，1984.

［3］曲格平．论环境与经济社会同步发展［M］．北京：海洋出版社，1985.

［4］曲格平．公元 2000 年的中国环境保护［M］．北京：中国环境科学出版社，1988.

［5］曲格平．2000 年中国的环境［M］．北京：中国社会科学出版社，1989.

［6］李金昌．我国资源与环境［M］．北京：新华出版社，1988.

［7］曲格平．中国的环境与发展［M］．北京：中国环境科学出版社，1992.

［8］李金昌．资源经济新论［M］．重庆：重庆大学出版社，1995.

［9］Yusuf J Ahmad, Salah El Serafy. Environmental Accounting for Sustainable Development［M］.［S. l.］：World Bank，1989.

［10］John Pezzey. Economic Analysis of Sustainable Growth and Sustainable Development［M］.［S. l.］：World Bank，1989.

［11］Repetto R. Wasting Assets［M］.［S. l.］：World Resources Institute，1989.

［12］Leake. Depreciation and Wasing Assets-Their Treatment in Computing Annual Profit and Loss［M］. Leake Press，2007.

［13］World Bureau of Metal Statistics. World Metal Statistics Yearbook 1999：Date of Publication April 28th 1999［M］. The World Bureau of Metal Statistics，1999.

［14］Dieter, Schafer, Carsten Stahmar. Input- Output Model for the Analysis of Environmental Protection Activities［J］. Economic Systems Research，1989，1（2）：203～228.

［15］Elliott, Jennifer A. An Introduction to Sustainable Development［M］. Routledge：Taylor&Francis Group，2012.

［16］Uno K, Peter Bartelmus. Environmental Accounting in Theory and Practice［M］. Heidelberg：Springer，1998.

［17］过孝民．环境决策与信息支持［J］．环境科学研究，1997，10（5）：1～4.

［18］彭志良，林奎，曾凡棠．环境管理决策支持系统的研究［J］．环境科学，1996，17（5）：48～52.

［19］黄霞，蒋斌．废水中有机物生物降解性数据库系统的研究［J］．环境科学，1994，15（6）：28～33.

［20］Nicholas M. Environmental Informantics Methodology and Applications of Environmental Information Processing［J］. Kluwer Academic Publishers，1995：39～51.

［21］余国培，邵自强．地理信息系统理论与应用［J］．环境污染与防治，1994，16（5）：15～28.

［22］徐贞元，江欣．浅谈环境信息中的 GIS 技术和中介数据［J］．环境科学研究，1997，10（5）：9～11.

［23］Hubert B Keller. Neural Nets in Environmental Applications［J］. Environmental Informatics, Kluwer Academic Publishers，1995，6：127 ～ 145.

［24］王瑛，孙林岩．人工神经网络方法在我国环境预测中的应用［J］，环境科学，1997，18（5）：81～83.

［25］Ralf Denzer. Visualizntion of Environmental Data Environment Informatics［J］，Kluwer Academic Publishers，1996：75～92.

［26］国家环境保护局自然保护司．中国乡镇工业环境污染及其防治对策［M］．北京：中国环境科学出版社，1995.

［27］王伟，袁光钰．我国的固体废物处理处置现状与发展［J］．环境科学，1997，18（2）：87～90.

［28］唐泽圣．科学计算可视化［J］．中国计算机用户，1996，（3）：1～4.

[29] 林宏，李颖，林保真．工程应用可视化系统的开发［J］．计算机工程与设计，1996，17（1）：39～46.

[30] 李学军，周佳玉．真实图形的颜色量化［J］．计算机辅助设计与图形学学报，1996，8（3）：193～196.

[31] 夏青，王华东．环境容量开发与利用［M］．北京：北京师范大学出版社，1990.

[32] 联合国环境规划署．世界环境手册［M］．北京：中国环境科学出版社，1990.

[33] 世界资源研究所，联合国环境规划署，联合国开发计划署．世界资源报告（1990～1991）［M］．北京：中国环境科学出版社，1984.

[34] 张力军．中国环境年鉴［M］．北京：中国环境科学出版社，1996.

[35] 国家环境保护局．中华人民共和国固体废物污染环境防治学习材料［M］．北京：中国环境科学出版社，1995.

[36] 化学工程手册编委会．化学工程手册（23篇）［M］．北京：化学工业出版社，1985.

[37] 任德树．粉碎筛分原理与设备［M］．北京：冶金工业出版社，1984.

[38] 冈田功，获野典夫．袖珍化工手册［M］．陈迪模，张文彦，朱旭蓉，译．南京：江苏科学技术出版社，1985.

[39] 秦启宗，毛家骏，金忠翻，等．化学分离法［M］．北京：原子能出版社，1984.

[40] 哈姆斯基 E B．化学工业中的结晶［M］．北京：化学工业出版社，1980.

[41] 祝霖．放射化学［M］．北京：原子能出版社，1985.

[42] 王应纬，梁树权．分析化学中的分离方法［M］．北京：科学出版社，1988.

[43] 斯瓦罗夫斯基 L．固液分离［M］．北京：化学工业出版社，1990.

[44] 史季芬．多级分离过程［M］．北京：化学工业出版社，1991.

[45] Judson King C. Separation Processe［M］. 2nd ed．［S. l.］：Mc Graw Hill，1988.

[46] Julian Gorman. Assisting Australian Indigenous Resource Management and Sustainable Utilization of Species Through the Use of GIS and Environmental Modeling Techniques［J］. Journal of Environmental Management，2008，86（1）：104～113.

[47] 郝吉明，马广大，王书肖．大气污染控制工程［M］．北京：高等教育出版社，2010.

[48] 井出哲夫．水处理工程理论与应用［M］．张自杰，刘馨远，李圭白，译．北京：中国建筑工业出版社，1980.

[49] 韦伯．水质控制物理化学方法［M］．上海市政工程设计院，译．北京：中国建筑工业出版社，1980.

[50] 给排水设计手册编委会．给排水设计手册（第四分册）［M］．北京：中国建筑工业出版社，1986.

[51] 王振塑．离子交换膜——制备、性能及应用［M］．北京：化学工业出版社，1986.

[52] 宋序彤，印明善．苦咸水淡化［M］．北京：科学出版社，1983.

[53] 刘国信，刘录声．膜法分离技术及其应用［M］．北京：中国环境科学出版社，1991.

[54] Wells P A，Foster N R．Chemical Engineering in Australia［M］．［S. l.］：Engineers Australia，1986.

[55] Freeman M P．Theory，Practice and Process Principles for Physical Separations，［M］．［S. l.］：The Foundation，1977.

[56] 王振塑，张怀明，孙立成．电渗析与反渗透［M］．上海：上海科技出版社，1981.

[57] 李以圭．金属溶剂萃取热力学［M］．北京：清华大学出版社，1988.

[58] Chapman T W．Handbook of Separation Process Technology［M］．NewYork：John Wiley & Sona，Inc，1987.

[59] 张瑞化．液膜分离技术［M］．南昌：江西人民出版社，1980.

[60] 陈燕淑，陈翠仙，蒋维钧．聚乙烯醇膜的研制及乙醇水溶液的渗透蒸发（PV）分离［J］．水处理

技术，1989，15（1）：9～14.

[61] Xifeng Liu, Xuefeng Yua. The Current Situation and Sustainable Development of Water Resources in China [J]. Procedia Engineering, 2012, 28：522～526.

[62] Zhong Ziran. Natural Resources Planning, Management and Sustainable Use in China [J]. Resources Policy, 1999, 25（4）：211～220.

[63] 廖宗文. 工业废物的农用资源化 [M]. 北京：中国环境科学出版社，1996.

[64] 王黎. 石油加工的微生物技术 [J]. 石油化工科技，1996，（3）：13～19.

[65] 王黎. 利用微生物的脱臭技术 [J]. 石油化工科技，1996，（2）：7～16.

[66] James D Watson. Recombinant DNA [M]. NewYork：Cold Spring Port, 1992.

[67] Palumbo A V, Boerman P A, Herbes S E. Effects of Diverse Organic Contaminations on Trichloroethylene Degradation by Methanotrophic Bacteria and Methane- Utiliaing Consortia [J]. MIT Press, 1991, 1：77～91.

[68] Tomotada Lwamoto, Masao Nasu. Current Bioremediation Practice and Perspective [J]. Journal of Bioscience and Bioengineering, 2001, 92（1）：1～8.

[69] Di Gregorio S, Serra R, Villani M. Applying Cellular Automata to Complex Environmental Problems：The Simulation of The Bioremediation of Contaminated Soils [J]. Theoretical Computer Science, 1999, 217（1）：131～156.

[70] Raffi Patrick Jamgocian. Pilot- scale Comparison of Bioventing vs. Hydrogen Peroxide in Maintaining Effective Aerobic in Situ Bioremediation [J]. Studies in Environmental Science, 1997, 66：365～377.

[71] Ku- Fan Chen, Chih- Ming Kao. Control of Petroleum Hydrocarbon Contaminated Groundwater by Intrinsic and Enhanced Bioremediation [J]. Environmental Sciences, 2010, 22（6）：864～871.

[72] Gabriel P F. Innovative Technologies for Contaminated Site Remediation：Focus on Bioremediation [J]. Journal of the Air and Waste Management Association, 1991, 41（12）：1657～1660.

[73] Rahman K S M, Banat I M. Bioremediation of Gasoline Contaminated Soil by A Bacterial Consortium Amended with Poultry Litter, Coir Pith and Rhamnolipid Biosurfactant [J]. Bioresource Technology, 2002, 81（1）：25～32.

[74] M 西丁. 金属与无机废物回收百科全书 [M]. 李怀先，译. 北京：冶金工业出版社，1989.

[75] 谭庆麟，阙振寰. 铂族金属性质冶金材料应用 [M]. 北京：冶金工业出版社，1990.

[76] 黎鼎鑫，王永录. 贵金属提取与精炼 [M]. 长沙：中南工业大学出版社，1991.

[77] 乐颂光，鲁君乐. 再生有色金属生产 [M]. 长沙：中南工业大学出版社，1991.

[78] 杨智宽. 废锌锰干电池的综合利用 [J]. 再生资源研究，1998，1：26～28.

[79] 何家成. 氨法回收人造金刚石酸洗废液中镍钴锰 [J]. 中国物资再生，1997，6：10～12.

[80] 梁茂辉，曹沛. 从氧化铝载体的废钯催化剂中回收钯的工艺研究及生产技术新突破 [J]. 中国物资再生，1997，7：13～16.

[81] 赵建国. 从废独石电容中提取钯和银的工艺 [J]. 中国物资再生，1997，8：13～14.

[82] 黄燕飞. 空气-盐酸介质浸出法回收废铂催化剂中的铂 [J]. 中国资源综合利用，1997，9：9～10.

[83] 张方宇. 废催化剂中铑的回收 [J]. 中国物资再生，1998，2：4～5.

[84] 孟宪红，李悦，李英. 废催化剂中金属的回收 [J]. 再生资源研究，1997，1：33～35.

[85] 娄性义. 固体废物处理与利用 [M]. 北京：冶金工业出版社，1996.

[86] 王黎，郑龙熙，袁志涛. 资源可持续性利用技术 [M]. 沈阳：东北大学出版社，1999.

[87] 吉野敏行. 资源循环型社会的经济学 [M]. 台湾：东海大学出版社，1996.

[88] 娄性义，杨平. 循环经济与资源综合利用 [J]. 中国环保产业，2003，（4）：18～19.

[89] 黄少鹏. 基于循环经济理念发展再生资源产业 [J]. 再生资源研究，2006，（6）：20～22.

［90］张小冲，李赶顺．中国循环经济发展模式新论［M］．北京：人民出版社，2009.

［91］王黎．废水固体焚烧系统［M］．北京：中国石油化工出版社，2012.

［92］李晓敏．城市生活垃圾资源化途径之一垃圾焚烧发电［J］．环境科学与管理，2005，30（6）：4～8.

［93］张玉红，韩阳．关于垃圾焚烧发电的思考［J］．中国环境管理，2007，（4）：21～23.

［94］时璟丽，张成．垃圾焚烧发电技术在我国的应用及发展趋势［J］．可再生能源，2005，（2）：63～66.

［95］洪雷，王小文．垃圾焚烧发电技术进展与应用探讨［J］．环境卫生工程，2011，19（3）：55～57.

［96］邵罗江，毛琨．垃圾焚烧发电技术的应用与发展［J］．能源与环境，2007，5（1）：44～47.

［97］刘晓东．垃圾焚烧发电厂配套设施及污染防控问题浅析［J］．中国环保产业．2009（11）：45～47.

［98］赵春．医疗垃圾焚烧处理技术探讨［J］．北方环境，2001，（3）：45～48.

［99］谢荣，李捷．医疗垃圾焚烧技术的探讨［J］．锅炉技术，2009，40（5）：70～75.

［100］方源圆，周守航．中国城市垃圾焚烧发电技术与应用［J］．节能技术，2010，28（1）：76～79.

［101］中华人民共和国建设部．CJJ17-88，城市生活垃圾卫生填埋技术标准［S］．北京：中国建筑工业出版社，2004.

［102］刘玉强，黄启飞，王琪，等．生活垃圾填埋场不同填埋方式填埋气特性研究［J］．环境污染与防治，2005，27（5）：333～336.

［103］徐高平．垃圾填埋场渗滤液的处理工艺介绍［J］．工业用水与废水，2008，39（5）：86～88.

［104］Bakharev T. Resistance of Geopolymer Materials to Acid Attack［J］. Cemem and Concrete Research, 2005, 35：658～670.

［105］赵瑞敏．我国铁矿尾矿综合利用［J］．金属矿山，2009，397（7）：157～162.

［106］刘凤春，刘家弟，傅海霞．铁矿尾矿双免砖的研制［J］．矿业快报，2007，（3）：33～35.

［107］孙贵信，周玉，孙薇．用铁矿尾矿配料生产优质水泥熟料［J］．水泥，2006，（3）：23～24.

［108］吕宪俊，连民杰．金属矿山尾矿处理技术进展［J］．金属矿山，2005，（8）：124～125.

［109］曹健，姬俊梅．铁矿尾矿的综合利用［J］．现代矿业，2009，483（7）：101～102.

［110］赵美珍，刘维平．尾矿资源循环利用及法律体系的构建［J］．金属矿山，2009，（2）：171～173.

冶金工业出版社部分图书推荐

书 名	作 者	定价（元）
我国金属矿山安全与环境科技发展前瞻研究	古德生	45.00
微颗粒黏附与清除	吴 超	79.00
安全管理基本理论与技术	常占利	46.00
危险评价方法及其应用	吴宗之	47.00
硫化矿自燃预测预报理论与技术	阳富强 吴 超	43.00
生活垃圾处理与资源化技术手册	赵由才	180.00
城市生活垃圾直接气化熔融焚烧技术基础	胡建杭	19.00
高瓦斯煤层群综采面瓦斯运移与控制	谢生荣	26.00
深井开采岩爆灾害微震监测预警及控制技术	王春来	29.00
煤矿安全生产 400 问	姜 威	43.00
系统安全评价与预测（第 2 版）（本科国规教材）	陈宝智	26.00
矿山安全工程（国规教材）	陈宝智	30.00
耐火材料（第 2 版）（本科教材）	薛群虎	35.00
防火与防爆工程（本科教材）	解立峰	45.00
安全系统工程（本科教材）	谢振华	26.00
安全评价（本科教材）	刘双跃	36.00
安全学原理（本科教材）	金龙哲	27.00
火灾爆炸理论与预防控制技术（本科教材）	王信群	26.00
化工安全（本科教材）	邵 辉	35.00
重大危险源辨识与控制（本科教材）	刘诗飞	32.00
噪声与振动控制（本科教材）	张恩惠	30.00
冶金企业环境保护（本科教材）	马红周 张朝晖	23.00
特种冶炼与金属功能材料（本科教材）	崔雅茹	20.00
金属材料工程实习实训教程（本科教材）	范培耕	33.00
机械工程材料（本科教材）	王廷和	22.00
现代材料测试方法（本科教材）	李 刚	30.00
无机非金属材料研究方法（本科教材）	张 颖	35.00
材料科学基础教程（本科教材）	王亚男	33.00
安全系统工程（高职高专教材）	林 友	24.00
煤矿钻探工艺与安全（高职高专教材）	姚向荣	43.00
矿山安全与防灾（高职高专教材）	王洪胜	27.00
矿井通风与防尘（高职高专教材）	陈国山	25.00
炼钢厂生产安全知识（职业技能培训教材）	邵明天	29.00
冶金煤气安全实用知识（职业技能培训教材）	袁乃收	29.00